安徽省高等学校"十二五"规划教材
安徽省高等学校电子教育学会推荐用书

高等学校规划教材·应用型本科电子信息系列

总主编　吴先良

数字信号处理

主　编　赵发勇
副主编　李长凯

北京师范大学出版集团
BEIJING NORMAL UNIVERSITY PUBLISHING GROUP
安徽大学出版社

图书在版编目(CIP)数据

数字信号处理/赵发勇主编. —合肥 ：安徽大学出版社，2018.4
高等学校规划教材. 应用型本科电子信息系列/吴先良总主编
ISBN 978-7-5664-1559-2

Ⅰ. ①数… Ⅱ. ①赵… Ⅲ. ①数字信号处理－高等学校－教材
Ⅳ. ①TN79.72

中国版本图书馆 CIP 数据核字(2018)第 062337 号

数字信号处理

赵发勇 **主编**

出版发行：**北京师范大学出版集团**
安徽大学出版社
（安徽省合肥市肥西路 3 号 邮编 230039）
www. bnupg. com. cn
www. ahupress. com. cn
印　刷：合肥添彩包装有限公司
经　销：全国新华书店
开　本：184mm×260mm
印　张：17
字　数：380 千字
版　次：2018 年 4 月第 1 版
印　次：2018 年 4 月第 1 次印刷
定　价：49.00 元
ISBN 978-7-5664-1559-2

策划编辑：刘中飞　张明举　　　　　　装帧设计：李　军
责任编辑：张明举　　　　　　　　　　美术编辑：李　军
责任印制：赵明炎

编委会名单

主　任　吴先良　（合肥师范学院）
委　员　（以姓氏笔画为序）
　　　　王艳春　（蚌埠学院）
　　　　卢　胜　（安徽新华学院）
　　　　孙文斌　（安徽工业大学）
　　　　李　季　（阜阳师范学院）
　　　　吴　扬　（安徽农业大学）
　　　　吴观茂　（安徽理工大学）
　　　　汪贤才　（池州学院）
　　　　张明玉　（宿州学院）
　　　　张忠祥　（合肥师范学院）
　　　　张晓东　（皖西学院）
　　　　陈　帅　（淮南师范学院）
　　　　陈　蕴　（安徽建筑大学）
　　　　陈明生　（合肥师范学院）
　　　　林其斌　（滁州学院）
　　　　姚成秀　（安徽化工学校）
　　　　曹成茂　（安徽农业大学）
　　　　鲁业频　（巢湖学院）
　　　　谭　敏　（合肥学院）
　　　　樊晓宇　（安徽科技学院）

编写说明
Foreword

当前我国高等教育正处于全面深化综合改革的关键时期，《国家中长期教育改革和发展规划纲要（2010－2020 年）》的颁发再一次激发了我国高等教育改革与发展的热情。"地方本科院校转型发展，培养创新型人才，为我国在本世纪中叶以前积累优良人力资源，并促进我国实现跨越式发展"，这是国家对高等教育做出的战略调整。教育部有关文件和国家职业教育工作会议等明确提出地方应用型本科高校要培养产业转型升级和公共服务发展需要的一线高层次技术技能人才。

电子信息产业作为一种技术含量高、附加值高、污染少的新兴产业，正成为很多地方经济发展的主要引擎。安徽省战略性新兴产业"十二五"发展规划明确将电子信息产业列为八大支柱产业之首。围绕主导产业发展需要，建立紧密对接产业链的专业体系，提高电子信息类专业高复合型、创新型技术人才的培养质量，已成为地方本科院校的重要任务。

在分析产业一线需要的技术技能型人才特点以及其知识、能力、素质结构的基础上，为适应新的人才培养目标，编写一套应用型电子信息类系列教材以改革课堂教学内容具有深远的意义。

自 2013 年起，依托安徽省高等学校电子教育学会，安徽大学出版社邀请了省内十多所应用型本科院校二十多位学术技术能力强、教学经验丰富的电子信息类专家、教授参与该系列教材的编写工作，成立了编写委员会，定期召开系列教材的编写研讨会，论证教材内容和框架，建立主编负责制，以确保系列教材的编写质量。

该系列教材有别于学术型本科和高职高专院校的教材，在保障学科知识体系完整的同时，强调理论知识的"适用、够用"，更加注重能力培养，通过大量的实践案例，实现能力训练贯穿教学全过程。

该系列教材从策划之初就一直得到安徽省十多所应用型本科院校的大力支持和重视。每所院校都派出专家、教授参加系列教材的编写研讨会，并共享其应用型学科平台的相关资源，为教材编写提供了第一手素材。该系列教材的显著特点有：

1. 教材的使用对象定位准确

明确教材的使用对象为应用型本科院校电子信息类专业在校学生和一线产业技术人员,所以教材的框架设计主次分明,内容详略得当,文字通俗易懂,语言自然流畅,案例丰富多彩,便于组织教学。

2. 教材的体系结构搭建合理

一是系列教材的体系结构科学。本系列教材共有 14 本,包括专业基础课和专业核心课,层次分明,结构合理,避免前后内容的重复。二是单本教材的内容结构合理。教材内容按照先易后难、循序渐进的原则,根据课程的内在联系,使教材各部分之间前后呼应,配合紧密,同时注重质量,突出特色,强调实用性,贯彻科学的思维方法,以利于培养学生的实践和创新能力。

3. 学生的实践能力训练充分

该系列教材通过简化理论描述、配套实训教材和每个章节的案例实景教学,做到基本知识到位而不深难,基本技能训练贯穿教学始终,遵循"理论－实践－理论"的原则,实现了"即学即用,用后反思,思后再学"的教学和学习过程。

4. 教材的载体丰富多彩

随着信息技术的飞速发展,静态的文字教材将不再像过去那样在课堂中扮演不可替代的角色,取而代之的是符合现代学生特点的"富媒体教材"。本系列教材融入了音像、动画、网络和多媒体等不同教学载体,以立体呈现教学内容,提升教学效果。

本系列教材涉及内容全面系统,知识呈现丰富多样,能力训练贯穿全程,既可以作为电子信息类本科、专科学生的教学用书,亦可供从事相关工作的工程技术人员参考。

吴先良

2015 年 2 月 1 日

前言
Preface

数字信号处理广泛应用于现代信号处理的众多领域,"数字信号处理"课程也是普通高校电子信息类专业的一门专业必修课程。笔者及其课程组老师在多年的教学实践中发现,由于普通二、三本和职业院校学生的数理基础相对薄弱,学习本课程具有较大的难度,编写一本便于读者自学,能够让读者易于掌握基本概念、基本原理和基本方法的教材具有重要的意义。基于以上想法,笔者编写了本教材。本教材具有以下特点:

1.内容深入浅出,逻辑性强,注重实用性,便于自学。比如数字滤波器的设计,首先给出某种方法的思路、基本过程、设计举例,然后分析该方法存在的问题、改进措施,最后给出该方法的具体实现步骤、应用举例、MATLAB实现,并对该方法的优缺点进行总结。通过这种严密的逻辑过程,可以让读者对滤波器的设计方法有一个由浅入深的认识;而通过MATLAB实现,又能让读者意识到,即使对复杂的数理知识掌握不深,只要掌握思路和工具,也可以设计出自己需要的数字滤波器。

2.理论与实践相结合。由于课程中涉及的基本概念和基本公式较多,且原理和方法比较抽象,读者不易理解和掌握,实践中,将数字信号处理的具体理论与MATLAB实现相结合。一方面,教材中给出了数字信号处理中相关算法的MATLAB演示,可以让学生观察到某种算法的实际效果;另一方面,教材中给出了重要知识的MATLAB实验,让学生通过实验,巩固和加深对基本算法的理解和认知。

3.在本教材编写过程中,根据读者的实际情况,在能够掌握数字信号处理基本概念、原理和方法的基础上,对数字信号处理中相关知识点进行了适当的删减,如状态变量分析法、快速傅里叶变换、系统的网络结构中的格型结构、多采样率信号处理、有限字长效应、硬件实现等内容,可以减少读者对本课程的畏惧心理。对于学有余力的读者,可以参阅相关资料。

从体系结构上,本教材可分为四大部分,第一部分为离散时间信号与系统,主要包括离散时间信号和系统的时域、频域和Z域(复频域)分析;第二部分为离散时间信号的频域分析,重点介绍离散傅里叶变换及其应用;第三部分为数字滤波器设计,包括系统的基本网络结构、IIR 数字滤波器和 FIR 数字滤波器的基本理论和设计方法;第四部分为有限字长效应和数字信号处理软硬件实现。全书共分8章,第 1 章介绍离散时间信号与系统的基本理论,即离散时间系统的时域、频域分析及 z 变换和常见的一些简单的数字处理系统;第 2、3 章介绍离散傅里叶变换 DFT 及其快速算法 FFT;第 4、5、6 章分别讲解系统的网络结构、IIR 和 FIR 数字滤波器的基本理论和设计方法;第 7 章介绍有限字长效应和数字信号处理软硬件实现的基本方法;第 8 章为附录。

本书第 1、2、3 章由李长凯编写,其他章节由赵发勇编写,最后由赵发勇统稿。吴先良教授对本教材的编写提出了保贵的意见,在此表示感谢。

由于编者水平有限,书中难免存在一点缺点和错误,希望广大读者批评指正。

本教材实验有完整的程序,有需要的教师可以发邮件(zfy-72@163.com 或 17415387@qq.com)索取。

编　者

2018 年 1 月 30 日

Contents

数字化、智能化和网络化是当代信息技术发展的趋势,而数字化更是基础,因此,数字信号处理的理论及应用得到了飞跃式发展,作为本科数字信号处理理论基础的《数字信号处理》课程已成为电子信息类和相关学科的基础课程之一,具有十分重要的地位。数字信号处理的应用非常广泛,涉及语言、图像处理、通信、雷达、声呐、地震、控制、生物医学、遥感遥测、航空航天、自动化仪表等众多领域。

数字信号处理利用计算机或专用处理设备(数字系统),以数值计算的方法,实现对信号进行采集、变换、综合、估值与识别等加工处理,借以实现对信号自身的提取或信号有用特征(幅度、周期、持续时间、过零点个数、上升时间、下降时间、自相关函数、功率谱等)的提取,以达到认识信号、利用信号的目的。

1. 信号及其分类

信号的表现形式有电、磁、光、声、热等,信号可以定义为携带信息的独立变量的函数。这个变量可以是时间、空间位置等。信号用函数表达,便于分析、加工,实现对信号进行处理。在信号处理中,信号和函数往往是通用的。如一维时间信号 $x(t)$、二维空间信号 $f(x,y)$、三维信号 $f(x,y,t)$ 等。常见信号:电流、电压、磁通、温度、压力、压强、光、机械振动等。图 0-1 表示人体心电图信号。

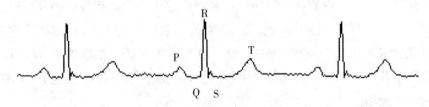

图 0-1　人体心电图信号

信号一般分为确知信号和随机信号,两种信号都有一维信号和多维信号。确知信号与随机信号的原理和分析方法不同。随机信号处理一般基于统计的方法进行分析和处理。本课程仅学习一维确知信号的理论和分析方法,对于多维信号及随机信号的学习将在后续其他课程中学习。

信号可分为模拟信号、离散信号和数字信号。模拟信号指信号取值和自变量均取连续值的信号,如随时间变化的温度信号;离散信号指信号取值连续,但自变量取离散点值的信号,如随时间变化的连续电压信号经抽样后的信号,其自变量取值离散化,其取值可以取到电压变化范围内的任意值,即取值仍然连续;数字信号指信号取值和自变量均离散的信号,数字信号的取值具有有限状态,一般可用 N 位二进制数编码表示。

2. 模拟信号数字化处理方法和过程

模拟信号经抽样可得离散时间信号,离散时间信号经量化得到数字信号,用数字处理系统处理模拟信号的过程如图 0-2 所示。

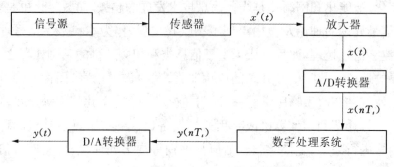

图 0-2　模拟信号数字化处理过程

从图中可以看出,模拟信号数字化处理的过程为,首先由传感器将自然信号转化为电信号,电信号经放大后由 A/D 转换器将其变换成数字信号,经过数字处理系统处理后,经 D/A 转换器转换为模拟信号输出。

现代 A/D 转换通常使用 A/D 芯片,目前,A/D 芯片已高度集成化,将这些芯片配以必要的外围电路可做成不同的 A/D 板(又称"数据采集板")。将 A/D 板插入普通计算机(如 PC)的扩展槽中,配以相应的软件即可实现信号的抽样。A/D 芯片有两个主要的参数,一是字长,二是转换速度。现在市售的 A/D 芯片的字长有 8bit、10bit、12bit 及 14bit 等。字长越长,量化误差越小,转换的精度就越高。转换速度决定了其 A/D 芯片的最大抽样速度,目前市场上销售的 A/D 芯片的抽样速度可由几十千赫至几百兆赫。字长越长,速度越快,其售价也越贵,使用者应视实际需要选用。

3. 数字信号处理的实现方法

数字信号处理的实现通常包括软件实现、专用硬件实现和软硬件结合实现,每种实现方法各有特点。

软件实现:习惯在以 PC 机为代表的通用计算机上通过执行信号处理程序的实现方法称为软件实现。软件实现最大的优点是灵活,开发的周期短,缺点是处理速度慢,信号处理的实时性能较差。所以通常应用于处理算法的研究、教学实验和一些对实时性要求较低的场合。

专用硬件实现:通常将采用加法器、乘法器和延时器构成的专用数字网络,或用专用集成电路实现某种专门的信号处理功能的实现方法称为硬件实现。如快速傅里叶变换芯片、数字滤波芯片等。硬件实现的最大优点是处理速度快,缺点是不灵活,开发周期长。所以通常适用于要求高速实时处理的场合,如数字电视中的高速处理单元。

软硬件结合实现,指依靠通用微处理器或数字信号专用处理器(DSPs),配以相应的信号处理软件,实现信号处理功能的方法。一般 DSP 芯片内会设计有硬件乘法器、累加器,采用流水线工作模式和并行结构,并配有适合信号处理的指令系统。这种实现方法集中了软件实现和硬件实现的优点,成为信号处理在工程应用中的主要实现方法。

4. 数字信号处理的主要特点

(1) 数字信号处理的优点。

① 精度高。在模拟系统的电路中,元器件精度要达到 10^{-3} 以上已经不容易,而数字系统 17 位字长可以达到 10^{-5} 的精度,这是很平常的。例如,基于离散傅里叶变换的数字式频谱分析仪,其幅值精度和频率分辨率均远远高于模拟频谱分析仪。

② 灵活性强。数字信号处理采用了专用或通用的数字系统,其性能取决于运算程序和乘法器的各系数,这些均存储在数字系统中,只要改变运算程序或系数,即可改变系统的特性参数,比改变模拟系统方便得多。

③ 可以实现模拟系统很难达到的指标或特性。例如:有限长单位脉冲响应数字滤波器可以实现严格的线性相位;在数字信号处理中可以将信号存储起来,用延迟的方法实现非因果系统,从而提高系统的性能;数据压缩方法可以大大地减少信息传输中的信道容量。

④ 可以实现多维信号处理。利用庞大的存储单元,可以存储二维的图像信号或多维的阵列信号,实现二维或多维的滤波及谱分析等。

⑤ 其他优点。系统通用性好,易用软件模拟,自诊断、自保护性能好,容易实现高度集成化,系统易模块化,体积小等。

(2) 数字信号处理的缺点。

① 增加了系统的复杂性。需要模拟接口以及比较复杂的数字系统。

② 应用的频率范围受到限制。主要是 A/D 转换的采样频率的限制。

③ 系统的功率消耗比较大。数字信号处理系统中集成了几十万甚至更多的晶体管,而模拟信号处理系统中大量使用的是电阻、电容、电感等无源器件,随着系统的复杂性增加这一矛盾会更加突出。

④ 存在量化噪声。

5. 数字信号处理的发展

数字信号处理技术有两方面的内容:算法与硬件。算法:在 20 世纪 50 年代,以 z 变换和采样数据理论为基础实现了低频地震信号的数字处理。1965 年,快速傅里叶变换(FFT)是数字信号处理发展史上的一块里程碑。1966 年后,每年都有大量新的算法出现,内容主要集中在快速变换、滤波器设计、谱分析这三大支柱上。硬件:与算法并行发展的另一个分支是数字信号处理的硬件。直到 70 年代末期大规模集成电路和微处理芯片的发展,才使数字信号处理的专用硬件——数字信号处理器(DSP)得以发展。DSP 特别适合于连续的乘、加运算,是一种高速、微处理器芯片。常用的通用 DSP 芯片有 TI 公司的 TMS320 系列、AD 公司的 ADSP 系列等。近年来随着计算机辅助设计、制造和超大规模集成电路的发展,各种 ASIC 专用芯片,如 FFT 芯片、数字滤波器芯片、语音识别和合成的芯片、语音和图像压缩编码芯片等大量出现。

数字信号处理技术新进展。一般来说,数字信号处理限于线性时不变系统理论,并假设信号及背景是高斯平稳的;信号的分析基于二阶矩,数字滤波和 FFT 是常用方法。目前 DSP 研究热点主要有时变系统、非平稳信号、非高斯信号、非线性信号等。处理方法的发展包括自适应滤波、离散小波变换、高阶矩分析、信号盲处理、人工神经网络等。

现代信号处理以实现智能系统为目标。包括四个要点:以 DSP 的原理为理论基础,以软计算为主要处理方法,以计算机为主要实现手段,以通信业为主要应用领域。

6. 关于数字信号处理的学习

作为一门理论性和实践性并重的课程,学好数字信号处理有几点特殊的要求。

(1) 特别要注意概念和原理方法的理解,不要被繁琐的公式吓倒,也不能只停留在死记数学公式上。

(2) 数字信号处理的先修课程基础是高等数学、复变函数、信号与系统,需要巩固先修课程,打好基础,循序渐进。

(3) 在学习的过程中,一方面要利用 MATLAB 实现来加深对算法的理解和记忆;另一方面要利用 C 语言完成算法的编程,达到完成实际信号处理任务的目的。

(4) 尽可能多的阅读一些除教材之处的国内外其他教科书及有关文献,加深对原理的理解和知识的拓展。

离散时间信号和离散时间系统

本章要点

本章主要学习离散时间信号和离散时间系统的基本概念、原理和分析方法，通过本章的学习，重点掌握以下内容：

◇ 了解序列的概念和常用序列

◇ 掌握离散线性时不变系统的概念及输入输出的关系

◇ 掌握系统的因果性和稳定性及其判定的方法

◇ 了解 FIR 系统和 IIR 系统的基本概念

◇ 掌握 z 变换的定义、性质、收敛域及逆 z 变换的求解

◇ 掌握离散时间系统的转移函数、零极点分析和频率响应

离散时间信号与系统的理论在"信号与线性系统"这门课程中已做了详细介绍，它是数字信号处理的基础，掌握了这些基础知识之后，才可以深入讨论数字信号处理的其他内容。本章重点复习离散时间信号与系统的基本理论和分析方法，在学习这些内容的同时还应密切联系数字信号处理中的一些具体问题去思考。这些问题包括离散时间信号与连续时间信号的差异；离散时间信号与数字信号的差异；离散时间系统在计算机中是如何实现的；在数字信号处理的过程中系统的因果稳定性会受到哪些因素的影响等。这些问题在本章和后续的章节中将逐步解决。MATLAB 是离散信号与系统分析的有力工具，通过实例和练习逐步掌握这一工具。

1.1　离散时间信号

在数字信号处理中，离散时间信号通常用序列来表示。序列是时间上不连续的一串样本值的集合$\{x(n)\}$，n 为整型变量，$x(n)$ 表示序列中的第 n 个样本值，符号$\{\cdot\}$表示全部样本值的集合。例如，一个实数值的序列

$$\{x(n)\}=\{1 \quad \underline{2} \quad 3 \quad 4 \quad -1 \quad -5\}$$

集合中下划线表示 $n=0$ 时刻的序列值，该序列为 $x(-1)=1,x(0)=2,\cdots,$ 依次类推。$\{x(n)\}$ 可以是实数序列，复数序列。$\{x(n)\}$ 的复共轭序列用 $\{x^*(n)\}$ 来表示。为了简单起见，用 $x(n)$ 表示序列。

> 说明：序列 $x(n)$ 通常为离散时间信号，也可能不是时间序列，如频域、相关域等其他域上的一组有序数，如频域离散谱序列 $X(k)$，相关函数序列 $R(m)$。

在很多情况下离散时间序列 $x(n)$ 是从连续时间信号 $x_a(t)$ 采样得到的，对于等时间间隔的采样

$$x(n)=x_a(t)\big|_{t=nT}=x_a(nT) \quad -\infty<n<\infty \tag{1-1}$$

式中，T 表示两个样本间的时间间隔称作采样周期，这时序列与采样信号的关系为

$$x(n)=\{\cdots \quad x(-1) \quad x(0) \quad x(1) \quad \cdots\}=\{\cdots \quad x_a(-T) \quad x_a(0) \quad x_a(T) \quad \cdots\}$$

$$\tag{1-2}$$

采样周期的倒数为采样频率 f_s，即

$$f_s=\frac{1}{T} \tag{1-3}$$

在数字信号处理和离散时间系统分析中，可以人为产生一些离散信号或序列。

说明：数字信号处理的对象是数字信号，通常用 N 位二进制数字表示，为了简单起见，在理论研究中，一般以离散时间信号为处理对象，本书的后续章节处理的对象是离散时间信号，两者的差别是量化误差，如

$$x(n)=x_a(t)\big|_{t=nT}=\sin(100\pi t)\big|_{t=n/400}=\sin(\pi n/4) \quad -\infty<n<\infty$$

离散时间信号为

$$x(n)=\{\cdots \quad -0.7071 \quad \underline{0} \quad 0.7071 \quad \cdots \}$$

如果此抽样值用四位二进制数表示，对应的数字信号为

$$x(n)=\{\cdots \quad 0101 \quad \underline{0000} \quad 1101 \quad \cdots \}$$

本书将在第 7 章来讨论量化误差。

1.1.1 序列的表示方法

1. 集合表示法

集合表示符号为 $\{\cdot\}$。如 $x(n)$ 是通过观测得到的一组离散数据，其集合表示为

$$x(n)=\{\cdots,1.3,\underline{2.5},3.3,1.9,0,4.1,\cdots\}$$

2. 公式表示法

例如一个指数序列可以表示为

$$x(n)=a^n \quad -\infty<n<\infty$$

3. 图形表示法

序列可以用图形表示。如指数序列 $x(n)=0.6^n$ 可表示为图 1-1。

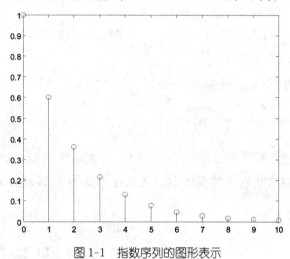

图 1-1　指数序列的图形表示

1.1.2　几种最常用的典型序列

1. 单位脉冲序列（Unit impulse sequence）

单位脉冲序列

$$\delta(n)=\begin{cases}1 & n=0 \\ 0 & n\neq 0\end{cases} \tag{1-4}$$

单位脉冲序列也称为"单位采样序列"。它的作用类似于模拟系统中的单位冲激函数 $\delta(t)$，但要注意 $\delta(t)$ 完全是一种数学的极限，并非现实的信号。而 $\delta(n)$ 是一个现实的序列。单位脉冲序列如图 1-2(a)所示。

2. 单位阶跃序列（Unit step sequence）

单位阶跃序列

$$u(n)=\begin{cases}1 & n\geqslant 0 \\ 0 & n<0\end{cases} \tag{1-5}$$

它类似于模拟信号中的单位阶跃函数 $u(t)$，单位阶跃序列如图 1-2(b)所示。

3. 矩形序列（Rectengle sequence）

矩形序列

$$R_N(n)=\begin{cases}1 & 0\leqslant n\leqslant N-1 \\ 0 & n<0,\ n\geqslant N\end{cases} \tag{1-6}$$

8

该序列从 $n=0$ 开始,含有 N 个幅值为 1 的数值,其余都为零。矩形序列可用单位阶跃序列表示,即 $R_N(n)=u(n)-u(n-N)$,当 $N=4$ 时,$R_4(n)$ 的波形如图 1-2(c)所示。

4. 实指数序列(Real exponenitial sequence)

实指数序列

$$x(n)=a^n u(n) \tag{1-7}$$

式中,a 为不等于零的任意实数。当 $|a|<1$ 时,序列收敛;当 $|a|>1$ 时,序列发散。实指数序列如图 1-2(d)所示。

5. 正弦序列(Sinasoid sequence)

正弦序列

$$x(n)=\sin(\omega n) \tag{1-8}$$

式中,ω 是数字域角频率,单位是 rad(弧度)。它表示序列变化的速率,或者说表示相邻两个序列值之间变化的弧度数。正弦序列如图 1-2(e)所示。

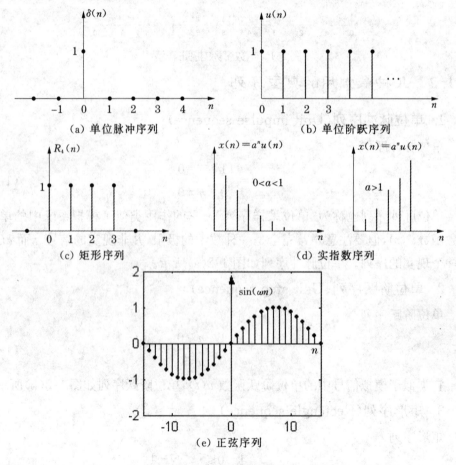

(a) 单位脉冲序列　(b) 单位阶跃序列　(c) 矩形序列　(d) 实指数序列　(e) 正弦序列

图 1-2　常用典型序列

如果正弦序列是由模拟信号 $x_a(t)$ 采样得到的，Ω 为模拟角频率，T 为采样周期，即

$$x(n)=x_a(t)\big|_{t=nT}=\sin(\Omega t)\big|_{t=nT}=\sin(\Omega nT)=\sin(\omega n)\quad -\infty<n<\infty$$

得到数字频率 ω 与模拟角频率 Ω 之间的关系为

$$\omega=\Omega T=\frac{\Omega}{F_s}\tag{1-9}$$

上式具有普遍意义，它表示凡是由模拟信号采样得到的序列，模拟角频率 Ω 与序列的数字域频率 ω 成线性关系，或者说，数字频率是用采样频率归一化的模拟角频率。

6. 复指数序列（Complex exponential sequence）

复指数序列

$$x(n)=r(\mathrm{e}^{\mathrm{j}\omega_0})^n=(r)^n[\cos(\omega_0 n)+\mathrm{j}\sin(\omega_0 n)]\tag{1-10}$$

复指数序列的底数 $a=r\mathrm{e}^{\mathrm{j}\omega_0}$，当 $r=1$ 时，$x(n)$ 的实部和虚部分别是余弦和正弦序列。复指数序列 $r\mathrm{e}^{\mathrm{j}\omega_0 t}$ 和连续时间信号复指数信号 $r\mathrm{e}^{\mathrm{j}\omega_0 t}$ 一样，在信号分析中扮演着重要的角色。

复指数序列可以用其幅值和相位表示，也可以用其实部和虚部来表示。

1.1.3　周期序列

对于一个周期为 N 的离散周期序列记作 $\bar{x}(n)$，可以写成

$$\bar{x}(n)=\bar{x}(n+kN)，\quad 0\leqslant n\leqslant N-1，k\text{ 任意常}\tag{1-11}$$

上述正弦序列在很多情况下满足周期性，下面讨论正弦序列的周期性。由于

$$x(n)=\sin(\omega_0 n)$$

则

$$x(n+N)=\sin(\omega_0(n+N))$$

当满足 $\omega_0 N=2\pi i$，i 为整数时，根据式（1-11）

$$x(n)=x(n+kN)=\bar{x}(n)\tag{1-12}$$

此时正弦序列是周期序列，其周期为 $N=\dfrac{2\pi i}{\omega_0}$。如果 $i=1$，$N=\dfrac{2\pi}{\omega_0}$ 就为最小的整数周期。

对于复指数序列 $x(n)=(r\mathrm{e}^{\mathrm{j}\omega_0 t})^n=r^n[\cos(\omega_0 n)+\mathrm{j}\sin(\omega_0 n)]$，当 $r=1$ 时，其周期性与正弦序列相同。

1.1.4　序列的运算

数字信号处理中常遇到序列的相加、相乘以及延时（移位）等运算，这些运算构成了信号处理的典型过程。设有两个序列 $x(n)$ 和 $y(n)$。

1. 序列的相加和相乘

$z_1(n)=x(n)+y(n)$ 是指两序列值逐项相加形成一个新序列 $z_1(n)$。

$z_2(n)=x(n)y(n)$ 是指两序列值逐项相乘形成一个新序列 $z_2(n)$。

> 说明：只有相同长度的序列才能进行相加和相乘。如果两个序列长度不同，进行相加和相乘运算时需要在短序列后补零使长度相等。

2. 序列的位移

$y_1(n)=x(n-k)$ 是指原序列逐项依次右移 k 位（$k>0$）所形成的新序列（序列的延迟）；$y_2(n)=x(n+k)$ 是指原序列逐项依次左移 k 位（$k>0$）所形成的新序列（序列的超前）；如 $k=3$ 的序列移位如图 1-3 所示。

$x(n-1)$ 是 $x(n)$ 单位延迟，以后用 z^{-1} 表示单位延迟。

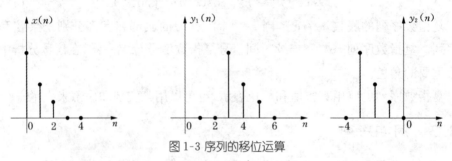

图 1-3 序列的移位运算

3. 序列的能量以及序列的绝对值

序列的能量定义为序列样本值的平方和

$$S=\sum_{n=-\infty}^{\infty}|x(n)|^2 \tag{1-13}$$

如果序列的能量满足

$$\sum_{n=-\infty}^{\infty}|x(n)|^2<\infty$$

则 $x(n)$ 为平方可和序列。

如果一个序列 $x(n)$ 的每一个样本的绝对值均小于某一个有限的正整数 B，则 $x(n)$ 为有界序列，即

$$|x(n)|\leqslant B<\infty \tag{1-14}$$

4. 实序列的偶部和奇部

若对于所有的 n，均有

$$x(n)=x(-n)$$

则序列 $x(n)$ 为偶对称序列；同样，如果对于所有的 n，均有

$$x(n)=-x(-n)$$

则序列 $x(n)$ 为奇对称序列。任何序列均可以分解成偶对称序列和奇对称序列的

和的形式,即

$$x(n) = x_e(n) + x_o(n) \tag{1-15}$$

$x_e(n)$ 和 $x_o(n)$ 也分别称为 $x(n)$ 的偶部和奇部,它们分别等于

$$x_e(n) = \frac{1}{2}\big[x(n) + x(-n)\big] \tag{1-16a}$$

$$x_o(n) = \frac{1}{2}\big[x(n) - x(-n)\big] \tag{1-16b}$$

5. 任意序列的单位脉冲序列表示

任意序列 $x(n)$ 都可以表示成单位脉冲序列位移的加权和,即

$$x(n) = \sum_{m=-\infty}^{\infty} x(m)\delta(n-m) \tag{1-17}$$

这在信号分析中是一个很有用的公式。比如 $x(n) = \{1 \ \underline{2} \ 3 \ 4 \ -1 \ -5\}$ 表示成单位脉冲序列位移的加权和形式为

$$x(n) = \delta(n+1) + 2\delta(0) + 3\delta(n+1) + 4\delta(n+2) - \delta(n+3) - 5\delta(n+4)$$

1.1.5 序列的相关函数

在信号处理中经常要研究两个信号之间的相似性,或一个信号经过一段时间延迟后自身的相似性,借以实现对信号的检测、识别与提取等功能。

1. 相关函数的定义

相关函数用来表征一个信号不同延迟或两个信号之间的相似性,序列 $x(n)$ 和 $y(n)$ 之间的互相关函数定义为

$$r_{xy}(m) = \sum_{n=-\infty}^{+\infty} x(n)y(n+m) \tag{1-18}$$

序列 $x(n)$ 的自相关函数定义为

$$r_x(m) = \sum_{n=-\infty}^{+\infty} x(n)x(n+m) \tag{1-19}$$

对于功率信号,序列的互相关函数和自相关函数分别定义为

$$r_{xy}(m) = \lim_{N\to\infty} \frac{1}{2N+1} \sum_{n=-N}^{+N} x(n)y(n+m)$$

$$\tag{1-20}$$

$$r_{xx}(m) = \lim_{N\to\infty} \frac{1}{2N+1} \sum_{n=-N}^{+N} x(n)x(n+m)$$

2. 自相关函数的性质

自相关函数的性质。

(1) 若 $x(n)$ 为实信号,$r_x(m)$ 为实偶函数,即 $r_x(m) = r_x(-m)$;若 $x(n)$ 为复信号,$r_x(m) = r_x^*(-m)$。

(2) $r_x(0)$ 等于信号的均方值,且 $r_x(0) \geqslant r_x(m)$。

（3）若 $x(n)$ 为能量信号，则当 $m \to \infty$ 时，有 $\lim_{m \to \infty} r_x(m) = 0$，说明将 $x(n)$ 相对自身移到无穷远处，二者已无相关性。这可以从能量信号的定义看出。

（4）若平稳随机信号 $x(n)$ 含有周期成分，则它的自相关函数 $r_x(m)$ 中亦含有周期成分，且 $r_x(m)$ 中的周期成分的周期与信号 $x(n)$ 中的周期成分的周期相等。

$$r_x(m) = \lim_{N \to \infty} \frac{1}{N} \sum_{n=0}^{N} x(n)x(n+m)$$

$$= \lim_{N \to \infty} \frac{1}{N} \sum_{n=0}^{N} x(n)x(n+m+N) = r_x(m+N) \tag{1-21}$$

3. 自相关函数的应用

相关函数应用很广，例如噪声中信号的检测，信号中隐含周期性的检测，信号时延长度的测量等。

（1）从被噪声干扰的信号中找出信号的周期成分。

【例 1-1】 设信号 $s(n)$ 是一个正弦序列，$u(n)$ 是均值为零、方差为 1 的均匀分布的白噪声，序列 $x(n) = s(n) + u(n)$，试分析 $s(n)$ 和 $x(n)$ 自相关函数。

解：序列 $x(n)$ 的自相关函数为

$$r_x(m) = \frac{1}{N} \sum_{n=0}^{N} x(n)x(n+m)$$

$$= \frac{1}{N} \sum_{n=0}^{N} [s(n)+u(n)][s(n+m)+u(n+m)]$$

$$= r_s(m) + r_{su}(m) + r_{us}(m) + r_u(m)$$

假设信号 $s(n)$ 与白噪声 $u(n)$ 不相关，则上式可近似为

$$r_x(m) \approx r_s(m) + r_u(m)$$

图 1-4 给出了正弦波加白噪声信号及其自相关函数波形图，从波形图上可以看出带噪声信号的自相关函数除了 $m=0$ 处有个峰值外，其周期特征与正弦波周期相同，这也是白噪声的自相关函数集中于原点处的一个很好的说明。

带白噪声的正弦信号观察不了信号的周期，通过求其自相关函数可以从被噪声干扰的信号中找出周期成分。在用噪声诊断机器运行状态时，正常机器噪声是由大量、无序、大小近似相等的随机成分叠加的结果，因此正常机器噪声具有较宽而均匀的频谱。当机器状态异常时，随机噪声将出现有规则、周期性的信号，其幅度要比正常噪声的幅度大很多。用噪声诊断机器故障时，依靠自相关函数就可在噪声中发现隐藏的周期分量，确定机器的缺陷所在。特别是对于早期故障，周期信号不明显，直接观察难以发现，自相关分析就显得尤为重要。

（2）使用具有白噪声序列的尖锐自相关性进行测距。

应用举例：GPS 定位测距编码信号移位后与原信号进行异或运算，产生新序列（自相关性：完全对齐时，$R=1$，未对齐时，$R \approx 0$），接收机接收到 GPS 卫星信号

后，通过若干次移位，最终可与自身复制的码对齐（$R=1$）。移位数可知信号延迟时间，延迟时间乘上光速除以 2 可判断出卫星与物体的距离。

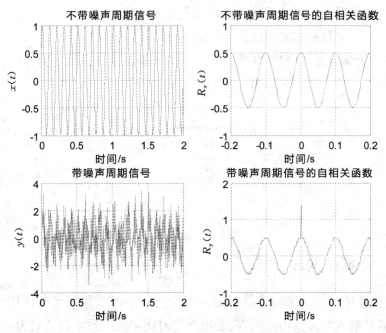

图 1-4　正弦波加白噪声信号及其自相关函数

1.2　离 散 时 间 系 统

离散时间系统在数学上定义为将输入序列映射成输出序列的唯一性变换或运算，亦即将一个序列变换成另一个序列的系统。记为

$$y(n)=T[x(n)] \tag{1-22}$$

上式可以表示成图 1-5 所示的框图。

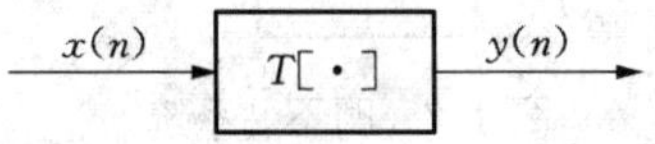

图 1-5　离散时间系统模型

算子 $T[\cdot]$ 表示变换，对 $T[\cdot]$ 加上种种约束条件，就可以定义出各类离散时间系统。由于线性时不变系统在数学上容易表征，且它们可以实现多种信号处理功能，因此，本章将着重讨论这类系统。

1.2.1　线性系统

若系统的输入为 $x_1(n)$ 和 $x_2(n)$ 时，输出分别为 $y_1(n)$ 和 $y_2(n)$，即

$$y_1(n)=T[(x_1(n)], \quad y_2(n)=T[(x_2(n)]$$

如果系统输入为 $ax_1(n)+bx_2(n)$ 时,输出为 $ay_1(n)+by_2(n)$,其中 a,b 为任意常数,则称该系统为线性系统。线性系统的条件为

$$T[ax_1(n)+bx_2(n)]=aT[x_1(n)]+bT[x_2(n)] \tag{1-23}$$

线性系统满足叠加原理,如图 1-6 所示。不满足上述条件的为非线性系统。

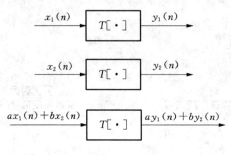

图 1-6　线性系统

1.2.2　时不变系统

时不变系统就是系统的参数不随时间而变化,即不管输入信号作用的时间先后,输出信号响应的形状均相同,仅是出现的时间不同。数学表达式为

$$T[x(n)]=y(n)$$

则

$$T[x(n-n_0)]=y(n-n_0) \tag{1-24}$$

这说明序列先位移后进行变换与先进行变换后位移是等效的,如图 1-7 所示。

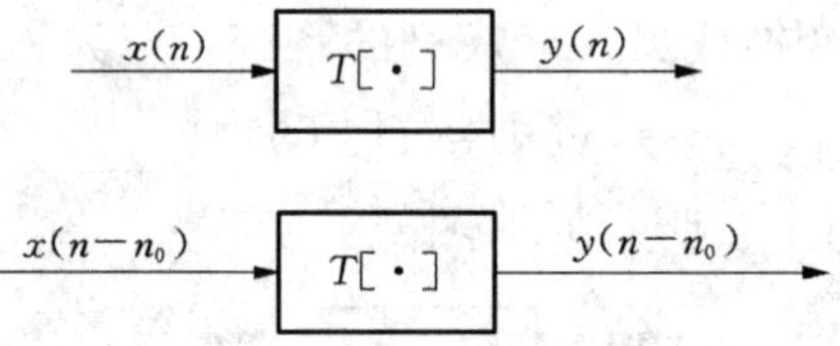

$$
\begin{array}{ccc}
x(n) \rightarrow & \boxed{T[\cdot]} & \rightarrow y(n) \\
x(n-n_0) \rightarrow & \boxed{T[\cdot]} & \rightarrow y(n-n_0)
\end{array}
$$

图 1-7　时不变系统

【**例 1-2**】　假设系统的输入和输出服从 $y(n)=ax(n)+b$,(a 和 b 是常数),试分析该系统是否为线性时不变系统。

解：考虑线性性质。令

$$y_1(n)=T[x_1(n)]=ax_1(n)+b$$

$$y_2(n)=T[x_2(n)]=ax_2(n)+b$$

则

$$y_1(n)+y_2(n)=ax_1(n)+b+ax_2(n)+b=a(x_1(n)+x_2(n))+2b$$

另

$$y(n) = T[x_1(n) + x_2(n)] = a(x_1(n) + x_2(n)) + b$$

由于 $y(n) \neq y_1(n) + y_2(n)$，所以，该系统不是线性系统。

考虑时不变性质

$$T[x(n-n_0)] = ax(n-n_0) + b$$

另

$$y(n-n_0) = ax(n-n_0) + b$$

由于 $T[x(n-n_0)] = y(n-n_0)$，所以，该系统是时不变系统。

1.2.3 线性时不变系统输入和输出之间关系

线性时不变系统既满足叠加原理又具有时不变特性，它可以用单位脉冲响应来表示。定义当系统的输入为单位脉冲序列时系统的输出称为单位脉冲响应，用 $h(n)$ 表示。即

$$h(n) = T[\delta(n)] \tag{1-25}$$

根据式(1-17)任意序列 $x(n)$ 可以表示成单位脉冲序列的加权和形式，考虑系统的输入任意序列 $x(n)$，则系统的输出为

$$y(n) = T[x(n)] = T\left[\sum_{k=-\infty}^{\infty} x(k)\delta(n-k)\right] \tag{1-26}$$

式中，运算自变量是 n，$x(k)$ 看作参变量，根据系统的线性性质，式(1-26)可以写成

$$y(n) = \sum_{k=-\infty}^{\infty} x(k) T[\delta(n-k)]$$

又由于系统是时不变的，即有

$$T[\delta(n-k)] = h(n-k)$$

从而得

$$y(n) = \sum_{k=-\infty}^{\infty} x(k)h(n-k) = x(n) * h(n) \tag{1-27}$$

式(1-27)称为离散卷积，用"$*$"表示卷积运算。

1. 卷积运算的性质

(1) 任意序列与单位脉冲序列的卷积等于该序列本身。

$$x(n) = x(n) * \delta(n) \tag{1-28}$$

如果卷积一个移位 n_0 的单位脉冲序列，即将该序列移位 n_0

$$x(n-n_0) = x(n) * \delta(n-n_0) \tag{1-29}$$

(2) 卷积运算服从交换律、结合律和分配律。

交换律

$$y(n) = x(n) * h(n) = h(n) * x(n) \tag{1-30}$$

结合律

$$x(n) * [h_1(n) * h_2(n)] = [x(n) * h_1(n)] * h_2(n) \tag{1-31}$$

分配律

$$x(n) * [h_1(n) + h_2(n)] = x(n) * h_1(n) + x(n) * h_2(n) \tag{1-32}$$

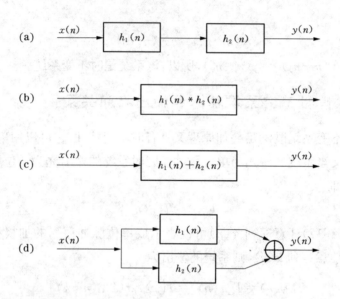

图 1-8　卷积的结合律和分配律

> 说明：上述的系统级联、并联的等效系统单位脉冲响应与原两系统分别的脉冲响应的关系只对线性时不变系统成立。对于非线性或时变系统均不成立。

2. 卷积计算

（1）图解法。

卷积的图解法计算过程可以通过图 1-9 来说明。其步骤如下：

① 首先将 $x(n)$ 与 $h(n)$ 中的变量 n 均换成 k，画出 $x(k)$ 和 $h(k)$ 的波形；

② 对 $h(k)$ 绕纵轴折叠，得 $h(-k)$；

③ 对 $h(-k)$ 移位得 $h(n-k)$；

④ 当 $n > 0$ 时对 $h(-k)$ 右移 n 位，$n < 0$ 时对 $h(-k)$ 左移 n 位，将 $x(k)$ 和 $h(n-k)$ 所有对应项相乘之后相加，得离散卷积结果 $y(n)$。图 1-9(d)中 $n = 1$；将对应项 $x(k)$ 和 $h(n-k)$ 相乘然后逐项相加即得到 $y(n)$；不断改变 n 并移动 $h(-k)$，重复上述相乘然后逐项相加的过程即可得到不同 n 下的 $y(n)$。

为了区别其他种类的卷积，离散卷积也称为"线性卷积"或"直接卷积"。

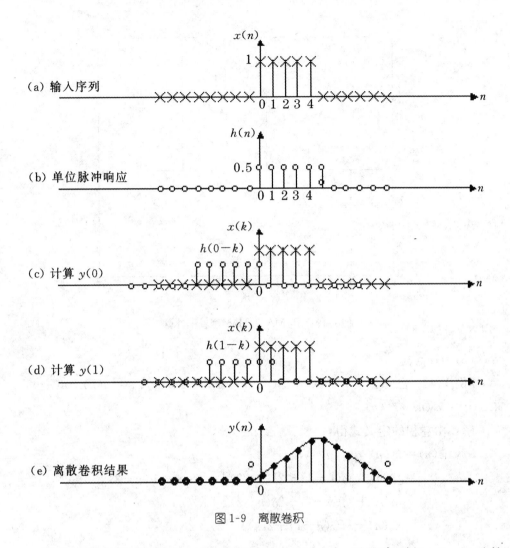

（a）输入序列

（b）单位脉冲响应

（c）计算 $y(0)$

（d）计算 $y(1)$

（e）离散卷积结果

图 1-9　离散卷积

【例 1-3】　用 MATLAB 计算序列 $\{-2\quad 0\quad -1\quad 3\}$ 和序列 $\{1\quad 2\quad -1\}$ 的离散卷积。

解：MATLAB 程序如下：

```
a=[-2 0 1 -1 3];
b=[1 2 0 -1];
c=conv(a,b);
M=length(c)-1;
n=0:1:M;
stem(n,c);
xlabel('n');ylabel('幅度');
```

图 1-10 给出了卷积结果的图形，求得的结果存在数组 c 中为

$$\{-2\quad -4\quad 1\quad 3\quad 1\quad 5\quad 1\quad -3\}。$$

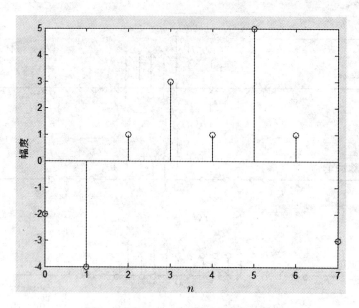

图 1-10 利用 MATLAB 离散卷积计算

（2）解析法。

【例 1-4】 已知 $x_1(n) = \delta(n) + 3\delta(n-1) + 2\delta(n-2)$，$x_2(n) = u(n) - u(n-3)$，求 $x(n) = x_1(n) * x_2(n)$。

解：由卷积的定义式得：

$$x(n) = x_1(n) * x_2(n)$$
$$= [\delta(n) + 3\delta(n-1) + 2\delta(n-2)] * [u(n) - u(n-3)]$$
$$= [\delta(n) + 3\delta(n-1) + 2\delta(n-2)] * R_3(n)$$
$$= R_3(n) + 3R_3(n-1) + 2R_3(n-2)$$

1.2.4 系统的因果性与稳定性

1. 因果性

因果系统指系统在任意时刻的输出 $y(n)$ 只取决于当前时刻和过去时刻的输入，即 $x(n), x(n-1), x(n-2), \cdots$，而和将来的输入无关。相反，如果系统在任意时刻的输出 $y(n)$ 不仅取决于现在和过去的输入，而且取决于将来的输入，如 $x(n+1), x(n+2), \cdots$，该系统称为非因果系统。

一个线性时不变系统是因果系统的充要条件是

$$h(n) \equiv 0 \quad n < 0 \tag{1-33}$$

这个条件可以从 $y(n) = x(n) * h(n)$ 的解析式中导出。

说明:已知卷积公式为 $y(n)=\sum\limits_{m=-\infty}^{\infty} h(m)x(n-m)$,若 $h(-1)\neq0$,则

$$y(n)=\sum_{m=-\infty}^{\infty} h(m)x(n-m)=h(-1)x(n+1)+\sum_{m=0}^{\infty} h(m)x(n-m),$$

即当前时刻 n 时的输出不仅与当前时刻和过去时刻输入有关,还与将来时刻 $n+1$ 有关,因此该系统为非因果系统。

通常将 $n<0$ 时等于 0 的序列称为因果序列,以表示它可以作为一个因果系统的单位脉冲响应。

这里要指出:在实时信号处理时,输入信号的抽样值是一个接一个进入系统的,因此,系统的输出不能早于输入,否则即是物理不可实现系统。对于非实时处理的系统,可以将大量的输入数据 $x(n+1),x(n+2),\cdots,$ 存储在存储器中延迟一段时间后再被调用,从而可以很接近于非因果系统。也就是说,可以用具有一定输入延迟的因果系统去逼近非因果系统,这也是数字系统优于模拟系统,可以获得更接近于理想特性的原因。

【例 1-5】 用 MATLAB 计算两个非因果序列的离散卷积。

$$\{x(n)\}=\{1,0,\underline{-1},1,0,1,0,1\} \quad \{h(n)\}=\{1,0,\underline{2},-1,1\}$$

解:根据题意给定的两个序列均为非因果序列,卷积结果也应当是非因果序列,对其下标要进行计算,对应的 MATLAB 程序如下:

```
%输入 x(n)及其下标
x=[1,0,-1,1,0,1,0,1];
kx=-2:5;
%输入 h(n)及其下标
h=[1,0,2,-1,1],
kh=-2:2;
y=conv(x,h);%计算卷积
k=kx(1)+kh(1):kx(end)+kh(end);%计算结果
的下标
%计算结果作图
stem(k,y);
xlabel('n');ylabel('y(n)');
```

计算结果如图 1-11 所示。

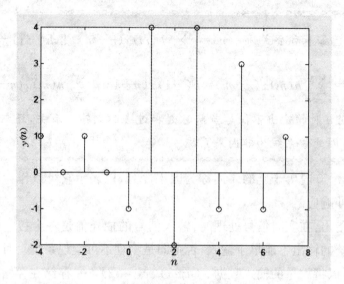

图 1-11　用 MATLAB 计算非因果序列的卷积

2. 稳定性

对于一个 LSI 系统,如果输入信号有界,则输出信号也有界,称系统是稳定的。稳定系统的充要条件是其单位脉冲响应绝对可和,即

$$\sum_{n=-\infty}^{\infty} |h(n)| < \infty \tag{1-34}$$

该条件称为稳定判据 I 。

【例 1-6】　分析单位脉冲响应为 $h(n)=a^n u(n)$ 的线性时不变系统的因果性和稳定性。

解:(1) 因果性,由于 $n<0$ 时,$h(n)=0$,因此,系统是因果的。

(2) 稳定性,考虑

$$s = \sum_{k=-\infty}^{\infty} |h(k)| = \sum_{k=0}^{\infty} |a|^k$$

如果 $|a|<1$, 则 $s = \dfrac{1}{1-|a|}$,

如果 $|a| \geqslant 1$, 则 $s \to \infty$,级数发散。

结论,该系统仅在 $|a|<1$ 时是稳定的。

1.3　离散时间系统的描述——差分方程

1.3.1　线性常系数差分方程

模拟系统通常用微分方程描述,而离散时间系统则是用差分方程来描述。线性时不变离散时间系统可以用线性常系数差分方程来描述

$$\sum_{i=0}^{N} b_i y(n-i) = \sum_{i=0}^{M} a_i x(n-i) \tag{1-35}$$

上式中,$x(n)$ 和 $y(n)$ 分别是系统的输入序列和输出序列,a_i 和 b_i 均为常数,式中 $y(n-i)$ 和 $x(n-i)$ 项只有一次幂,也没有相互交叉项,故称为线性常系数差分方程。差分方程的阶数是用方程 $y(n-i)$ 项中 i 的取值最大与最小之差确定的。在 (1-35)式中,$y(n-i)$ 项 i 最大的取值为 N,i 的最小取值为零,因此称为 N 阶的差分方程。

> 说明:①差分方程本身不能确定该系统是否为因果系统,必须用初始条件进行限制;
>
> ②常系数线性差分方程描述的系统不一定是线性时不变系统,与初始状态有关。

差分方程表示法有两个主要用途:①求解系统的响应;②由差分方程得到系统结构。本节主要讨论差分方程的求解,并说明差分方程与系统性质关系,引出两类系统的概念。网络结构将在第 4 章学习。

1.3.2　线性常系数差分方程递推法求解

系统的响应由差分方程和初始条件共同决定。差分方程常用的求解方法有经典解法(类似于微分方程的求解,本节不作介绍,可参考相关书籍)、递推法、z 变换法(下节介绍)。

【例 1-7】 已知一阶自回归系统的差分方程用下式描述:

$$y(n) - ay(n-1) = x(n)$$

式中 $x(n) = \delta(n)$,初始条件分别为 $y(-1) = 0$ 和 $y(-1) = 1$,用递推法分别求系统 $n \geqslant 0$ 的输出。

解:上述差分方程写成递推关系式

$$y(n) = ay(n-1) + x(n)$$

① 由 $y(-1) = 0$,有

$$y(0)=ay(-1)+1=1$$
$$y(1)=ay(0)=a$$
$$\cdots$$
$$y(n)=ay(n-1)=a^n$$

因此

$$h(n)=y(n)=a^n u(n) \tag{1-36a}$$

② 由 $y(-1)=1$，有

$$y(0)=ay(-1)+\delta(0)=1+a$$
$$y(1)=ay(0)+\delta(1)=(1+a)a$$
$$\cdots$$
$$y(n)=(1+a)a^n u(n) \tag{1-36b}$$

此例表明：同一个差分方程和同一个输入信号，因为初始条件的不同，得到的输出信号是不同的。

【例 1-8】 已知系统的差分方程用下式描述：

$$y(n)-ay(n-1)=x(n)$$

式中 $x(n)=\delta(n)$，初始条件 $y(n)=0$，$n>0$，用递推法求系统 $n<0$ 的输出。

解：上述差分方程写成 $y(n-1)=a^{-1}[y(n)-x(n)]$，可得

$$y(0)=[y(1)-x(1)]=0$$
$$y(-1)=[y(0)-x(-1)]=-a^{-1}$$
$$y(-2)=[y(-1)-x(-1)]=-a^{-2}$$
$$\cdots$$
$$y(n)=\frac{1}{a}y(n+1)=-a^n$$

因此

$$h(n)=y(n)=-a^n u(-n-1) \tag{1-36c}$$

此例表明：该系统是一个非因果系统，即差分方程本身不能决定一个系统是否为因果，与初始条件有关。

说明：当 $x(n)=\delta(n)$ 时，由式(1-36a)和式(1-36c)所表示的 $h(n)$ 均能够满足差分方程，但是式(1-36a)所代表的解相当于一个因果系统，如 $|a|<1$，则此离散系统是稳定的；而式(1-36c)所代表的解却是一个非因果关系性的系统响应，这与式(1-36a)所代表的可实现的因果系统相反，只有当 $|a|>1$ 时，单位脉冲响应序列是绝对可和的，系统才是稳定的。

结论：差分方程本身不能确定该系统是否为因果系统，必须用初始条件进行限制。

【**例 1-9**】　设系统用一阶差分方程 $y(n)=ay(n-1)+x(n)$ 描述，初始条件 $y(-1)=1$，试分析该系统是否是线性时不变系统。

解题思路：如果系统具有线性时不变性质，必须满足(1-23)和(1-24)两式。可以通过设输入信号 $x_1(n)=\delta(n)$，$x_2(n)=\delta(n-1)$ 和 $x_3(n)=\delta(n)+\delta(n-1)$ 来检验系统是否是线性时不变特性。

① 通过 $x_2(n)$ 的输出是否 $x_1(n)$ 输出的单位延时判断是否为时不变系统。

② 通过 $x_1(n)$、$x_2(n)$ 单独作用的输出之和与 $x_3(n)$ 的输出是否相同，判断是否为线性系统。

解：上述差分方程写成递推关系式

$$y(n)=ay(n-1)+x(n)$$

由 $y(-1)=1$

① 当输入 $x_1(n)=\delta(n)$ 时，有

$$y_1(0)=ay(-1)+\delta(0)=a+1$$
$$y_1(1)=ay_1(0)+\delta(1)=(a+1)a$$
$$\cdots$$
$$y_1(n)=(a+1)a^n u(n) \tag{1-37a}$$

② 当输入 $x_2(n)=\delta(n-1)$ 时，有

$$y_2(0)=ay(-1)+\delta(-1)=a$$
$$y_2(1)=ay_2(0)+\delta(0)=a+1$$
$$y_2(2)=ay_2(1)+\delta(1)=a(a+1)$$
$$\cdots$$
$$y_2(n)=(1+a)a^{n-1}u(n) \tag{1-37b}$$

③ 当输入 $x_3(n)=\delta(n)+\delta(n-1)$ 时，有

$$y_3(0)=ay(-1)+\delta(-1)+\delta(0)=a+1$$
$$y_3(1)=ay_3(0)+\delta(1)+\delta(0)=a(a+1)+1$$
$$y_3(2)=ay_2(1)+\delta(1)+\delta(2)=a(a(a+1)+1)$$
$$\cdots$$
$$y_3(n)=a(a(1+a)+1)a^{n-1}u(n) \tag{1-37c}$$

> 结论：常系数线性差分方程描述的系统不一定是线性移不变系统，与初始状态有关。

因此，应用线性常系数差分方程描述系统时，如果没有附加的制约条件，则它不能唯一地确定一个系统的输入和输出关系和系统特性。在下面的整个讨论中，除非另做说明，一般以线性常系数差分方程所表示的系统都是指线性时不变系

统,并且多数是指因果系统。

【**例 1-10**】 已知系统的差分方程 $y(n) = \sum_{i=0}^{4} a_i x(n-i)$,求系统的单位脉冲响应。

解: 由递推法可得系统的响应为

$$h(0) = y(0) = a_0, \quad h(1) = y(1) = a_1, \quad h(2) = y(2) = a_2,$$
$$h(3) = y(3) = a_3, \quad h(4) = y(4) = a_4$$

此例中当 $a_i = 1/5$,此系统称为滑动平均滤波器,平均滤波器对输入信号进行平滑的作用,相当于一个低通滤波器,滤除高频分量,保留低频分量。平均的项数越多,得到变化越缓慢的输出信号。

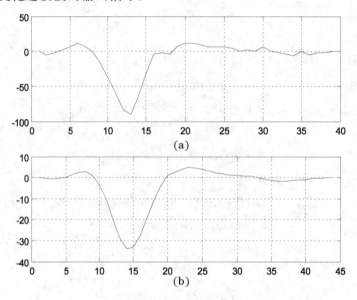

图 1-12 5 项滑动平均滤波器滤波效果示意图

差分方程求解可以利用 MATLAB 实现,此时调用函数 filter

$$y = \text{filter}(a, b, x)$$

参数 x 为输入向量(序列),a、b 分别为式(1-37)中的差分方程系数 a_i、b_i,构成的向量,y 为输出结果。

【**例 1-11**】 用 MATLAB 计算差分方程

$$y(n) + 0.7y(n-1) - 0.45y(n-2) - 0.6y(n-3)$$
$$= 0.8x(n) - 0.44(n-1) + 0.36x(n-2) + 0.02x(n-3)$$

当输入序列为 $x(n) = \delta(n)$ 时的输出结果 $y(n)$,$0 \leqslant n \leqslant 40$。

解: MATLAB 程序如下:

```
N=41;
a=[0.8 −0.44 0.36 0.02];
b=[1 0.7 −0.45 −0.6];
x=[1 zeros(1,N−1)];
k=0:1:N−1;
y=filter(a,b,x);
stem(k,y);
xlabel('n');ylabel('幅度');
```

图 1-13 给出了该差分方程的前 41 个样点的输出,即该系统的单位脉冲响应。

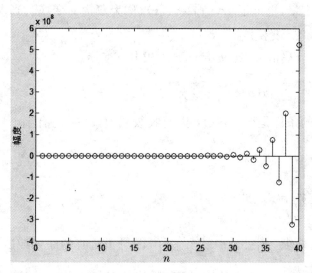

图 1-13　用 MATLAB 计算差分方程输出

1.3.3　FIR 与 IIR 系统的概念

由上面例 1-6 和例 1-9 可以看出,五点滑动平均器的单位脉冲响应长度仅为 5,即 $h(n)$ 有限长,称这一类系统为"有限冲激响应(finite impulse response:FIR)"系统。如一阶自回归系统中由于包含了输出到输入的反馈,所以单位脉冲响应为无限长,称这一类系统为"无限冲激响应(infinite impulse response:IIR)"系统。

1.4 z 变 换

1.4.1 z 变换的定义

z 变换是"信号与线性系统"这门课程的重要内容之一,本节以回顾方式学习,不试图保持高度的数学严密性。

序列 $x(n)$ 的 z 变换定义为

$$X(z) = \sum_{n=-\infty}^{\infty} x(n) z^{-n} \tag{1-38}$$

上式中,z 是复变量,也可记 $[x(n)] = X(z)$,称为双边 z 变换。当求和极限为 $0 \sim +\infty$ 时,称为单边 z 变换。

【例 1-12】 已知序列 $x(n) = u(n)$,求其 z 变换。

解:$X(z) = \sum_{n=-\infty}^{\infty} u(n) z^{-n} = \sum_{n=0}^{\infty} z^{-n}$

$X(z)$ 存在的条件是 $|z^{-1}| < 1$,因此收敛域为 $|z| > 1$,有

$$X(z) = \frac{1}{1 - z^{-1}}, \quad |z| > 1$$

1.4.2 z 变换的收敛域

z 变换存在要求 $\sum_{n=-\infty}^{\infty} |x(n) z^{-n}| < \infty$,即对于所有的序列或所有的 z 值,z 变换并不总是收敛的。对任意给定的序列,使 z 变换收敛的 z 值集合称作收敛区域。收敛域一般用环状域表示,即

$$R_{x-} < |z| < R_{x+} \tag{1-39}$$

式中,R_{x-} 和 R_{x+} 分别称为收敛域的最小收敛半径和最大收敛半径。如图 1-14 所示的。图中阴影部分即为收敛半径。最小半径可以达到 0,最大半径可以达到 $+\infty$。

z 变换收敛域的概念很重要,不同的序列可能有相同的 z 变换表达式,但收敛域却不同。只有当 z 变换的表达式与收敛域都相同时,才能判定两个序列相等。

常用序列分类可分为因果序列和非因果序列,根据其长度,也可将序列分为有限

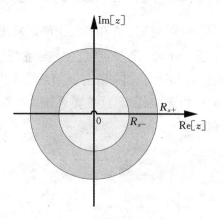

图 1-14 z 变换收敛域示意

长序列、右序列、左序列以及双边序列等四种情况,它们的收敛域各有特点,掌握这些特点对分析和应用 z 变换很有帮助,下面分别介绍。

(1) 因果序列。对于因果序列 $x(n)$ 的收敛域,若选择 $|x(n)| \leqslant MR_x^n$,其 z 变换可表示为

$$X(z) = \sum_{n=-\infty}^{\infty} x(n)z^{-n} = \sum_{n=0}^{\infty} MR_x^n z^{-n} = \sum_{n=0}^{\infty} M(R_x/z)^n$$

若使级数收敛,要求 $R_x/r < 1$,这时收敛域为 $|z| > R_x$,即因果序列 $x(n)$ 的收敛域为

$$R < |z| \leqslant \infty \tag{1-40}$$

(2) 有限长序列。仅有有限个数的序列值是非零值,从而

$$X(z) = \sum_{n=n_1}^{n_2} x(n)z^{-n}$$

式中,n_1 和 n_2 是有限整数,分别是 $X(n)$ 的起点和终点。于是,除了当 $n_1 < 0$ 时 $z = \infty$ 以及 $n_2 > 0$ 时 $z = 0$ 之外,z 在所有区域均收敛,即有限长序列的收敛区域至少是 $0 < |z| < \infty$,而且这个收敛区域可能包括 $z = 0$ 或 $z = \infty$。有限长序列收敛域为

$$\begin{cases} 0 < |z| \leqslant \infty & n_1 \geqslant 0 \\ 0 < |z| < \infty & n_1 < 0, \ n_2 > 0 \\ 0 \leqslant |z| < \infty & n_2 \leqslant 0 \end{cases} \tag{1-41}$$

(3) 右边序列。右边序列是指 $x(n)$ 只在 $n \geqslant n_1$ 序列值不全为零,而 $n < n_1$ 时 $x(n) = 0$ 的序列。z 变换为

$$X(z) = \sum_{n=n_1}^{\infty} x(n)z^{-n} = \sum_{n=n_1}^{-1} x(n)z^{-n} + \sum_{n=0}^{\infty} x(n)z^{-n} \tag{1-42}$$

式中 $n_1 \leqslant -1$。式(1-42)的第一项是有限序列的 z 变换,收敛域为 $0 \leqslant |z| < \infty$。第二项为因果序列的 z 变换,其收敛域为 $R_x < |z| \leqslant \infty$。将两个收敛域相与,得到它的收敛域为

$$R_x < |z| < \infty \tag{1-43}$$

(4) 左边序列。与右边序列类似,左边序列是指 $x(n)$ 只在 $n \leqslant n_1$ 序列值不全为零,而 $n > n_2$ 时 $x(n)$ 全为 0 的序列,z 变换为

$$X(z) = \sum_{n=-\infty}^{n_2} x(n)z^{-n} = \sum_{n=-\infty}^{-1} x(n)z^{-n} + \sum_{n=0}^{n_1} x(n)z^{-n} \tag{1-44}$$

式中,$n_1 \geqslant 0$。第一项的收敛域为 $0 \leqslant |z| < R_x$,第二项的收敛域为 $0 < |z| \leqslant \infty$,将两个收敛域相与,得到左序列的收敛域为

$$0 < |z| < R_x \tag{1-45}$$

如果 $n_1 < 0$,则收敛域为 $0 \leqslant |z| < R_x$。

(5) 双边序列。一个双边序列可以看作一个左边序列与一个右边序列之和,

因此双边序列 z 变换的收敛域就是这两个序列 z 变换的公共收敛区间。

$$X(z)=\sum_{n=-\infty}^{\infty}x(n)z^{-n}=\sum_{n=-\infty}^{-1}x(n)z^{-n}+\sum_{n=0}^{\infty}x(n)z^{-n} \qquad (1\text{-}46)$$

第一个级数是左边序列,对于 $|z|<R_{x-}$ 收敛;第二个级数是右边序列,对 $|x|>R_{x-}$ 收敛。若 $R_{x-}<R_{x+}$,则有一个形式为

$$R_{x-}|z|<R_{x+} \qquad (1\text{-}47)$$

【例 1-13】 已知序列 $x(n)=a^{n}u(n)$,求其 z 变换,并确定收敛域。

解:由 z 变换的定义

$$X(z)=\sum_{n=-\infty}^{\infty}a^{n}u(n)z^{-n}=\sum_{n=0}^{\infty}(az^{-1})^{n}$$

为使 $X(z)$ 收敛,要求 $\sum_{n=0}^{\infty}|az^{-1}|^{n}<\infty$,即 $|az^{-1}|<1$,解得 $|z|>|a|$,这样得到

$$X(z)=\frac{1}{1-az^{-1}},\quad |z|>|a|$$

【例 1-14】 求 $x(n)=-a^{n}u(-n-1)$ 的 z 变换,并确定其收敛域。

解:由 z 变换的定义

$$X(z)=\sum_{n=-\infty}^{\infty}-a^{n}u(-n-1)z^{-n}=\sum_{n=-\infty}^{-1}-a^{n}z^{-n}=\sum_{n=1}^{\infty}-a^{-n}z^{n}$$

如果 $X(z)$ 存在,则要求 $|a^{-1}z|<1$,得到收敛域为 $|z|<|a|$。在收敛域中,该 z 变换为

$$X(z)=\frac{-a^{-1}z}{1-a^{-1}z}=\frac{1}{1-az^{-1}}$$

> 两例说明,不同的序列可能具有相同的 z 变换式表达式,但其收敛域不同;反之,要想决定一个序列,必须由 z 变换式表达式与收敛域共同决定。

1.4.3 逆 z 变换

已知函数 $X(z)$ 及其收敛域,反过来求序列的变换称为逆 z 变换,常用

$$x(n)=z^{-1}[X(z)]$$

表示逆变换运算。逆 z 变换关系式可以利用柯西积分定理推导出来。柯西定理为

$$\frac{1}{2\pi j}\oint_{C}z^{k-1}\mathrm{d}z=\begin{cases}1,&k=0\\0,&k\neq0\end{cases} \qquad (1\text{-}48)$$

式中,C 是一个逆时针方向环绕原点的围线。

按照 z 变换定义有 $X(z)=\sum_{n=-\infty}^{\infty}x(n)z^{-n}$,将式(1-38)两边同乘上 z^{k-1},在

$X(z)$的收敛区域内取一条包围原点的围线做围线积分,得

$$\frac{1}{2\pi\mathrm{j}}\oint_C X(z)z^{k-1}\mathrm{d}z=\frac{1}{2\pi\mathrm{j}}\oint_C\sum_{n=-\infty}^{\infty}x(n)z^{-n+k-1}\mathrm{d}z$$

根据式(1-48),则

$$\frac{1}{2\pi\mathrm{j}}\oint_C\sum_{n=-\infty}^{\infty}x(n)z^{-n+k-1}\mathrm{d}z=\sum_{n=-\infty}^{\infty}x(n)\frac{1}{2\pi\mathrm{j}}\oint_C z^{-n+k-1}\mathrm{d}z=x(k)$$

即

$$x(n)=\frac{1}{2\pi\mathrm{j}}\oint_C X(z)z^{n-1}\mathrm{d}z \tag{1-49}$$

式中 C 是 $X(z)$ 收敛域内的一条逆时针方向绕原点闭合曲线,上式即为逆 z 变换表达式。直接计算围线积分较为复杂,求逆 z 变换时,通常有三种常用的方法,即长除法、部分分式法和留数法。这三种方法在"信号与线性系统"课程中已进行了详细讨论。读者可参考有关书籍。本书仅以几个实例进行回顾。

【例 1-15】 已知 $X(z)=\dfrac{1-a^2}{(1-az)(1-az^{-1})}$ $|a|<1$,求其逆 z 变换。

解:$x(n)=\dfrac{1}{2\pi\mathrm{j}}\oint_C\dfrac{1-a^2}{(1-az)(1-az^{-1})}z^{n-1}\mathrm{d}z$

$$F(z)=\frac{1-a^2}{(1-az)(1-az^{-1})}z^{n-1}=\frac{(a^2-1)z^n}{a(z-a^{-1})(z-a)}$$

C 为 $X(z)$ 收敛域内闭合围线。

题中,未给出 z 变换收敛域,根据 z 变换表达式可知,其收敛域可能存在三种情况:$|z|>|a^{-1}|$ 对应 $x(n)$ 为因果序列;$|z|<|a|$ 对应 $x(n)$ 为左边序列;$|a|<|z|<|a^{-1}|$ 对应 $x(n)$ 为双边序列。

(1) 收敛域为 $|z|>|a^{-1}|$,如图 1-15(a)所示。图中闭合回路 C 内有极点 $z=a,a^{-1},0$,此时序列为因果序列,$x(n)=0,n<0$。

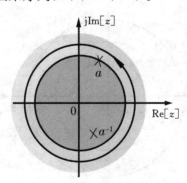

图 1-15(a)　z 变换收敛域示意

当 $n \geqslant 0$ 时，$F(z)$ 在围线内有二个一阶极点 $z=a, a^{-1}$，因此

$$x(n) = \mathrm{Res}\left[F(z)\right]_{z=a} + \mathrm{Res}\left[F(z)\right]_{z=a^{-1}}$$

$$= \left[(z-a)\frac{(a^2-1)z^n}{a(z-a^{-1})(z-a)}\right]_{z=a} + \left[(z-a^{-1})\frac{(a^2-1)z^n}{a(z-a^{-1})(z-a)}\right]_{z=a^{-1}}$$

$$= a^n - a^{-n}$$

所以 $x(n) = (a^n - a^{-n})u(n)$。

（2）收敛域为 $|z| < |a|$ 时，如图 1-15(b) 所示。当 $n \geqslant 0$ 时，闭合回路 C 内无极点。所以 $x(n) = 0, n \geqslant 0$。

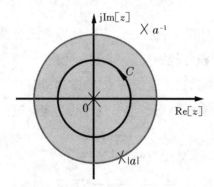

图 1-15(b)　z 变换收敛域示意

当 $n < 0$ 时，闭合回路 C 内有一个 n 阶极点 0，闭合回路 C 外有极点 $z = a, a^{-1}$，所以

$$x(n) = -\mathrm{Res}\left[F(z)\right]_{z=a} - \mathrm{Res}\left[F(z)\right]_{z=a^{-1}}$$

$$= -a^n - (-a^{-n}) = a^{-n} - a^n$$

所以 $x(n) = (a^{-n} - a^n)u(-n-1)$。

（3）收敛域为 $|a| < |z| < |a^{-1}|$ 时，如图 1-15(c) 所示。

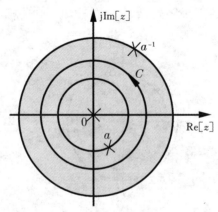

图 1-15(c)　z 变换收敛域示意

当 $n \geqslant 0$ 时,闭合回路 C 内有一个一阶极点 $z=a$,因此

$$x(n)=\text{Res}\left[F(z)\right]_{z=a}=a^n$$

当 $n<0$ 时,闭合回路 C 内有一个一阶极点 $z=a$ 和一个 n 阶极点 0,闭合回路 C 外有一个一阶极点 $z=a^{-1}$,因此

$$x(n)=-\text{Res}\left[F(z)\right]_{z=a^{-1}}=a^{-n}$$

所以 $x(n)=a^n u(n)+a^{-n}u(-n-1)=a^{|n|}$。

【例 1-16】 已知 $X(z)=\dfrac{5z^{-1}}{1+z^{-1}-6z^{-2}}$,$2<|z|<3$,求逆 z 变换。

解: $\dfrac{X(z)}{z}=\dfrac{5z^{-2}}{1+z^{-1}-6z^{-2}}=\dfrac{5}{z^2+z-6}=\dfrac{5}{(z-2)(z+3)}=\dfrac{A_1}{z-2}+\dfrac{A_2}{z+3}$

$A_1=\text{Res}\left[\dfrac{X(z)}{z},2\right]=\dfrac{X(z)}{z}(z-2)\Big|_{z=2}=1$

$A_2=\text{Res}\left[\dfrac{X(z)}{z},-3\right]=\dfrac{X(z)}{z}(z+3)\Big|_{z=-3}=-1$

$\dfrac{X(z)}{z}=\dfrac{1}{(z-2)}-\dfrac{1}{(z+3)}$

$X(z)=\dfrac{1}{1-2z^{-1}}-\dfrac{1}{1+3z^{-1}}$

因为 $X(z)$ 收敛域为 $2<|z|<3$,$X(z)$ 的第一部分对应极点是 $z=2$,收敛域为 $|z|>2$,对应为因果序列。$X(z)$ 的第二部分极点 $z=-3$,收敛域应取 $|z|<3$,对应为左边序列,得到

$$x(n)=2^n u(n)+(-3)^n u(-n-1)$$

【例 1-17】 用长除法求下列 $X(z)$ 的反变换:

(1) $X(z)=\dfrac{z}{z-a}$,$|z|>|a|$;

(2) $X(z)=\dfrac{z}{z-a}$,$|z|<|a|$。

解: (1)由收敛域判定 $X(z)$ 是一个左边序列,用长除法将其展成 z 的负次幂级数,系数即为序列。

$$
\begin{array}{r}
1+az^{-1}+a^2z^{-2}+\cdots \\
1-az^{-1}\overline{\smash{\big)}\,1\phantom{-az^{-1}}} \\
\underline{1-az^{-1}} \\
az^{-1} \\
\underline{az^{-1}-a^2z^{-2}} \\
a^2z^{-2} \\
\cdots
\end{array}
$$

$$X(z) = 1 + az^{-1} + a^2 z^{-2} + a^3 z^{-3} + \cdots = \sum_{n=0}^{\infty} a^n z^{-n}$$

$$x(n) = a^n u(n)$$

（2）由收敛域判定 $X(z)$ 是一个右边序列，用长除法将其展成 z 的正次幂级数，系数即为序列。

$$
\begin{array}{r}
-az^{-1} + a^{-2}z^2 - a^{-3}z^3 \\
1 - az^{-1} \overline{\big)\, 1} \\
\underline{1 - az^{-1}} \\
az^{-1} \\
\underline{az^{-1} - a^{-2}z^2} \\
a^{-2}z^2
\end{array}
$$

$$X(z) = -[a^{-1}z + a^{-2}z^2 + \cdots] = -\sum_{n=-\infty}^{-1} a^n z^{-n}$$

$$x(n) = -a^n u(-n-1)$$

1.4.4　z 变换的性质

z 变换的许多重要性质在数字信号中常常被用到，表 1-1 给出了 z 变换的特性，以便使用时查询。

表 1-1　z 变换特性

序　列	z 变换	收敛域
① $X(k)$	$X(z)$	$R_{x-} < \lvert z \rvert < R_{x+}$
② $y(n)$	$Y(z)$	$R_{y-} < \lvert z \rvert < R_{y+}$
③ $ax(n) + by(n)$	$aX(z) + bY(z)$	$\max[R_{x-}, R_{y-}] < \lvert z \rvert < \min[R_{x-}, R_{y+}]$
④ $x(n+n_0)$	$z^n X(z)$	$R_{x-} < \lvert z \rvert < R_{x+}$
⑤ $a^n x(n)$	$X(a^{-1}z)$	$\lvert a \rvert R_{x-} < \lvert z \rvert < \lvert a \rvert R_{x+}$
⑥ $nx(n)$	$-z \dfrac{\mathrm{d}X(z)}{\mathrm{d}z}$	$R_{x-} < \lvert z \rvert < R_{x+}$
⑦ $x^*(n)$	$X^*(z^*)$	$R_{x-} < \lvert z \rvert < R_{x+}$
⑧ $x(-n)$	$X(z^{-1})$	$1/R_{x+} < \lvert z \rvert < 1/R_{x-}$
⑨ $x(n) * y(n)$	$X(z)Y(z)$	$\max[R_{x-}, R_{y-}] < \lvert z \rvert < \min[R_{x+}, R_{y+}]$
⑩ $x(n)y(n)$	$\dfrac{1}{2\pi \mathrm{j}} \oint_C X(v) Y(z/v) v^{-1} \mathrm{d}v$	$R_{x-} R_{y-} < \lvert z \rvert < R_{x+} R_{y+}$
⑪ $x(0) = X(\infty)$		$\lvert z \rvert > R_{x-}$
⑫ $x(\infty) = \mathrm{Res}[X(z), 1]$		$(z-1)X(z)$ 收敛于 $\lvert z \rvert \geqslant 1$

1.4.5　Parseval 定理

假设存在两个序列 $x(n)$ 和 $y(n)$，Parseval 定理为

$$\sum_{n=-\infty}^{\infty} x(n)y^*(n) = \frac{1}{2\pi j}\oint_C X(v)Y^*(1/v^*)v^{-1}dv \tag{1-50}$$

上式中，积分曲线取在 $X(v)$ 和 $Y^*(1/v^*)$ 的收敛区域的交叠范围之内。上述的 Parseval 定理可做如下推导：

序列 $m(n)$ 定义为

$$m(n) = x(n)y^*(n) \tag{1-51}$$

并且

$$\sum_{n=-\infty}^{\infty} m(n) = M(z)|_{z=1} \tag{1-52}$$

根据表 1-1 的性质⑩可以看出

$$M(z) = \frac{1}{2\pi j}\oint_C X(v)Y^*(z^*/v^*)v^{-1}dv$$

应用式(1-51)和式(1-52)就得出式(1-50)的结论。如果 $X(z)$ 和 $Y(z)$ 在单位圆上收敛，那么可以选择 $v = e^{j\omega}$，此时式(1-50)变为

$$\sum_{n=-\infty}^{\infty} x(n)y^*(n) = \frac{1}{2\pi}\int_{-\pi}^{\pi} X(e^{j\omega})Y^*(e^{j\omega})d\omega \tag{1-53}$$

Parseval 定理的一个重要应用，是计算序列的能量：

$$\sum_{n=-\infty}^{\infty} |x(n)|^2 = \sum_{n=-\infty}^{\infty} x(n)x^*(n)$$

$$= \frac{1}{2\pi}\int_{-\pi}^{\pi} x(e^{j\omega})X^*(e^{j\omega})d\omega$$

$$= \frac{1}{2\pi}\int_{-\pi}^{\pi} |x(e^{j\omega})|^2 d\omega \tag{1-54}$$

式(1-54)表明：在时域中和在频域中求能量结果是一致的。

1.5　离散时间系统的频率响应、系统函数和零极点分析

1.5.1　系统的频率响应

系统的时域特性用单位脉冲响应 $h(n)$ 表示，对 $h(n)$ 进行如下的傅里叶变换

$$H(e^{j\omega}) = \sum_{n=-\infty}^{\infty} h(n)e^{-j\omega n} \tag{1-55}$$

称为系统的频率响应，式中，ω 为数字角频率，它是频率 Ω 对采样频率，作归一化后的角频率

$$\omega = \frac{\Omega}{F_s} = \frac{2\pi f}{F_s}$$

显然，$H(e^{j\omega})$ 是 ω 的连续函数，并且是以 2π 为周期的。

由第 2 节知道，线性时不变离散系统的输入输出关系为

$$y(n) = x(n) * h(n)$$

对上式两边同时作傅里叶变换

$$Y(e^{j\omega}) = \sum_{k=-\infty}^{\infty} \left[\sum_{n=-\infty}^{\infty} x(k)h(n-k) \right] e^{-jn\omega}$$

$$= \sum_{k=-\infty}^{\infty} x(k)e^{j\omega k} \sum_{n=-\infty}^{\infty} h(n-k)e^{-j(n-k)\omega}$$

$$= X(e^{j\omega})H(e^{j\omega}) \tag{1-56}$$

从而有关系式

$$H(e^{j\omega}) = \frac{Y(e^{j\omega})}{X(e^{j\omega})} \tag{1-57}$$

系统的频率响应通常也用它的幅度和相位分别表示，即

$$H(e^{j\omega}) = |H(e^{j\omega})| e^{j\varphi(\omega)} \tag{1-58}$$

式中，$H(e^{j\omega})$ 和 $\varphi(\omega)$ 分别是 $H(e^{j\omega})$ 的幅度和相位部分，称为系统的幅频特性和相频特性。频率响应起到改变输入信号频谱结构的功能，因此可以通过设计它实现对信号进行放大、滤波或相位均衡等功能。

1.5.2 系统函数

对系统的单位脉冲响应 $h(n)$ 进行 z 变换

$$H(z) = \sum_{n=-\infty}^{\infty} h(n)z^{-n} \tag{1-59}$$

称为系统的系统函数。由式(1-55)的 z 变换可以得到

$$Y(z) = X(z)H(z) \tag{1-60}$$

在单位圆上计算得出的系统函数就是系统频率响应，即

$$H(e^{j\omega}) = H(z)|_{z=e^{j\omega}} \tag{1-61}$$

在第 3 节中曾讨论：系统稳定的充要条件是单位脉冲响应 $h(n)$ 绝对可知。显然，若系统函数的收敛区域包含单位圆 $|z|=1$，则系统是稳定的。此外，因果系统的单位脉冲响应 $h(n)$ 为一个从 $n=0$ 开始的因果序列，前已指出起点大于等于零的右边序列，其 z 变换的收敛域为 $R_{z-} < |z| \leqslant \infty$。所以，对于因果稳定系统，收敛区域将包含单位圆外的整个 z 平面，当然包括 $z=\infty$。

1.5.3 系统函数与差分方程的关系

当系统用线性常系数差分方程描述时，系统函数就是两个多项式之比。考虑

一个 N 阶差分方程

$$\sum_{i=0}^{N} b_i y(n-i) = \sum_{i=0}^{M} a_i x(n-i) \tag{1-62}$$

将 z 变换应用到式(1-62)的两边,得

$$\sum b_i z^{-1} Y(z) = \sum a_i z^{-1} X(z)$$

由式(1-60)知 $H(z) = Y(z)/X(z)$,因此

$$H(z) = \frac{\displaystyle\sum_{i=0}^{M} a_i z^{-i}}{1 + \displaystyle\sum_{i=1}^{N} b_i z^{-i}} \tag{1-63}$$

特别注意到,分子与分母多项式的系数分别是对应于差分方程式(1-62)的右边和左边的系数。

1.5.4　系数函数的零点与极点

由于式(1-63)是 z^{-1} 的两个多项式之比,因此它可以表达为因子形式

$$H(z) = A \frac{\displaystyle\prod_{i=1}^{M}(1 - c_i z^{-1})}{\displaystyle\prod_{i=1}^{N}(1 - d_i z^{-1})} \tag{1-64}$$

式中,c_i 是 $H(z)$ 在 z 平面的零点;d_i 是 $H(z)$ 在 z 平面上的极点。因此,除了此比例常数 A 以外,整个系统函数可以由它的全部零、极点来唯一确定。

1. 因果性

对于一个因果系统,它的单位脉冲响应也就是一个因果序列。单位脉响应 $h(n)$ 满足当 $n<0$ 时 $h(n)=0$。由于因果序列 z 变换的极点均集中在以某一 R 为半经的圆内。结论:因果系统的系统函数的极点均在某个圆内,或者说收敛域在圆外,包含 ∞ 点。

2. 稳定性

系统稳定的时域判据是 $\displaystyle\sum_{n=-\infty}^{\infty} |h(n)| < \infty$,按照 z 变换的定义

$$\sum_{n=-\infty}^{\infty} |h(n)| = \sum_{n=-\infty}^{\infty} |h(n)z^{-n}| \Big|_{z=1} < \infty$$

上式说明 $\displaystyle\sum_{n=-\infty}^{\infty} |h(n)| < \infty$ 要求 $h(n)$ 的 z 变换在单位上收敛。结论:系统稳定时,系统函数的收敛域一定包含单位圆,或者说系统函数的极点不能位于单位圆上。综上所述,系统因果稳定的条件(稳定判据 II):$H(z)$ 的极点应集中在单位圆内。即收敛域包含 ∞ 点和单位圆,那么收敛域可表示为

$$r < |z| \leqslant \infty, \quad 0 < r < 1$$

式(1-64)并未指出系统函数的收敛区域。$H(z)$的收敛域对确定系统的性质很重要的。关于式(1-63)的系统,有多种符合要求的收敛区域可以选择,这些要求是:收敛区域以极点为边界,但不包括那些极点的环形区域。对于给定的两个多项式之比,收敛区域的每一种可能的选择将导致不同的单位脉冲响应,然后它们却全都对应于同一差分方程。假设系统是稳定的,则收敛域应为包含单位圆的环形区域。若系统是因果的则收敛区域为一个圆的外部,这个圆通过$H(z)$离原点最远的极点。若系统因果且稳定,则所有的极点均在单位圆的内部,收敛区域包括单位圆。因此,当用z平面上的零极点分布图来描述系统的函数时,常将单位圆标在圆内,以便指示各极点究竟位于单位圆的内部还是位于单位圆的外部。

【例 1-18】 $H(z) = \dfrac{1-a^2}{(1-az^{-1})(1-az)}$ $|a| < 1$ 分析系统的因果性和稳定性。

解:系统的极点为$z = a, a^{-1}$

(1) 收敛域取$|a^{-1}| < z \leqslant \infty$,收敛域包含$\infty$,故是因果系统;收敛域不包含单位圆,所以系统不稳定。

单位脉冲响应为$h(n) = (a^n - a^{-n})u(n)$,这是一个因果序列,但不收敛。

(2) 收敛域取$a < |z| < a^{-1}$,收敛域不包含∞,不是因果系统;收敛域包含单位圆,系统稳定。

单位脉冲响应为$h(n) = a^{|n|}$,这是一个收敛的双边序列。

(3) 收敛域取$|z| < |a|$,收敛域不包含∞,不是因果系统;收敛域不包含单位圆,系统不稳定。单位脉冲响应为$h(n) = (a^{-n} - a^n)u(-n-1)$,这是一个非因果且不收敛的序列。

1.5.5 利用零极点分析系数的频率响应

用极点和零点来表示系统函数的优点之一是:它引导出一个获得系统频率响应的实用的几何方法。式(1-64)可以写成

$$H(z) = A z^{N-M} \frac{\prod\limits_{i=1}^{M}(z - c_i)}{\prod\limits_{i=1}^{N}(z - d_i)} \tag{1-65}$$

系统的频率响应为

$$H(e^{j\omega}) = A e^{j\omega(N-M)} \frac{\prod\limits_{i=1}^{M}(e^{j\omega} - c_i)}{\prod\limits_{i=1}^{N}(e^{j\omega} - d_i)} \tag{1-66}$$

上式中 $Az^{(N-M)j\omega}$ 只包括常系数的幅度增益和线性的相移,不影响 $H(e^{j\omega})$ 的特性,在 z 平面上 $e^{j\omega}-c_i$ 可以用由零点 c_i 指向单位圆上 $e^{j\omega}$ 点的向量 C_i 来表示

$$C_i = e^{j\omega} - c_i$$

同样 $e^{j\omega}-d_i$ 可以用极点 $0 \leqslant m \leqslant N-1$ 指向 $e^{j\omega}$ 的向量 D_i 表示

$$D_i = e^{j\omega} - d_i$$

因此

$$H(e^{j\omega}) = Ae^{j\omega(N-M)} \frac{\prod\limits_{i=1}^{M} C_i}{\prod\limits_{i=1}^{N} D_i} \tag{1-67}$$

这样,系统的幅频特性就可以由各零、极点指向 $e^{j\omega}$ 点的向量的幅度来决定,而相频特性则由这些向量的辐角来确定。

1. 幅频特性

$$|H(e^{j\omega})| = |A| \frac{\prod\limits_{i=1}^{M} |C_i|}{\prod\limits_{i=1}^{N} |D_i|} \tag{1-68}$$

2. 相频特性

$$\varphi(\omega) = \arg[e^{j\omega(N-M)}] + \sum_{i=1}^{M} \arg[C_i] - \sum_{i=1}^{N} \arg[D_i]$$

$$= \omega(N-M) + \sum_{i=1}^{M} \alpha_i - \sum_{i=1}^{N} \beta_i \tag{1-69}$$

当频率 ω 由 0 到 2π 时,这些向量的终端点沿单位圆逆时针方向旋转一周,从而可以估算出整个系统的频率响应来,如图 1-16 所示,其中 c_i、d_i 分别表示零点和极点。

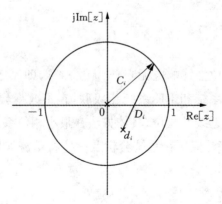

图 1-16　二阶系统频率响应的几何表示

1.5.6 特殊系统的系统函数及其特点

1. 全通系统

如果离散时间系统的幅频特性对所有频率均等于常数或1。

$$|H_{ap}(e^{j\omega})|=1, \quad 0\leqslant\omega\leqslant 2\pi \tag{1-70}$$

则称为全通系统,式(1-68)表明信号通过全通系统后,幅度谱保持不变,仅相位谱随 $\varphi(\omega)$ 改变,起纯相位滤波作用。

N 阶全通系统的零点与极点有共轭倒数关系,用零极点表示如下:

$$H_{ap}(z)=\prod_{k=1}^{N}\frac{z^{-1}-z_k}{1-z_k^* z^{-1}} \tag{1-71}$$

以一阶系统为例,$H_{ap1}(z)=\dfrac{z^{-1}-z_1}{1-z_z^{*-1}}$,则

$$|H_{ap1}(z)|^2=\frac{1-z_k z}{z-z_k^*}\frac{1-z_k^* z^*}{z^*-z_k}=\frac{1-z_k z-z_k^* z^*+z_k z_k^* |z|^2}{|z|^2-z_k z-z_k^* z^*+z_k z_k^*}$$

所谓的频率响应指系统函数在单位圆上的取值,即 $z=e^{j\omega}$,有

$$|H_{ap1}(e^{j\omega})|^2=\frac{1-z_k e^{j\omega}-z_k^* e^{-j\omega}+z_k z_k^*}{1-z_k e^{j\omega}-z_k^* e^{-j\omega}+z_k z_k^*}=1$$

即系统的频率响应为常数1,系统为全通系统。

◇ 全通系统的特点

(1) 全通系统是 IIR 系统(不考虑纯延迟形式)。

(2) 全通系统的零极点数相同。

(3) 零极点以单位圆镜像对称才能保证具有全通特性,即幅频响应为常数。

(4) 全通系统的所有零点均在单位圆外(为了保证系统稳定,极点在单位圆内,因此与其关于单位圆对称的零点只能在单位圆外)。

(5) 相频特性单调递减。

(6) 全延迟为正值。

◇ 全通系统的应用

(1) IIR 系统的单位抽样响应无限长,无法对称,即无法作到线性相位。在实际中,可以用一个全通系统和 IIR 系统相级联,在不改变幅频响应的情况下对相频响应做矫正,使其接近线性相位;具体方法在最小相位系统中介绍。

(2) 全通系统还广泛应用在系统分析及一些特殊滤波器的设计方面(如功率互补 IIR 滤波器组)。

2. 最小相位系统

因果稳定系统其极点必须在单位圆内,但其零点没有特殊要求,可以在单位圆内、圆上或圆外。所谓的最小相位系统($H\min(z)$)指因果稳定系统 $H(z)$ 的所

有零点都在单位圆内。反之,如果因果稳定系统 $H(z)$ 的所有零点都在单位圆外,称为最大相位系统($Hmax(z)$),若单位圆内、外都有零点,称为混合相位系统。

◇ 最小相位系统

(1) 在幅频响应特性相同的所有因果稳定系统集中,最小相位系统的相位延迟(负的相位值)最小。

证明:设系统函数 $H(z)$ 的圆内极点、圆外极点、圆内零点和圆外零点分别为 n_i、n_0、m_i、m_0 个,满足 $n_i + n_0 = N$ 和 $m_i + m_0 = M$。

当频率 ω 由 0 到 2π 时,由式(1-69)可知整个系统的相位变化为

$$\Delta\varphi(\omega) = 2\pi(N-M) + \Delta\sum_{i=1}^{M}\alpha_i - \Delta\sum_{i=1}^{N}\beta_i \tag{1-72}$$

当零点和极点位在单位圆内时,如图 1-17 中极点 d_i 其相位变化为 2π,当零点和极点位在单位圆外时如图 1-17 中圆外极点,当 ω 增大时,其相位变小,当 ω 增大到 ω_1 时,β_i 最小,当 ω 继续增大时,β_i 也增加,因此,当 ω 变化为 2π 时,其相位变化为零。则

$$\begin{aligned}\Delta\varphi(\omega) &= 2\pi(N-M) + 2\pi m_i - 2\pi n_i \\ &= 2\pi n_0 - 2\pi m_0\end{aligned} \tag{1-73}$$

对于因果稳定的系统,其极点必须位于单位圆内,即

$$\Delta\varphi(\omega) = -2\pi m_0 \tag{1-74}$$

如果零点也都在单位圆内,则 $\Delta\varphi(\omega) = 0$,将这种系统称为最小相位系统。

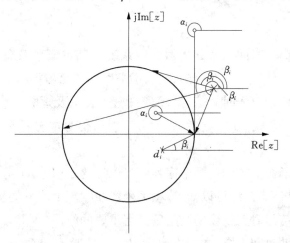

图 1-17　最小相位系统零极点分析图

(2) 任何一个非最小相位系统的系统函数 $H(z)$ 均可由一个最小相位系统 $H_{\mathrm{min}}(z)$ 和一个全通系统 $H_{\mathrm{ap}}(z)$ 级联而成,即 $H(z) = H_{\mathrm{min}}(z)H_{\mathrm{ap}}(z)$。

证明:设 $H(z)$ 有 i 个零点,只有一个零点 $z = \dfrac{1}{z_1}$ 位在单位圆外,$|z_1| < 1$,则

$$H(z) = H_{i-1}(z)(z^{-1} - z_1)$$

其中 $H_{i-1}(z)$ 为最小相位系统,此时

$$H(z) = H_{i-1}(z)(z^{-1} - z_1)\frac{1 - z_1^* z^{-1}}{1 - z_1^* z^{-1}}$$

$$= H_{i-1}(z)(1 - z_1^* z^{-1})\frac{z^{-1} - z_1}{1 - z_1^* z^{-1}}$$

$$= H_i(z)\frac{z^{-1} - z_1}{1 - z_1^* z^{-1}}$$

式中,第一项 $H_i(z)$ 为最小相位系统,第二项 $\dfrac{z^{-1} - z_1}{1 - z_1^* z^{-1}}$ 为一阶全通系统。

(3) 最小相位系统保证其逆系统存在。给定一个因果稳定系统 $H(z) = \dfrac{B(z)}{A(z)}$,定义其逆系统为

$$H_{INV}(z) = \frac{1}{H(z)} = \frac{A(z)}{B(z)} \tag{1-75}$$

当且仅当 $H(z)$ 为最小相位系统时,$H_{INV}(z)$ 才是因果稳定的(物理可实现的)。

本章小结

本章介绍了离散时间信号和离散时间系统的基本概念及分析方法。这些知识在信号与系统中已经有了系统的介绍,本书以回顾复习提高的形式进行介绍。

本章首先介绍了离散时间信号(序列)概念、表示及运算,重点介绍了任意序列的单位脉冲序列表示方法,这种表示方法对于信号的分析和计算具有重要的意义。

序列的相关函数描述的是两个序列(含自身)的相似性,可分为自相关函数和互相关函数,通过性质介绍可以知道,相关函数在噪声中信号的检测、信号中隐含周期性的检测和信号时延长度的测量等具有重要的应用。

对于一个离散时间系统,本书主要学习了线性时不变系统,其输入输出关系可表达成离散线性卷积,通过离散线性卷积可以分析系统的因果性和稳定性,从而得出系统因果性和稳定性的一种判定方法。

一个线性时不变系统可以用常系数线性差分方程表示,本章分析了常系数线性差分方程与线性时不变系统之间的关系,即应用线性常系数差分方程描述系统时,如果没有附加的制约条件,则它不能唯一地确定一个系统的输入和输出关系

和系统特性。

z 变换是分析离散时间信号和系统的一种重要方法,本书主要回顾了 z 变换的定义、性质、逆 z 变换的求解等问题,当 z 变换应用于系统单位脉冲响应时,即可获得系统的系统函数,该系统函数在单位圆上的取值称为系统的频率响应。

系统的频率响应是了解系统特性的重要物理量,离散时间系统的设计很大一部分就是设计满足一定频率响应的系统,本章介绍了利用零极点估计系统频率响应的方法,当然这种方法只能在一些简单滤波器设计时使用,比如一阶或二阶系统,当零极点较多时,这种方法就显得较为复杂。

本章最后介绍了两种特殊的离散时间系统,即全通系统、最小相位系统。所谓的全通系统幅频特性对所有频率均等于常数或 1,所谓的最小相位系统即系统所有零点都在单位圆内,这类系统可以在满足幅频特性的情况下,获得最小的相位偏移,也是可以实现因果稳定的逆系统的条件。

习 题 1

1. 给定信号

$$x(n)=\begin{cases}3n+3, & -2\leqslant n\leqslant 2 \\ 0, & n \text{ 为其他}\end{cases}$$

(1) 画出 $x(n)$ 的图形;

(2) 试用单位脉冲序列表示出 $x(n)$;

(3) $y_1(n)=2x(n-2)+1$,试求出 $y_1(n)$ 各点的值并画出 $y_1(n)$ 的图形;

(4) $y_2(n)=-2x(n+2)$,试求出 $y_1(n)$ 各点的值并画出 $y_1(n)$ 的图形;

2. 判断下面的序列是否是周期的,若是周期的,确定其周期。

(1) $x(n)=A\cos\left(\dfrac{3}{7}\pi n-\dfrac{\pi}{8}\right)$,$A$ 是常数;

(2) $x(n)=\mathrm{e}^{\mathrm{j}\left(\frac{1}{8}n-\pi\right)}$ 。

3. 已知序列 $x_1(n)=\sin(n\pi/4)$,$x_2(n)=\sin(n\pi/6)$,试求 $x_1(n)$,$x_2(n)$,$x_1(n)+x_2(n)$ 的周期。

4. 试用单位脉冲序列表示出如下序列。

(1) $u(n)=\begin{cases}1, & n\geqslant0 \\ 0, & n<0\end{cases}$

(2) $p(n)=1$,$-\infty<n<\infty$。

5. 已知序列 $x_1(n)=a^n u(n)$,$x_2(n)=u(n)-u(n-N)$,试分别求它们的自相关函数,并证明它们是偶对称序列。

6. 设描述系统的差分方程如下,其中 $x(n)$,$y(n)$ 分别表示输入和输出,判断系统是否为线性时不变系统。

(1) $y(n)=ax(n)+b$;

(2) $y(n)=x(n-n_0)$,n_0 为整常数;

(3) $y(n) = x(-n)$；

(4) $y(n) = x^2(n)$；

(5) $y(n) = x(n^2)$；

(6) $y(n) = \sum\limits_{m=0}^{n} x(m)$。

7. 设描述系统的差分方程如下，其中 $x(n), y(n)$ 分别表示输入和输出，判断系统是否为因果稳定系统。

(1) $y(n) = \sum\limits_{k=n-n_0}^{n+n_0} x(k)$；

(2) $y(n) = \dfrac{1}{N} \sum\limits_{k=0}^{N-1} x(n-k)$；

(3) $y(n) = e^{x(n)}$；

(4) $y(n) = x^2(n)$；

(5) $y(n) = x(kn)$，k 为大于零的整数。

8. 试证明离散线性卷积满足交换律、结合律和分配律。

9. 设线性时不变系统的输入序列和单位脉冲响应分别为 $x(n), h(n)$，分别求出输入出 $y(n)$。

(1) $x(n) = \{1, \underset{\uparrow}{2}, 5, 6, 7\}$，$h(n) = \{1, \underset{\uparrow}{1}, 1\}$；

(2) $x(n) = R_5(n)$，$h(n) = R_3(n)$；

(3) $x(n) = R_5(n)$，$h(n) = \delta(n) + \delta(n-1)$；

(4) $x(n) = 0.5^n u(n)$，$h(n) = R_4(n)$。

10. 设描述系统的差分方程如下，求其单位脉冲响应。

(1) $y(n) = x(n) + \dfrac{1}{2} x(n-1) + \dfrac{1}{3} x(n-2) + \dfrac{1}{4} x(n-3)$；

(2) $y(n) = 2y(n-1) + x(n) + x(n-1)$。

11. 设系统由下面差分方程描述：

$$y(n) = \dfrac{1}{2} y(n-1) + x(n) + \dfrac{1}{2} x(n-1)$$

设系统是因果的，利用递推法求系统的单位取样响应。

12. 已知序列 $x(n)$ 如下，利用 z 变换的性质求 $X(z)$。

(1) $x(n) = (n+1)u(n)$；

(2) $x(n) = nu(n)$；

(3) $x(n) = n^2 u(n)$。

13. 给定序列的 z 变换如下。

(1) $X(z) = \dfrac{1}{\left(1 - \dfrac{1}{2} z^{-1}\right)(1 - z^{-1})}$，$x(n)$ 为因果序列；

(2) $X(z) = \dfrac{0.3z}{z^2 - 0.7z + 0.1}$，$x(n)$ 为因果序列；

(3) $X(z) = \dfrac{1}{z^3 - 1.25z^2 + 0.5z - 0.625}$，$|z| > 1/2$，

试求 $x(n)$。

14. 求 $X(z) = \dfrac{0.75}{(1-0.5z)(1-0.5z^{-1})}$，$0.5 < |z| < 2$ 的逆 z 变换。

15. 已知描述系统的差分方程为

$$y(n) + 0.3y(n-1) - 0.2y(n-2) = 1.5x(n) + 2.1x(n-1) + 0.4x(n-2)$$

试写出该系统的系统函数。

16. 已知某离散时间系统的差分方程为

$$y(n) - 3y(n-1) + 2y(n-2) = x(n) + 2x(n-1)$$

系统初始状态为 $y(-1) = 1$，$y(-2) = 2$，系统激励为 $x(n) = (3)^n u(n)$，试求：

(1) 系统函数 $H(z)$，系统频率响应 $X(e^{j\omega})$。

(2) 系统的零输入响应 $y_{zi}(n)$、零状态响应 $y_{zs}(n)$ 和全响应 $y(n)$。

17. 已知离散时间系统函数的系统函数为

$$H(z) = \left(1 - \frac{1}{2}z^{-1}\right)(1 + 6z^{-1})(1 - z - 1),$$

试写系统函数对应的差分方程。

18. 一个因果系统的系统函数为 $H(z) = \dfrac{2z}{1+z} - \dfrac{1}{2+z}$，求系统的差分方程和单位脉冲响应。

19. 线性时不变因果系统由下面差分方程描述：

$$y(n) - \frac{5}{6}y(n-1) + \frac{1}{6}y(n-2) = x(n) - x(n-1)$$

(1) 确定该系统的系统函数 $H(z)$，给出其收敛域，画出其零极点图。

(2) 求系统的冲激响应 $h(n)$，说明该系统是否稳定。

(3) 求系统频率响应 $H(e^{j\omega})$。

20. 一离散时间系统有一对共轭极点 $p_1 = 0.8^{j\pi/4}$，$p_2 = 0.8^{-j\pi/4}$，且原点有二阶重零点。

(1) 确定该系统的系统函数 $H(z)$，给出其收敛域，画出其零极点图。

(2) 试用极零点分析法大致画出其幅频特性。

21. 讨论一个具有下列系统函数的线性时不变因果系统：$H(z) = \dfrac{1 - a^{-1}z^{-1}}{1 - az^{-1}}$，$a$ 为实数。试问

(1) 对于什么样的 a 值范围系统是稳定的？

(2) 如果 $0 < a < 1$，画出零极点分布图，给出其收敛区域。

(3) 证明该系统是一个全通系统。

22. 两个滤波器分别具有形式：

$$H_1(z) = G(z)(1 + \alpha z^{-1}), \quad H_2(z) = G(z)(\alpha + z^{-1}), \quad 0 < \alpha < 1。$$

(1) 试证明两者具有相同的幅频响应；

(2) 哪一个滤波器有较小的相位延迟？为什么？

离散傅里叶变换

本章要点

本章首先介绍离散时间信号的傅里叶变换,然后重点分析离散傅里叶变换的概念、性质和基本应用,本章主要掌握以下内容:

◇ 掌握离散时间信号傅里叶变换的概念、性质;

◇ 理解和掌握离散傅里叶级数和离散傅里变换的概念及关系;

◇ 掌握离散傅里叶变换的性质;

◇ 掌握离散傅里叶变换的主要应用。

傅里叶变换的理论起源于法国科学家傅里叶(Jean Baptiste Joseph Fourier)。傅里叶在其经典之作《Theorie analytiquede la chaleur(热能数学原理)》中阐明了任一周期函数都可以表示为正弦函数和的形式,其中正弦函数的频率是周期函数频率的整数倍。傅里叶的理论工作对科学和工程产生了深远的影响,人们在将傅里叶理论用于信号分析过程中提出了傅里叶变换的概念。

本章在介绍离散时间信号的傅里叶变换和离散傅里叶级数的基础上,重点讨论离散傅里叶变换的定义、物理意义、性质和应用。离散傅里叶变换之所以重要,是因为它可以实现对有限长序列的频域进行有限长和离散化分析,可以方便使用软硬件的方法实现,大大增加了数字信号处理的灵活性。

2.1 离散时间信号的傅里叶变换(DTFT)

2.1.1 离散时间信号的傅里叶变换

与模拟信号类似,离散时间信号(序列)也可以进行傅里叶变换,称为离散时间信号的傅里叶变换(Discrete-Time Fourier Transform:DTFT)。序列$x(n)$的DTFT定义为:

$$X(e^{j\omega}) = \sum_{n=-\infty}^{\infty} x(n)e^{-jn\omega} \tag{2-1}$$

式中ω为数字角频率,它是频率f对采样频率f_s作归一化以后的角频率:

$$\omega = \frac{2\pi f}{f_s}$$

显然 $X(e^{j\omega})$ 是关于 ω 的连续函数,由

$$X(e^{j(\omega+2\pi)}) = \sum_{n=-\infty}^{\infty} x(n)e^{-jn(\omega+2\pi)} = \sum_{n=-\infty}^{\infty} x(n)e^{-jn\omega}e^{-j2\pi n} = \sum_{n=-\infty}^{\infty} x(n)e^{-jn\omega} = X(e^{j\omega})$$

可知 $X(e^{j\omega})$ 是以 2π 为周期的周期数。式(2-1)的级数不一定总是收敛的,例如 $x(n)$ 为单位阶跃序列时的级数是不收敛的。式(2-1)收敛的充分条件为:

$$\sum_{-\infty}^{\infty} |x(n)e^{-j\omega n}| = \sum_{-\infty}^{\infty} |x(n)| < \infty \tag{2-2}$$

即 $x(n)$ 的绝对值之和是有限值,则它的 DTFT 一定存在。对于不满足上式的序列,可以通过引入特殊函数,使之能够用傅里叶变换表示出来,如周期序列的傅里叶变换。

由序列 z 变换的定义可知

$$X(e^{j\omega}) = X(z)|_{z=e^{j\omega}} \tag{2-3}$$

即序列的 DTFT 是在单位圆上取值的 z 变换,因此,如果序列的 z 变换收敛域包括单位圆,则 $X(e^{j\omega})$ 存在。

有限长序列总是满足绝对值之和是有限值这一条件,因此其 DTFT 总是存在的。

用 $e^{j\omega m}$ 乘以式(2-1)的两边,并对 ω 在一个周期内积分,可以得到

$$\int_{-\pi}^{\pi} X(e^{j\omega})e^{j\omega m}d\omega = \int_{-\pi}^{\pi} \left[\sum_{n=-\infty}^{\infty} x(n)e^{-j\omega n} \right] e^{j\omega m}d\omega$$

$$= \sum_{n=-\infty}^{\infty} x(n) \int_{-\pi}^{\pi} e^{j\omega(m-n)}d\omega$$

$$= 2\pi \sum_{n=-\infty}^{\infty} x(n)\delta(m-n)$$

即

$$x(n) = \frac{1}{2\pi} \int_{-\pi}^{\pi} X(e^{j\omega})e^{j\omega n}d\omega \tag{2-4}$$

这就是离散时间信号的逆傅里叶变换(IDTFT)的公式。

$x(n)$ 与 $X(e^{j\omega})$ 对应的关系可以表示为:

$$X(e^{j\omega}) = \text{DTFT}[x(n)]$$

$$x(n) = \text{IDTFT}[X(e^{j\omega})]$$

一般地,$X(e^{j\omega})$ 是关于 ω 的复函数,并且可以用实部和虚部表示为:

$$X(e^{j\omega}) = \text{Re}[X(e^{j\omega})] + j\,\text{Im}[X(e^{j\omega})] \tag{2-5}$$

式中 $\text{Re}[\cdot]$ 和 $\text{Im}[\cdot]$ 分别表示取实部和虚部。

此外,$X(e^{j\omega})$ 还可以用幅度和相位表示,即:

$$X(e^{j\omega}) = |X(e^{j\omega})| e^{j\theta\omega} \tag{2-6}$$

式中 $|X(e^{j\omega})|$ 和 $\theta(\omega)$ 分别称为序列 $x(n)$ 的幅度谱和相位谱。

【例 2-1】　试求序列 $x(n) = a^n u(n)$ 的 DTFT,a 为实系数。

解：由 DTFT 的定义得

$$X(e^{j\omega}) = \sum_{n=-\infty}^{\infty} x(n)e^{-j\omega n} = \sum_{n=0}^{\infty} a^n e^{-j\omega n} = \sum_{n=0}^{\infty} (ae^{-j\omega})^n$$

由 $S = \sum_{n=-\infty}^{\infty} |x(n)|^2$ 可知

$|a| \geqslant 1$ 时，$x(n)$ 不满足绝对可和的条件，DTFT 不存在。

$|a| < 1$ 时，由等比级数求和公式可得

$$X(e^{j\omega}) = \frac{1}{1-ae^{-j\omega}}$$

则

$$|X(e^{j\omega})| = \frac{1}{\sqrt{(1-a\cos\omega)^2+(a\sin\omega)^2}} = \frac{1}{\sqrt{1+a^2-2a\cos\omega}}$$

$$\varphi(\omega) = -\arctan\left(\frac{a\sin\omega}{1-a\cos\omega}\right)$$

2.1.2 DTFT 的性质

离散时间信号的傅里叶变换（DTFT）具有很多有用的性质，在"信号与线性系统"已作详细说明，这里将其主要性质列入下表 2-1 中。DTFT 直接反应出序列和频谱之间的关系，在数字信号处理中经常要用到。下面重点介绍其对称性。

表 2-1 DTFT 的主要性质

序号	序列	DTFT
1	$ax(n)+by(n)$	$aX(e^{j\omega})+bY(e^{j\omega})$
2	$x^*(n)$	$X^*(e^{-j\omega})$
3	$x^*(-n)$	$X^*(e^{j\omega})$
4	$x(n-n_0)$	$e^{-jn_0\omega}x(n)$
5	$e^{j\omega_0 n}x(n)$	$X(e^{j(\omega-\omega_0)})$
6	$x_1(n)*x_2(n)$	$X_1(e^{j\omega})X_2(e^{j\omega})$
7	$x_1(n)\cdot x_2(n)$	$\frac{1}{2\pi}X_1(e^{j\omega})*X_2(e^{j\omega})$
8	$\text{Re}[x(n)]$	$X_e(e^{j\omega})[X(e^{j\omega})$ 的共轭偶对称部分$]$
9	$\text{Im}[x(n)]$	$X_o(e^{j\omega})[X(e^{j\omega})$ 的共轭奇对称部分$]$
10	$x(n)$ 为实序列	$X(e^{j\omega})=X^*(e^{-j\omega})$ $\text{Re}[X(e^{j\omega})]=\text{Re}[X(e^{-j\omega})]$ $\text{Im}[X(e^{j\omega})]=-\text{Im}[X(e^{-j\omega})]$ $\arg[X(e^{j\omega})]=-\arg[X(e^{-j\omega})]$
11	$x_e(n)$[实序列 $x(n)$ 的偶部]	$\text{Re}[X(e^{j\omega})]$
12	$x_o(n)$[实序列 $x(n)$ 的奇部]	$j\text{Im}[X(e^{j\omega})]$

◇ DFTF 的对称性

一般不做特殊说明,序列 $x(n)$ 就是复序列。用下标 r 表示它的实部,用下标 i 表示它的虚部,有

$$x(n) = x_r(n) + jx_i(n)$$

复序列中有共轭对称序列和共轭反对称序列,分别用下标 e 和 o 表示。若序列满足

$$x_e(n) = x_e^*(-n) \tag{2-7}$$

称 $x_e(n)$ 为共轭对称序列。下面研究共轭对称序列的性质,设共轭对称序列

$$x_e(n) = x_{er}(n) + jx_{ei}(n)$$

有

$$x_e^*(-n) = x_{er}(-n) - jx_{ei}(-n)$$

由式(2-7)可知

$$x_{er}(n) = x_{er}(-n)$$

$$x_{ei}(n) = -x_{ei}(-n)$$

结论:共轭对称序列的实部偶对称,虚部奇对称。

若序列满足

$$x_o(n) = -x_0^*(-n) \tag{2-8}$$

则称为共轭反对称序列。同理可得实部奇对称,虚部偶对称。

【例 2-2】 试分析 $x(n) = e^{j\omega m}$ 的对称性。

解:因为 $x*(-n) = e^{j\omega n} = x(n)$ 满足式(2-7),所以 $x(n)$ 是共轭对称序列,展成实部与虚部,则得到

$$x(n) = \cos\omega n + j\sin\omega n$$

上式表明,共轭对称序列的实部是偶函数,虚部是奇函数。

一般序列可用其共轭对称与共轭反对称分量之和表示,即

$$x(n) = x_e(n) + x_o(n) \tag{2-9}$$

这样有

$$x^*(-n) = x_e^*(-n) + x_0^*(-n) = x_e(n) - x_o(n) \tag{2-10}$$

由以上两式可知

$$x_e(n) = \frac{1}{2}[x(n) + x^*(-n)]$$

$$x_o(n) = \frac{1}{2}[x(n) - x^*(-n)]$$

即已知 $x(n)$，可以分别求出其 $x_e(n)$ 和 $x_o(n)$。对于频域函数 $X(e^{j\omega})$，也有和上面类似的概念和结论

$$X(e^{j\omega})=X_e(e^{j\omega})+X_o(e^{j\omega}) \tag{2-11}$$

$X_e(e^{j\omega})$ 为共轭对称部分，$X_o(e^{j\omega})$ 为共轭反对称部分，它们满足

$$X_e(e^{j\omega})=X_e^*(e^{-j\omega})$$
$$X_o(e^{j\omega})=-X_o^*(e^{-j\omega}) \tag{2-12}$$

同样有下面公式成立

$$X_e(e^{j\omega})=\frac{1}{2}[X(e^{j\omega})-X^*(e^{-j\omega})] \tag{2-13a}$$

$$X_o(e^{j\omega})=\frac{1}{2}[X(e^{j\omega})-X^*(e^{-j\omega})] \tag{2-13b}$$

下面讨论 DTFT 的共轭对称性质。

(1) 将序列 $x(n)$ 分成实部 $x_r(n)$ 与虚部 $x_i(n)$，即 $x(n)=x_r(n)+jx_i(n)$，其傅里叶变换 $X(e^{j\omega})=X_e(e^{j\omega})+X_o(e^{j\omega})$，式中

$$X_e(e^{j\omega})=FT[x_r(n)]=\sum_{n=-\infty}^{\infty}x_r(n)e^{-j\omega n} \tag{2-14a}$$

$$X_o(e^{j\omega})=FT[jx_i(n)]=j\sum_{n=-\infty}^{\infty}x_i(n)e^{-j\omega n} \tag{2-14b}$$

结论：序列分成实部与虚部两部分，实部对应的傅里叶变换具有共轭对称性，虚部和 j 一起对应的傅里叶变换具有共轭反对称性。

(2) 将序列分成共轭对称部分 $x_e(n)$ 和共轭反对称部分 $x_o(n)$，即

$$x(n)=x_e(n)+x_o(n) \tag{2-15}$$

由

$$x_e(n)=\frac{1}{2}[x(n)+x^*(-n)] \tag{2-16a}$$

$$x_o(n)=\frac{1}{2}[x(n)+x^*(-n)] \tag{2-16b}$$

将上面两式分别进行傅里叶变换，得到

$$FT[x_e(n)]=\frac{1}{2}[X(e^{j\omega})+X^*(e^{j\omega})]=Re[X(e^{j\omega})]=X_R(e^{j\omega}) \tag{2-17a}$$

$$FT[x_o(n)]=\frac{1}{2}[X(e^{j\omega})-X^*(e^{j\omega})]=jIm[X(e^{j\omega})]=jX_I(e^{j\omega}) \tag{2-17b}$$

因此

$$X(e^{j\omega})=X_R(e^{j\omega})+jX_I(e^{j\omega}) \tag{2-18}$$

> 结论:序列的共轭对称 FT 对应 FT 的实部,序列的共轭反对称 FT 对应 FT 的虚部(含 j)。

2.1.3　典型离散时间信号的 DTFT

1. 单位脉冲序列

$x(n)=\delta(n)$, $X(e^{j\omega})=\text{DTFT}[x(n)]=1$;

若 $x(n)=\delta(n-m)$, $X(e^{j\omega})=\text{DTFT}[x(n)]=e^{-j\omega m}$。

2. 单位阶跃序列

$x(n)=u(n)$, $X(e^{j\omega})=\text{DTFT}[x(n)]=\dfrac{1}{1-e^{-j\omega}}+\pi\sum\limits_{k=-\infty}^{\infty}d(\omega+2k\pi)$;

若 $x(n)=e^{-j\omega_0 n}$, $X(e^{j\omega})=\text{DTFT}[x(n)]=2\pi\sum\limits_{k=-\infty}^{\infty}d(\omega-\omega_0+2k\pi)$。

3. 指数信号

$x(n)=a^n u(n)$,其中 $|a|<1$, $X_I(e^{j\omega})=\text{DTFT}[x(n)]=\dfrac{1}{1-ae^{-j\omega}}$。

2.2　离散傅里叶级数及傅里叶变换表示式

上节讨论了离散时间信号的傅里叶变换(DTFT),已经知道 DTFT 在频域内是连续的周期函数,而连续函数很难用计算机进行计算和存储。对于有限长序列,还有一种能反映其频域特点的有力工具,这就是离散傅里叶变换(Discrete Fourier Transform,DFT),DFT 不仅能反映信号的频域特征,而且可以更方便地用计算机处理。为了更好地学习和理解 DFT,先讨论周期序列的离散傅里叶级数(Discrete Fourier Series,DFS),再定义 DFT,再说明其与 DFS 的关系。

2.2.1　离散傅里叶级数(DFS)

周期序列不是绝对可和的,狭义的傅里叶变换是不存在的,但由于其周期性,类似于连续周期信号一样,可展开为傅里叶级数。

1. 基本含义

一个周期为 N 的周期序列 $\tilde{x}(n)$,应该满足下列条件

$$\tilde{x}(n)=\tilde{x}(n+kN), \quad n=0,1,2,\cdots,N-1,\ k\ 为任意整数$$

周期序列不能进行 z 变换,因为没有 z 值能使该序列 z 变换收敛,因而它的 DTFT 也不存在。但是用傅里叶级数来表示 $\tilde{x}(n)$ 是可能的,就是把该周期序列

表示为正弦序列或余弦序列(或复指数序列)之和,这些序列的频率为该周期序列基频 $2\pi/N$ 的整数倍。用复指数表示这些频率分量的第 k 次谐波分量:

$$e_k(n)=e^{j(2\pi/N)kn} \tag{2-19}$$

此处 k 为整数,第 $k+N$ 次谐波为

$$e_{k+N}(n)=e^{j(2\pi/N)(k+N)n}=e^{j(2\pi/N)kn}=e_k(n) \tag{2-20}$$

上式表明 $e_k(n)$ 是 k 的周期函数,且周期为 N。与连续周期函数的傅里叶级数不相同的是,离散周期函数的傅里叶级数所有谐波分量中只有 N 个是独立的。所以在表示为傅里叶级数时只需取 $k=0,1,2,\cdots,N-1$ 个独立谐波分量。因此,$\tilde{x}(n)$ 的离散傅里叶级数形式为

$$\tilde{x}(n)=\sum_{k=0}^{N-1}\tilde{X}(k)e^{j(2\pi/N)kn} \tag{2-21}$$

其中 $\tilde{X}(k)$ 是 k 次谐波的系数,为求解该系数,利用下列表达式

$$\sum_{n=0}^{N-1}e^{-j(2\pi/N)m}=\begin{cases}N, & m=0 \\ 0, & m\neq 0\end{cases} \tag{2-22}$$

将式(2-21)两边同时乘以 $e^{-j(2\pi/N)m}$,并对一个周期求和,交换该式右边的求和顺序,得到

$$\sum_{n=0}^{N-1}\tilde{x}(n)e^{-j(2\pi/N)m}=\sum_{k=0}^{N-1}\tilde{X}(k)\sum_{n=0}^{N-1}e^{j(2\pi/N)(k-r)n}$$

再结合式(2-22),得到

$$\sum_{n=0}^{N-1}\tilde{x}(n)e^{-j(2p/N)m}=N\tilde{X}(r)$$

于是式(2-21)的系数 $\tilde{X}(k)$ 可由下列表达式求出

$$\tilde{X}(k)=\frac{1}{N}\sum_{n=0}^{N-1}\tilde{x}(n)e^{-j(2\pi/N)nk} \tag{2-23}$$

以 N 为周期对式(2-23)进行周期延拓,得到

$$\tilde{X}(k+mN)=\frac{1}{N}\sum_{n=0}^{N-1}\tilde{x}(n)e^{-j(2\pi/N)(k+mN)n}$$

$$=\frac{1}{N}\sum_{n=0}^{N-1}\tilde{x}(n)e^{-j(2\pi/N)kn}$$

$$=\tilde{X}(k)$$

很显然,$\tilde{X}(k)$ 也是周期函数,且周期为 N。因此,时域周期序列的傅里叶级数,在频域上仍然是周期序列。实际上,式(2-21)与式(2-23)是一组变换对,为了与其他傅里叶变换形式上保持一致,$\frac{1}{N}\tilde{X}(k)$ 代替 $\tilde{X}(k)$,这样,便可以给出完整的傅里叶级数(DFS)变表达式

$$\tilde{X}(k)=\text{DFS}[\tilde{x}(k)]=\sum_{n=0}^{N-1}\tilde{x}(n)W_N^{kn} \quad k=-\infty,\cdots,\infty \tag{2-24a}$$

$$\tilde{x}(n) = \text{IDFS}[\tilde{X}(k)] = \frac{1}{N} \sum_{n=0}^{N-1} \tilde{X}(k) W_N^{-kn} \quad k = -\infty, \cdots, \infty \qquad (2\text{-}24\text{b})$$

以上 DFS[·]和 IDFS[·]分别表示傅里叶级数的正变换和逆变换。$W_N = e^{-j(2\pi/N)}$。

由上可知,离散序列 $\tilde{x}(n)$ 和 $\tilde{X}(k)$ 都是以 N 为周期的周期序列,在每个周期内都可以用 N 个样本表征序列的形状,而其余均是这 N 个样本的周期性重复出现。

2. DFS 的理解

上节分析是直接从离散级数角度给出的定义,读者可能对离散状态下的谐波不易理解。下面从连续周期信号的角度来推导离散傅里叶级数,以方便和加深学生对离散傅里叶级数的认识。

设有时域周期为 T 的周期信号 $\tilde{x}(t)$ 的傅里叶级数为

$$\tilde{x}(t) = \sum_{k=-\infty}^{\infty} X(k\Omega_0) e^{jk\Omega_0 t} \qquad (2\text{-}25)$$

式中 $\Omega_0 = \dfrac{2\pi}{T}$,$X(k\Omega_0)$ 是 $\tilde{x}(t)$ 的傅里叶级数,它是离散的非周期的。

设 $\tilde{x}(nT_s)$ 是周期信号 $\tilde{x}(t)$ 的采样,T_s 为采样周期,若在信号的一个周期内采 N 个点,有 $T = NT_s$,这样 $\tilde{x}(nT_s)$ 即为离散和周期的,其周期为 NT_s 或 N,将采样应用到式(2-25),可得

$$\tilde{x}(nT_s) = \tilde{x}(t)\big|_{t=nT_s} = \sum_{k=-\infty}^{\infty} \tilde{X}(k\Omega_0) e^{jk\Omega_0 nT_s}$$

$$\xrightarrow{\Omega_0 = \frac{2\pi}{T} = \frac{2\pi}{NT_s}} \sum_{k=-\infty}^{\infty} \tilde{X}(k\Omega_0) e^{jk\frac{2\pi}{NT_s} nT_s}$$

$$= \sum_{k=-\infty}^{\infty} \tilde{X}(k\Omega_0) e^{j\frac{2\pi}{N} nk} \qquad (2\text{-}26)$$

由上节讨论可知,离散时间信号的频谱应该是周期的,因此上式中 $\tilde{X}(k\Omega_0)$ 是周期的,根据采样定理,时域的采样造成频谱的周期拓展,即 $\tilde{X}(k\Omega_0)$ 是 $X(k\Omega_0)$ 以采样频率 $\Omega_s = \dfrac{2\pi}{T_s}$ 为周期进行周期延拓而成。因此表达上已经有所区别了。且 $\tilde{X}(k\Omega_0)$ 的周期 $\Omega_s = 2\pi/T_s = 2\pi N/T = N\Omega_0$,因此,其周期为 $N\Omega_0$ 或 N。Ω_0 是 $\tilde{x}(t)$ 的基波频率。

至此,已经学习了四种傅里叶变换,各种形式的傅里叶变换如图 2-1 所示。这四种傅里叶变换的特征可表述为:

① 周期性连续时间信号的傅里叶级数:频谱是非周期性的离散频率函数。

② 非周期实连续时间信号的傅里叶变换:频谱是一个非周期的连续函数。

③ 非周期离散时间信号的傅里叶变换:频率函数是周期的连续函数。

④ 周期离散序列的傅里叶级数:周期离散的频谱,即时域和频域都是离散的、周期的。

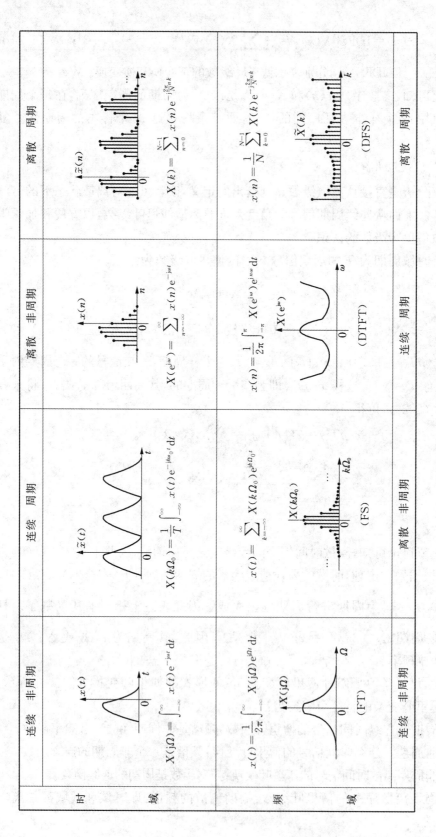

图 2-1 各种形式的傅里叶变换示意图

从以上知识可以看出,如果信号在时域上是离散的,则该信号在频域上必然表现为周期性的频率函数;如果信号在时域上是周期的,则该信号在频域就表现为离散的频率函数。因此,如果信号在时域上离散且是周期的,由于它时域离散,其频谱必是周期的,又由于时域是周期的,相应的频谱必是离散的,离散周期序列一定具有既是周期又是离散的频谱,即时域和频域都是离散周期的。

3. 主要性质

假设周期为 N 的两个周期序列 $\tilde{x}(n)$ 和 $\tilde{y}(n)$,其 DFS 分别为 $\tilde{X}(k)$ 和 $\tilde{Y}(k)$,将 DFS 的主要性质列入表 2-2,其中 $W_N = e^{-j(2\pi/N)}$。

表 2-2　DFS 的主要性质

序号	序列	DFS	性质
1	$a\tilde{x}(n)+b\tilde{y}(n)$	$a\tilde{X}(k)+b\tilde{Y}(k)$	线性
2	$\tilde{x}(n+m)$	$W_N^{-mk}\tilde{X}(k)$	序列的移位
3	$\tilde{x}^*(n)$	$\tilde{X}^*(-k)$	共轭对称性
	$\tilde{x}^*(-n)$	$\tilde{X}^*(k)$	
4	$\sum\limits_{m=0}^{N-1}\tilde{x}(n)\tilde{y}(m-n)$	$\tilde{X}(k)\tilde{Y}(k)$	周期卷积
	$\tilde{x}(n)\tilde{y}(n)$	$\dfrac{1}{N}\sum\limits_{p=0}^{N-1}\tilde{X}(p)\tilde{y}(k-p)$	

【例 2-3】　设 $x(n)=R_4(n)$,将 $x(n)$ 以 $N=8$ 为周期进行周期延拓,得到如图 2-2(a)所示的周期序列 $\tilde{x}(n)$,周期为 8,求 $\mathrm{DFS}[\tilde{x}(n)]$。

解：按照式(2-24a),有

$$\tilde{X}(k) = \sum_{n=0}^{7}\tilde{x}(n)e^{-j\frac{2\pi}{8}kn} = \sum_{n=0}^{3}e^{-j\frac{\pi}{4}kn} = \frac{1-e^{-j\frac{\pi}{4}k\cdot 4}}{1-e^{-j\frac{\pi}{4}k}}$$

$$= \frac{1-e^{-j\pi k}}{1-e^{-j\frac{\pi}{4}k}} = \frac{e^{-j\frac{\pi}{2}k}(e^{j\frac{\pi}{2}k}-e^{-j\frac{\pi}{2}k})}{e^{-j\frac{\pi}{8}k}(e^{j\frac{\pi}{8}k}-e^{-j\frac{\pi}{8}k})} = e^{-j\frac{3}{8}\pi k}\frac{\sin(\pi/2)k}{\sin(\pi/8)k}$$

其幅度特性 $|\tilde{X}(k)|$ 如图 2-2(b)所示。

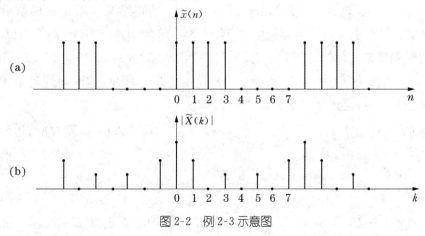

图 2-2　例 2-3 示意图

2.3 离散傅里叶变换

2.3.1 离散傅里叶变换

1. DFT 的定义

上节讨论了周期序列的离散傅里叶级数(DFS),其也可以用以研究有限长序列。对于实际长度为 N 的有限长序列 $x(n)$,$n=0,1,2,\cdots,N-1$,可以将 $x(n)$ 看作周期为 N 的周期序列 $\tilde{x}(n)$ 中的一个周期,即

$$x(n)=\begin{cases} \tilde{x}(n), & n=0,1,2,\cdots,N-1 \\ 0, & n\text{ 为其他值} \end{cases} \tag{2-27}$$

其中 $\tilde{x}(n)$ 可以看作对 $x(n)$ 以 N 为周期进行延拓的结果,即

$$\tilde{x}(n)=\sum_{r=-\infty}^{\infty} x(n+rN) \tag{2-28}$$

对于周期序列,它的第一个周期 $n=0,1,2,\cdots,N-1$ 定义为周期序列的主值区间,或者说 $x(n)$ 是 $\tilde{x}(n)$ 的主值区间序列。所以,式(2-27)还可以表示为

$$x(n)=\tilde{x}(n)R_N(n) \tag{2-29}$$

其中 $R_N(n)$ 为单位矩形序列

$$R_N(n)=\begin{cases} 1, & n=0,1,2,\cdots,N-1 \\ 0, & \text{其他} \end{cases}$$

为方便表示,式(2-28)可以写为

$$\tilde{x}(n)=x((n))_N \tag{2-30}$$

式中 $x((n))_N$ 表示 $x(n)$ 以 N 为周期的周期延拓序列,符号 $((n))_N$ 表示 n 对 N 求余数,即 $n=n_1N+n_2$,其中 n_1、n_2 均为正数,显然 n_2 为 n 对 N 所求余数。比如,当 $N=8$ 时,若 $n=20=2\times8+4$,则 $((20))_8=4$;若 $n=-5=(-1)\times8+3$,则 $((-5))_8=3$。即 $\tilde{x}(20)=x(4)$,$\tilde{x}(-5)=x(3)$。所得结果如图 2-3(b)所示。

注意:若序列 $x(n)$ 的实际长度为 M,延拓周期为 N,式(2-28)仍表示以 N 为周期的周期延拓,但式(2-29)和(2-30)仅当 $N\geqslant M$ 时成立,如当它 $N<M$,$n=20=5\times4+0$,则 $((20))_4=0$,$\tilde{x}(20)\neq x(0)$,如图 2-3(c)所示,这时序列延拓相对于有限长序列来说,会产生时域混迭失真。

如原序列 $x(n)=\{1\ 3\ 5\ 7\ 7\ 5\ 3\ 1\ \}$,当以 7 为周期进行周期延拓时有

1 3 5 7 7 5 3 1

           1 3 5 7 7 5 3 1

                      1 3 5 7 7 5 3 1

即 $\tilde{x}(n)=\{\cdots 2\ 3\ 5\ 7\ 7\ 5\ 3\ 2\ 3\ 5\ 7\ 7\ 5\ 3\ 2\ 3\ 5\ 7\ 7\ 5\ 3\cdots\}$,

图 2-3(c)的结果。

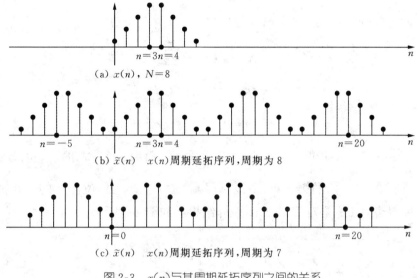

(a) $x(n)$，$N=8$

(b) $\tilde{x}(n)$　$x(n)$周期延拓序列，周期为 8

(c) $\tilde{x}(n)$　$x(n)$周期延拓序列，周期为 7

图 2-3　$x(n)$与其周期延拓序列之间的关系

周期序列 $\tilde{x}(n)$ 的离散傅里叶级数也是一个相同周期的周期序列 $\widetilde{X}(k)$，同时有限长序列 $X(k)$ 可视为周期序列 $\widetilde{X}(k)$ 的主值序列，即

$$\begin{cases} X(k)=\widetilde{X}(k)R_{\mathrm{N}}(k) \\ \widetilde{X}(k)=X_{\mathrm{N}}((k)) \end{cases} \tag{2-31}$$

由上节讨论可知，一对 DFS 可表述为

$$\widetilde{X}(k)=\sum_{n=0}^{N-1}\tilde{x}(n)W_{\mathrm{N}}^{kn}$$

$$\tilde{x}(n)=\frac{1}{N}\sum_{n=0}^{N-1}\widetilde{X}(k)W_{\mathrm{N}}^{-kn}$$

上述两式求和仅局限于主值区间，其变换关系同样适用于主值序列 $x(n)$ 和 $X(k)$，定义有限长序列的离散傅里叶变换(DFT)为

$$X(k)=\mathrm{DFT}[x(n)]=\sum_{n=0}^{N-1}x(n)W_{\mathrm{N}}^{kn}, \quad k=0,1,2,\cdots,N-1 \tag{2-32a}$$

$$x(n)=\mathrm{IDFT}[X(k)]=\frac{1}{N}\sum_{n=0}^{N-1}X(k)W_{\mathrm{N}}^{-kn}, \quad n=0,1,2,\cdots,N-1 \tag{2-32b}$$

式(2-32a)和(2-32b)分别为离散傅里叶(正)变换(DFT)和离散傅里叶逆变换(IDFT)。需要注意的是，一般分析 DFT 关系时，通常将 $x(n)$ 表示为周期序列的一个周期。

2.3.2　DFT 与 DTFT 及 z 变换的关系

有限长序列可以进行 z 变换

$$X(z) = Z[x(n)] = \sum_{n=0}^{N-1} x(n)z^{-n}$$

对比 z 变换与 DFT，当 $z = W_N^{-k}$ 时，有

$$X(k) = X(z)|_{z=W_N^{-k}} = \sum_{n=0}^{N-1} x(n)W_N^{nk}$$

即

$$X(k) = X(z)|_{z=W_N^{-k}} \tag{2-33}$$

或

$$X(k) = X(e^{j\omega})|_{\omega=2\pi k/N} \tag{2-34}$$

式中 $W_N^{-k} = e^{j(\frac{2\pi}{N})k}$ 表明 W_N^{-k} 是 z 平面单位圆上辐角为 $\omega = \dfrac{2\pi}{N}k$ 的点，也就是平面单位圆进行 N 等分后的第 k 点，所以 $X(k)$ 就是 z 变换在单位圆上的等距离采样点。也就是说，DFT 是对 DTFT 的采样结果。如图 2-4 所示。

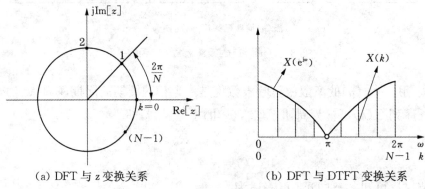

(a) DFT 与 z 变换关系   (b) DFT 与 DTFT 变换关系

图 2-4 DFT 与 z 变换及 DTFT 变换的关系图

以有限长序列 $x(n) = R_4(n)$ 为例，其傅里叶变换（DTFT）为

$$X(e^{j\omega}) = DFT[x(n)] = \frac{1-e^{-j4\omega}}{1-e^{-j\omega}}$$

绘制 $X(e^{j\omega})$ 幅度谱，其 $N=8$ 和 $N=16$ 时的 DFT 如图 2-5 所示。

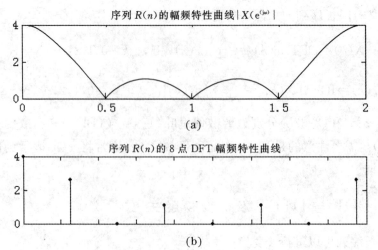

序列 $R(n)$ 的幅频特性曲线 $|X(e^{(j\omega)})|$

(a)

序列 $R(n)$ 的 8 点 DFT 幅频特性曲线

(b)

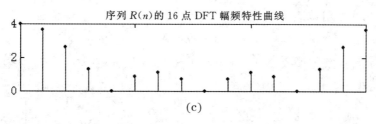

图 2-5　信号 $x(n)=R_4(n)$ 的 DFT 频谱图

2.3.3　DFT 的性质

DFT 有很多有用的性质,在现实中的应用特别广泛。这些性质与之前讨论的周期序列的 DFS 之间具有较多相似性。

下面讨论 DFT 的主要特性,首先假设 $x(n)$ 和 $y(n)$ 都是长度为 N 的有限长序列,它们各自的 DFT 结果分别为 $X(k)$ 和 $Y(k)$。

1. 线性性质

设有限长序列 $x_1(n)$ 和 $x_2(n)$ 的长度分别为 N_1 和 N_2,令 a、b 为任意常数,$X_1(k)=\text{DFT}[x_1(n)]_N$,$X_2(k)=\text{DFT}[x_2(n)]_N$,$x(n)=ax_1(n)+bx_2(n)$,则

$$X(k)=aX_1(k)+bX_2(k),\quad k=0,1,2,\cdots,N-1 \tag{2-35}$$

式中 $N\geqslant\max[N_1,N_2]$。

2. 正交性与矩阵表示

式(2-32)为线性方程组,是 N 个 $x(n)$ 与 N 个 $X(k)$ 之间的变换关系,这两个表达式还可以用矩阵方程表示。假设 x、X 分别为 $x(n)$ $(n=0,1,2,\cdots,N-1)$、$X(k)$ $(k=0,1,2,\cdots,N-1)$ 构成的向量序列,即

$$x=\begin{bmatrix} x(0) \\ x(1) \\ \cdots \\ x(N-1) \end{bmatrix},\quad X=\begin{bmatrix} X(0) \\ X(1) \\ \cdots \\ X(N-1) \end{bmatrix}$$

DFT 用矩阵方程表示为

$$X=W_N x \tag{2-36}$$

其中 W_N 是一个 $N\times N$ 的方阵,且 $W_N^{ij}(i,j=0,1,2,\cdots N-1)$ 表示第 $i+1$ 行、$j+1$ 列元素

$$W_N=\begin{bmatrix} 1 & 1 & 1 & \cdots & 1 \\ 1 & W_N^1 & W_N^2 & \cdots & W_N^{N-1} \\ 1 & W_N^2 & W_N^4 & \cdots & W_N^{2(N-1)} \\ \cdots & \cdots & \cdots & \cdots & \cdots \\ 1 & W_N^{(N-1)} & W_N^{2(N-2)} & \cdots & W_N^{(N-1)(N-1)} \end{bmatrix} \tag{2-37}$$

与之类似,IDFT 可以表示为

$$x = W_N^{-1} X \qquad (2\text{-}38)$$

式(2-38)中也是一个 $N \times N$ 的方阵,且 $W_N^{-ij}(i,j=0,1,2,\cdots,N-1)$ 表示第 $i+1$ 行、$j+1$ 列元素

$$W_N^{-1} = \frac{1}{N} \begin{bmatrix} 1 & 1 & 1 & \cdots & 1 \\ 1 & W_N^{-1} & W_N^{-2} & \cdots & W_N^{-(N-1)} \\ 1 & W_N^{-2} & W_N^{-4} & \cdots & W_N^{-2(N-1)} \\ \cdots & \cdots & \cdots & \cdots & \cdots \\ 1 & W_N^{-(N-1)} & W_N^{-2(N-2)} & \cdots & W_N^{-(N-1)(N-1)} \end{bmatrix}$$

3. 循环移位性质

设有限长度为 N 的序列 $x(n)$,对其进行周期延拓变为 $\tilde{x}_N(n) = x((n))_N$,将 $\tilde{x}(n)$ 移位 m 得到 $\tilde{x}_N(n+m)$(其中 m 为整数,$m>0$ 表示序列右移,$m<0$ 表示序列左移),移位后 $\tilde{x}(n+m)$ 的主值序列 $y(n)$ 为

$$y(n) = \tilde{x}_N(n+m) R_N(n) = x((n+m))_N R_N(n) \qquad (2\text{-}39)$$

式中 $x((n+m))_N$ 表示将 $x(n)$ 周期延拓得到序列 $\tilde{x}(n)$ 后再进行移位 m,而 $y(n)$ 即为对 $x(n)$ 进行循环移位的结果,并且仍是长度为 N 的有限长序列。对于同一序列,其线性移位与循环移位的结果明显不同。

序列循环移位如图 2-6 所示,图中(a)、(b)、(c)和(d)分别描述了 $x(n)$、$\tilde{x}_N(n)$、$\tilde{x}_N(n+m)$ 和 $y(n)$。

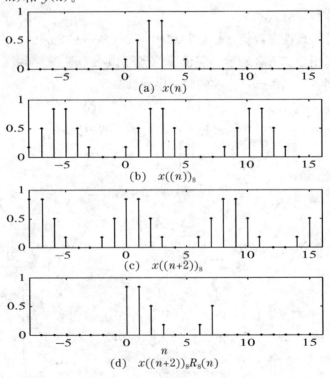

图 2-6　序列循环移位示意图

设序列 $x(n)$ 长度为 N，$x(n)$ 的循环移位序列 $y(n)=x((n+m))_N R_N(n)$ 的 DFT 为

$$Y(k)=\mathrm{DFT}[y(n)]=W_N^{-mk}X(k) \qquad (2\text{-}40)$$

证明：

$$Y(k)=\mathrm{DFT}[y(n)]=\sum_{n=0}^{N-1}x((n+m))_N R_N(n)W_N^{kn}$$

$$=\sum_{n=0}^{N-1}x((n+m))_N W_N^{kn}$$

令 $n+m=n'$，有

$$Y(k)=\sum_{n'=m}^{N-1+m}x((n'))_N W_N^{k(n'-m)}=W_N^{-km}\sum_{n'=m}^{N-1+m}x((n'))_N W_N^{-kn'}$$

由于上式中求和项 $x((n'))_N W_N^{-kn'}$ 以 N 为周期，所以对其在任一周期上的求和结果相同。将上式的求和区间改在主值区则得

$$Y(k)=W_N^{-km}\sum_{n'}^{N-1}x((n+m))_N W_N^{-kn'}=W_N^{-km}\sum_{n'=0}^{N-1}x(n')W_N^{-kn'}$$

$$=W_N^{-km}X(k)$$

这说明，对于有限长序列作循环移位，相当于在其离散频域中引入线性相位因子 W_N^{-mk} 会改变原有的相位特性，但对应于频谱的幅度特性没有影响。

类似的，对于在频域内有限长序列 $X(k)$ 也可以循环移位，可以证明

$$\mathrm{IDFT}[X((k+l))_N R_N(k)]=W_N^{nl}=\mathrm{e}^{-\mathrm{j}\frac{2\pi}{N}nl}x(n) \qquad (2\text{-}41)$$

4. 复共轭序列的 DFT

假设有一长度为 N 的有限长复数序列 $x(n)$ 及其 DFT 为 $X(k)$，则复数共轭序列 $x^*(n)$ 的 DFT 为

$$\mathrm{DFT}[x^*(n)]=X^*((-k))_N R_N(k) \qquad (2\text{-}42\mathrm{a})$$

或

$$\mathrm{DFT}[x^*(n)]=X^*(N-k) \qquad (2\text{-}42\mathrm{b})$$

注意：当 $k=0$ 时，$X^*(N-k)=X^*(N)$ 已经不在主值区间，但是由式（2-42a）可知 $X^*(N)=X^*(0)$。

5. DFT 的奇、偶、虚实对称性

前面讨论了序列 DTFT 的共轭对称性，DFT 也有类似的共轭对称性质。但 DTFT 中的共轭对称是指对坐标原点的共轭对称，在 DFT 中指的是对变换区间的中心，即 $N/2$ 点的共轭对称。

（1）有限长共轭对称序列和共轭反对称序列。

若有限长序列 $x_e(n)$ 满足下式

$$x_e(n)=x_e^*(N-n), \quad n=0,1,2,\cdots,N-1 \tag{2-43a}$$

则称 $x_e(n)$ 为共轭对称序列。

若有限长序列 $x_0(n)$ 满足下式

$$x_0(n)=-x_0^*(N-n), \quad n=0,1,2,\cdots,N-1 \tag{2-43b}$$

称其为共轭反对称序列。

类似于 DTFT 的共轭对称性，任一有限长序列 $x(n)$ 都可以用它的共轭对称分量和共轭反对称分量之和表示，即

$$x(n)=x_e(n)+x_0(n) \tag{2-44}$$

将上式中的 n 用 $N-n$ 代替，并且两边取共轭，得到

$$x^*(N-n)=x_e^*(N-n)+x_0^*(N-n)=x_e(n)-x_0(n) \tag{2-45}$$

由以上两式得到

$$x_e(n)=\frac{1}{2}\left[x(n)+x^*(N-n)\right]$$
$$x_0(n)=\frac{1}{2}\left[x(n)-x^*(N-n)\right] \tag{2-46}$$

(2) DFT 的共轭对称性质。

类似于 DTFT 的共轭对称性，可以得到复数序列 $x(n)$ 实部和虚部的 DFT 如下：

$$\mathrm{DFT}[\mathrm{Re}\{x(n)\}]=\mathrm{DFT}\left[\frac{1}{2}\{x(n)+x^*(n)\}\right]$$
$$=\frac{1}{2}\{X(k)+X^*(N-k)\} \tag{2-47}$$

式(2-47)的结果又称为 $X(k)$ 的共轭偶对称分量，记为 $X_e(k)$，即

$$X_e(k)=\mathrm{DFT}[\mathrm{Re}\{x(n)\}] \tag{2-48}$$

同理，$x(n)$ 虚部的 DFT 为

$$X_0(k)=\mathrm{DFT}[\mathrm{jIm}\{x(n)\}] \tag{2-49}$$

式(2-49)中 $X(k)$ 的共轭奇对称分量 $X_0(k)=\frac{1}{2}\{X(k)-X^*(N-k)\}$。容易看出，

$$X(k)=X_e(k)+X_0(k) \tag{2-50}$$

关于 $X_e(k)$ 和 $X_0(k)$ 的性质讨论如下。由式(2-47)，可知

$$X_e(k)=\frac{1}{2}\{X(k)+X^*(N-k)\}$$

所以

$$X_e(N-k)=\frac{1}{2}\{X(N-k)+X^*(N-N+k)\}$$

$$=\frac{1}{2}\{X(N-k)+X^*(k)\}$$

因此

$$X_e(k)=X_e^*(N-k) \tag{2-51}$$

这表明 $X_e(k)$ 具有共轭偶对称性，因此将 $X_e(k)$ 称为 $X(k)$ 的共轭偶对称分量。由式(2-37)进一步可得

$$\begin{cases} |X_e(k)|=|X_e(N-k)| \\ \arg[X_e(k)]=-\arg[X_e(N-k)] \end{cases} \tag{2-52}$$

类似地，可以推导出

$$X_o(k)=-X_o^*(N-k) \tag{2-53}$$

这表明 $X_o(k)$ 具有共轭奇对称性质，所以

$$\begin{cases} \mathrm{Re}[X_o(k)]=-\mathrm{Re}[X_o(N-k)] \\ \mathrm{Im}[X_o(k)]=\mathrm{Im}[X_o(N-k)] \end{cases} \tag{2-54}$$

> 结论：序列分成实部与虚部两部分，实部对应的离散傅里叶变换的共轭对称分量，虚部和 j 一起对应的离散傅里叶变换的共轭反对称性分量。

若 $x(n)$ 是实数序列，那么其 DFT 结果只有共轭偶对称分量，即 $X(k)=X_e(k)$。这说明实数序列 DFT 仍然满足共轭偶对称性，这一特性表明只要知道 $X(k)$ 的一半数量的取值，就可以得知另一半数量的取值。实数序列的 DFT 是复数序列，数据量增加一倍，但只要知道 $X(k)$ 的一半就可以知道 $x(n)$ 的全部信息，变换并没有增加总的数据量。实数序列的这一性质可以用来提高运算效率，即可以减小实序列的 DFT 计算量。

① 设 $x_1(n)$ 和 $x_2(n)$ 是实数序列，长度均为 N，用它们构成一个复数序列 $x(n)=x_1(n)+jx_2(n)$，对上式进行 N 点 DFT，得到

$$X(k)=\mathrm{DFT}[x(n)]=X_e(k)+X_o(k)$$

利用共轭对称性

$$X_1(k)=\mathrm{DFT}[x_1(n)]_N=X_e(k)=\frac{1}{2}[X(k)+X^*(N-k)] \tag{2-55a}$$

$$X_2(k)=\mathrm{DFT}[x_2(n)]_N=-jX_o(k)=\frac{1}{2j}[X(k)-X^*(N-k)] \tag{2-55b}$$

这样只计算一个 N 点 DFT，得到 $X(k)$，用上面两式容易得到两个实数序列的 N 点 DFT。

② 通过复数序列的 N 点 DFT 得到实数序列的 $2N$ 点 DFT。

设 $x(n)$ 是一个长度为 $2N$ 的实数序列，首先分别用 $x(n)$ 中的偶数点和奇数点形成两个长度为 N 的新序列 $x_1(n)$ 和 $x_2(n)$，即

$$x_1(n)=x(2n)$$

$$x_2(n)=x(2n+1)$$

再由 $x_1(n)$ 和 $x_2(n)$ 构造长度为 N 的复数序列 $y(n)$，即

$$y(n)=x_1(n)+\mathrm{j}x_2(n)$$

计算 $y(n)$ 的 N 点 DFT，因为 $x_1(n)$ 和 $x_2(n)$ 均是实数序列，利用共轭对称性可得到 $X_1(k)$ 和 $X_2(k)$。最后由 $X_1(k)$ 和 $X_2(k)$ 可以得到实数序列 $x(n)$ 的 $2N$ 点 DFT，即 $X(k)$。过程如下。

$$
\begin{aligned}
X(k) &= \sum_{n=0}^{2N-1}x(n)W_{2N}^{kn} = \sum_{n=0}^{N-1}x(2n)W_{2N}^{k2n} + \sum_{n=0}^{N-1}x(2n+1)W_{2N}^{k(2n+1)} \\
&= \sum_{n=0}^{N-1}x_1(n)W_N^{kn} + W_{2N}^k\sum_{n=0}^{N-1}x_2(n)W_N^{kn} \\
&= X_1(k)+W_{2N}^kX_2(k) \\
&= X_1(k)_N+W_{2N}^kX_2(k)_N \quad 0\leqslant k\leqslant 2N-1
\end{aligned}
$$

式中应用到旋转因子的变换表示 $W_{2N}^{2kn}=\mathrm{e}^{-\mathrm{j}2kn/2N}=\mathrm{e}^{-\mathrm{j}kn/N}=W_N^{kn}$。

6. 时域循环卷积

设序列 $x(n)$ 和 $h(n)$，$0\leqslant m\leqslant N-1$，其 L 点循环卷积定义为

$$y_c(n)=\Big[\sum_{m=0}^{N-1}x(m)h((n-m))_N\Big]R_N(n) \tag{2-56}$$

上式卷积的物理意义可以描述为：先对 $h(m)$ 进行周期延拓并以纵轴为对称轴折叠得 $y((-m))_N$，进而再做周期移位 $y((n-m))_N$，将 $x(m)$ 和 $h((n-m))_N \cdot R_N(n)$ 在主值区间 $0\leqslant m\leqslant N-1$ 的对应项相乘并求和得到 $y_c(n)$，该过程即循环卷积，记作 $x(n)\odot y(n)$。

若对上述序列 $x(n)$、$h(n)$ 的运算顺序交换，所得循环卷积结果仍然相同。比较而言，上述循环卷积与线性卷积 $x(n)*h(n)$ 过程明显不同。

另外，循环卷积和周期卷积的过程是相同的，但是循环卷积仅是周期卷积的主值序列。

【例 2-4】 计算下面给出的两个长度为 4 的序列 $h(n)$ 与 $x(n)$ 的 4 点循环卷积。

$$x(n)=\{x(0),x(1),x(2),x(3)\}=\{2,2,1,1\}$$

$$h(n)=\{h(0),h(1),h(2),h(3)\}=\{1,2,0,1\}$$

如图 2-7 所示图 a 和图 b，求这两个序列的循环卷积。

解：利用式(2-56)可得

$$
\begin{aligned}
y_c(0) &= \Big[\sum_{m=0}^{3}x(m)h((0-m))_N\Big]R_N(n) \\
&= x(0)h((0))_4+x(1)h((-1))_4+x(2)h((-2))_4+x(3)h((-3))_4
\end{aligned}
$$

$$=x(0)h(0)+x(1)h(3)+x(2)h(2)+x(0)h(1)$$
$$=2+2+2=6$$

同理

$$y_c(1)=x(0)h((1))_4+x(1)h((0))_4+x(2)h((-1))_4+x(0)h((-2))_4$$
$$=x(0)h(1)+x(1)h(0)+x(2)h(3)+x(0)h(2)=7$$

$$y_c(2)=6$$

$$y_c(3)=5$$

结果如图 2-7(d)所示。其线性卷积结果为 $y(n)=\{2,6,5,5,4,1,1\}$,结果如图 2-7(c)所示。

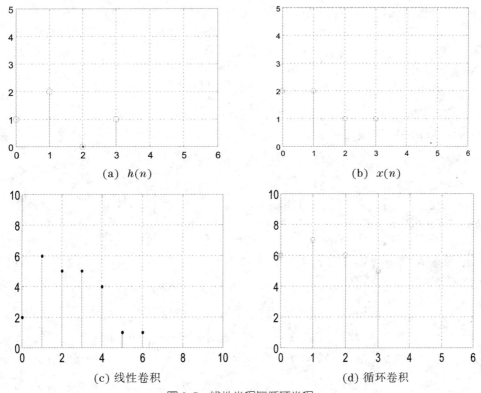

图 2-7　线性卷积与循环卷积

观察上例的计算,每个循环卷积的结果可表示为 N 个序列值相乘和相加的形式,因此可将有限长序列循环卷积写成如下的矩阵形式

$$
\begin{bmatrix} y_c(0) \\ y_c(1) \\ y_c(2) \\ \vdots \\ y_c(L-1) \end{bmatrix} = \begin{bmatrix} h(0) & h(L-1) & h(L-2) & \cdots & h(1) \\ h(1) & h(0) & h(L-1) & \cdots & h(2) \\ h(2) & h(1) & h(0) & \cdots & h(3) \\ \vdots & \vdots & \vdots & \ddots & \vdots \\ h(L-1) & h(L-2) & h(L-3) & \cdots & h(0) \end{bmatrix} \begin{bmatrix} x(0) \\ x(1) \\ x(2) \\ \vdots \\ x(L-1) \end{bmatrix}
$$

$$(2\text{-}57)$$

上式中右边第一个矩阵称为 $x(n)$ 的 L 点循环矩阵,它的特点是:

① 第一行是 $x(n)$ 的 L 点循环倒相。$x(0)$ 不动,后面其他反转 $180°$ 放在他的后面。

② 第二行是第一行向右循环移一位。

③ 第三行是第二行向右循环移一位,依次类推。

【例 2-5】　计算下面给出的两个长度为 4 的序列 $h(n)$ 与 $x(n)$ 的 4 点和 8 点循环卷积。

$$x(n)=\{x(0),x(1),x(2),x(3)\}=\{2,2,1,1\}$$
$$h(n)=\{h(0),h(1),h(2),h(3)\}=\{1,2,0,1\}$$

解:按照式(2-56)写出 $h(n)$ 与 $x(n)$ 的 4 点循环卷积矩阵形式为

$$\begin{bmatrix} 2 & 1 & 1 & 2 \\ 2 & 2 & 1 & 1 \\ 1 & 2 & 2 & 1 \\ 1 & 1 & 2 & 2 \end{bmatrix}$$

$y_c(n)=h(n)\odot x(n)$ 则

$$\begin{bmatrix} y_c(0) \\ y_c(1) \\ y_c(2) \\ y_c(3) \end{bmatrix} = \begin{bmatrix} 2 & 1 & 1 & 2 \\ 2 & 2 & 1 & 1 \\ 1 & 2 & 2 & 1 \\ 1 & 1 & 2 & 2 \end{bmatrix} \begin{bmatrix} 1 \\ 2 \\ 0 \\ 1 \end{bmatrix} = \begin{bmatrix} 6 \\ 7 \\ 6 \\ 5 \end{bmatrix}$$

$h(n)$ 与 $x(n)$ 的 8 点循环卷积矩阵形式为

$$\begin{bmatrix} y_c(0) \\ y_c(1) \\ y_c(2) \\ y_c(3) \\ y_c(4) \\ y_c(5) \\ y_c(6) \\ y_c(7) \end{bmatrix} = \begin{bmatrix} 2 & 0 & 0 & 0 & 0 & 1 & 1 & 2 \\ 2 & 2 & 0 & 0 & 0 & 0 & 1 & 1 \\ 1 & 2 & 2 & 0 & 0 & 0 & 0 & 1 \\ 1 & 1 & 2 & 2 & 0 & 0 & 0 & 0 \\ 0 & 1 & 1 & 2 & 2 & 0 & 0 & 0 \\ 0 & 0 & 1 & 1 & 2 & 2 & 0 & 0 \\ 0 & 0 & 0 & 1 & 1 & 2 & 2 & 0 \\ 0 & 0 & 0 & 0 & 1 & 1 & 2 & 2 \end{bmatrix} \begin{bmatrix} 1 \\ 2 \\ 0 \\ 1 \\ 0 \\ 0 \\ 0 \\ 0 \end{bmatrix} = \begin{bmatrix} 2 \\ 6 \\ 5 \\ 5 \\ 4 \\ 1 \\ 1 \\ 0 \end{bmatrix}$$

观察例 2-5 的 8 点循环卷积结果,发现,其前 7 个值正好为两 4 点序列的线性卷积。下面讨论线性卷积和圆卷积的关系。

为不失一般性,假设序列 $x_1(n)$、$x_2(n)$ 的长度分别为 N_1、N_2,$x_1(m)$ 的非零值区间为

$$0 \leqslant m \leqslant N_1$$

$x_2(n-m)$ 的非零值区间为

$$0 \leqslant n-m \leqslant N_2$$

将这两个表达式相加，得 $y(n)$ 的非零值区间为

$$0 \leqslant n \leqslant N_1 + N_2 - 2$$

在此区间以外，$x_1(n)$ 为零或 $x_2(n)$ 为零，因此 $y(n)$ 为零，所以 $y(n)$ 的长度为 $N_1 + N_2 - 1$。

若现在以 $L \geqslant \max\{N_1, N_2\}$ 为周期构造两个相等长度的周期序列

$$x_1(n): x_1(0), x_1(1), \cdots, x_1(N-1), 0, 0, \cdots, 0$$
$$x_2(n): x_2(0), x_2(1), \cdots, x_2(N-1), 0, 0, \cdots, 0$$

即周期序列为

$$\tilde{x}_1(n) = \sum_{r=-\infty}^{\infty} x_1(n+rL)$$

$$\tilde{x}_2(n) = \sum_{r=-\infty}^{\infty} x_2(n+rL)$$

在周期序列 $\tilde{x}_1(n)$ 和 $\tilde{x}_2(n)$ 的主值区间，除了原来 N_1 和 N_2 个非零值外，分别添加 $L-N_1$ 和 $L-N_2$ 个零点，则周期卷积为

$$\tilde{y}_1(n) = \sum_{m=0}^{\infty} \tilde{x}_1(m)\tilde{x}_2(n-m) = \sum_{m=0}^{\infty} \tilde{x}_1(m)\tilde{x}_2(n-m)$$

$$= \sum_{m=0}^{L-1} x_1(m) \sum_{r=-\infty}^{\infty} x_2(n-m+rL)$$

$$= \sum_{r=-\infty}^{\infty} \sum_{m=0}^{L-1} x_1(m)x_2(n-m+rL)$$

$$= \sum_{r=-\infty}^{\infty} y(n+rL) \tag{2-58}$$

式(2-58)中 $y(n)$ 即为线性卷积，而且 $\tilde{x}_1(n)$ 和 $\tilde{x}_2(n)$ 周期卷积是 $x_1(n)$ 与 $x_2(n)$ 线性卷积 $y(n)$ 的周期延拓。

由前述可知，$y(n)$ 具有 $(N_1 + N_2 - 1)$ 个非零值序列。容易看出，若卷积周期 $L < (N_1 + N_2 - 1)$，那么 $y(n)$ 的周期延拓就必然存在一部分序列值出现重叠，产生混叠现象，而只有 $L \geqslant (N_1 + N_2 - 1)$ 时才能避免混叠现象，这样在 $y(n)$ 的周期延拓结果 $\tilde{y}_1(n)$ 的每一个长度为 L 的周期内，前 $(N_1 + N_2 - 1)$ 个为非零值序列，余下的 $L-(N_1 + N_2 - 1)$ 个全部为补充的零值序列。

所以可以总结出，要使得循环卷积等于线性卷积而且不产生混叠的必要条件为

$$L \geqslant (N_1 + N_2 - 1) \tag{2-59}$$

7. 循环卷积定理

已知时域序列 $x(n)$ 和 $h(n)$ 长度分别为 N_1 和 N_2，$y_c(n)$ 为序列 $h(n)$ 和 $x(n)$

的 L 点循环卷积,即

$$DFT[x(n) \otimes h(n)] = X(k) \cdot H(k) \tag{2-60}$$

则

$$Y_c(k) = DFT[y_c(n)]_L = H(k)X(k), \quad k=0,1,2,\cdots,L-1 \tag{2-61}$$

称为时域循环卷积定理,其中 $H(k) = DFT[h(n)]_L$,$X(k) = DFT[x(n)]_L$,定理表明,DFT 将时域循环卷积关系变换成频域的相乘关系。

利用傅里叶变换在时域和频域的对偶性质,可知两个时域序列 $x(n)$ 与 $h(n)$ 相乘的 DFT 结果为它们各自的 DFT 进行卷积的结果,即

$$y(n) = x(n)h(n)$$

则

$$Y(k) = DFT[Y(n)] = \frac{1}{N} \sum_{l=0}^{N-1} X(l)H((k-l))_N R_N(k)$$

$$= \frac{1}{N} \sum_{l=0}^{N-1} X(l)H((k-l))_N R_N(k) \tag{2-62}$$

称为频域循环卷积定理。

8. Parsval(帕塞瓦尔)定理

前面讨论过两个时间序列相乘的 DFT 及其共轭复序列的变换,可以得到

$$DFT[x(n)y^*(n)] = \frac{1}{N} \sum_{l=0}^{N-1} X(l)Y^*((-(k-l)))_N R_N(k)$$

令 $k=0$,则

$$\sum_{n=0}^{N-1} [x(n)y^*(n)] = \frac{1}{N} \sum_{l=0}^{N-1} X(l)Y^*(l)$$

用 k 表示上式中右边的 l,便得到 DFT 形式的 Parseval 定理

$$\sum_{n=0}^{N-1} [x(n)y^*(n)] = \frac{1}{N} \sum_{k=0}^{N-1} X(k)Y^*(k) \tag{2-63}$$

若 $x(n) = y(n)$,可以得到有限长序列的能量表达式

$$\sum_{n=0}^{N-1} |x(n)|^2 = \frac{1}{N} \sum_{n=0}^{N-1} |X(k)|^2 \tag{2-64}$$

【例 2-6】 序列 $x(n) = \{1,1,0,0\}$,验证 DFT 形式下的 Paseval 定理。

证明:先计算 $x(n)$ 的 DFT

$$X(k) = DFT[x(n)] = \{2, 1-j, 0, 1+j\}$$

再计算 $\sum_{n=0}^{N-1} |x(n)|^2 = 1^2 + 1^2 = 2$,以及

$$\frac{1}{N} \sum_{k=0}^{N-1} |X(k)|^2 = \frac{1}{4}[2^2 + 1^2 + 1^2 + 0^2 + 1^2 + 1^2] = 2$$

以上刚好满足 Parseval 定理。

2.4 DFT 的应用

2.4.1 用 DFT 计算线性卷积

根据 DFT 的性质：
$$\mathrm{DFT}[x_1(k) * x_2(k)] = X_1(m)X_2(m)$$

可知,线性时不变系统 LTI (Linear time invariant), $x_1(k)$ 与 $x_2(k)$ 的卷积可用其 DFT 性质间接求得。

设 $x(k)$ 的非零范围是 $0 \leqslant k \leqslant N-1$, $h(k)$ 的非零范围是 $0 \leqslant k \leqslant M-1$, 所以 $y(k) = x(k)*h(k)$ 非零范围 $0 \leqslant k \leqslant N+M-2$,若序列 $y(k)$ 的长度为 $L = N+M-1$,则至少要做 $L = N+M-1$ 点的循环卷积。

若 $x(k)$ 的长度为 N, $h(k)$ 的长度为 M,则 $L \geqslant N+M-1$ 点循环卷积等于 $x(k)$ 与 $h(k)$ 的线性卷积,见图 2-8。

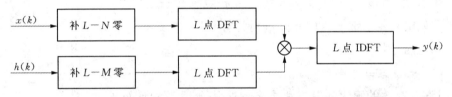

图 2-8　利用 DFT 计算线性卷积流程图

【例 2-7】　利用 MATLAB 由 DFT 计算 $x(k) * h(k)$,其中 $x(k) = \{1, 2, 0, 1\}$, $h(k) = \{2, 2, 1, 1\}$。

解：利用 MATLAB 代码,根据 DFT 性质计算线性卷积过程如下。

```
h(k)={2, 2, 1, 1}% Calculate Linear Convolution by DFT
x = [1 2 0 1];
h = [2 2 1 1];
% determine the length for zero padding
L = length(x)+length(h)-1;
% Compute the DFTs by zero-padding
XE = fft(x,L);
HE = fft(h,L);
% Determine the IDFT of the product
y1 = ifft(XE.*HE);
```

将代码执行结果显示出来,如图 2-9 所示,其中(a)图表示卷积结果,(b)图表示对于不同的数据长度,直接计算的卷积结果与通过 DFT 间接计算的卷积结果之间的误差变化规律。

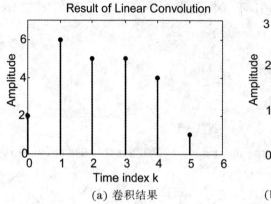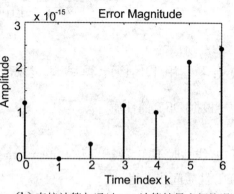

(a) 卷积结果　　　　　　(b) 直接计算与通过DFT计算结果之间的误差

图 2-9　利用 DFT 计算线性卷积

2.4.2　用 DFT 计算长线性卷积

事实上,直接利用 DFT 计算线性卷积也存在一些缺点,比如:

(1) 信号要全部输入后才能进行计算,延迟太多。

(2) 内存要求大。

(3) 算法效率不高。

目前,有效的解决问题方法主要是采用分段卷积计算的方法,分段卷积可采用重叠相加法和重叠保留法。

1. 重叠相加法(保留法)

假设序列 $x(k)$ 与 $h(k)$ 中,较短的序列为 $h(k)$,其长度为 M,将长序列 $x(k)$ 分为若干段长度为 L 的序列,见图 2-10。

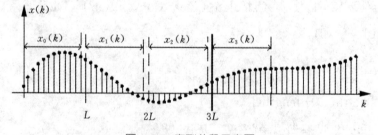

图 2-10　序列分段示意图

如下定义:

$$x_n(k)=\begin{cases} x(k+nL), & 0\leqslant k\leqslant L-1, \\ 0, & \text{其他}, \end{cases}$$

$$x(k)=\sum_{n=0}^{\infty} x_n(k-nL)$$

所以

$$x(k) * h(k) = \sum_{n=0}^{\infty} x_n(k-nL) = \sum_{n=0}^{\infty} y_n(k-nL)$$

$y_0(k)$ 的非零范围：$0 \leqslant k \leqslant L+M-2$，

$y_1[k-L]$ 的非零范围：$L \leqslant k \leqslant 2L+M-2$。

序列 $y_0(k)$ 与 $y_1(k)$ 的重叠部分：$L \leqslant k \leqslant L+M-2$。

重叠的点数：$L+M-2-L+1=M-1$。

依次将相邻两段的 $M-1$ 个重叠点相加，即得到最终的线性卷积结果。

上述过程可见示意图 2-11。

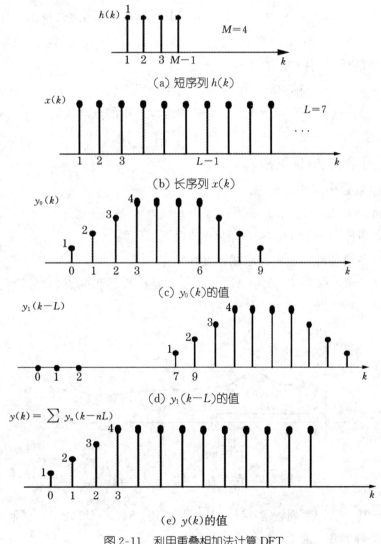

（a）短序列 $h(k)$

（b）长序列 $x(k)$

（c）$y_0(k)$ 的值

（d）$y_1(k-L)$ 的值

（e）$y(k)$ 的值

图 2-11　利用重叠相加法计算 DFT

【例 2-8】 已知序列 $x(k)=k+2, 0 \leqslant k \leqslant 12$，$h(k)=\{1,2,1\}$ 试利用重叠相

70

加法计算线性卷积，取 $L=5$。

解：重叠相加法($M=3$)

$x_1(k)=\{2,3,4,5,6\}$

$x_2(k)=\{7,8,9,10,11\}$

$x_3(k)=\{12,13,14,0,0\}$

$y_1(k)=x_1(k)*h(k)=\{2,7,12,16,20,17,6\}$

$y_2(k)=x_2(k)*h(k)=\{7,22,32,36,40,32,11\}$

$y_3(k)=x_3(k)*h(k)=\{12,37,52,41,14,0,0\}$

……

$y(k)=x(k)*h(k)=\{2,7,12,16,20,24,28,32,36,40,44,48,52,41,14\}$

若 $x_1(k)$ 为 M 点序列，$x_2(k)$ 为 L 点序列，$L>M$，则在 L 点循环卷积 $x(k)*h(k)$ 的结果，具有以下特点：

① $k=0\sim M-2$，前 $M-1$ 个点不是线性卷积的点；

② $k=M-1\sim L-1$，$L-M+1$ 个点与线性卷积的点对应；

③ 线性卷积 $L\sim L+M-2$ 后 $M-1$ 点没有计算。

2. 重叠舍去法(保留法)

为克服重叠相加法的不足：

(1) 将 $x(k)$ 长序列分段，每段长度为 L。

(2) 各段序列 $x_n(k)$ 与 M 点短序列 $h(k)$ 循环卷积。

(3) 从各段循环卷积中提取线性卷积结果。

因 $y_n(k)=x_n(k)*h(k)$ 前 $M-1$ 个点不是线性卷积的点，故分段时，每段与其前一段有 $M-1$ 个点重叠，见图 2-12。

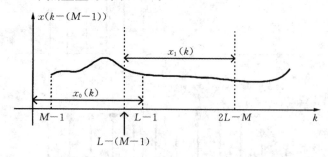

图 2-12 前 M 点 $(0,1,2,\cdots,M-1)$ 补 0

【**例 2-9**】已知序列 $x(k)=k+2,0\leqslant k\leqslant 12$，$h(k)=\{1,2,1\}$，试利用重叠保留法计算线性卷积，取 $L=5$。

解：重叠保留法

$x_1(k)=\{0,0,2,3,4\}$，

$x_2(k) = \{3,4,5,6,7\}$,

$x_3(k) = \{6,7,8,9,10\}$

$x_4(k) = \{9,10,11,12,13\}$,

$x_5(k) = \{12,13,14,0,0\}$

$y_1(k) = x_1(k) * h(k) = \{\underline{11},4,2,7,12\}$

$y_2(k) = x_2(k) * h(k) = \{\underline{23},\underline{17},16,20,24\}$

$y_3(k) = x_3(k) * h(k) = \{\underline{35},\underline{29},28,32,36\}$

$y_4(k) = x_4(k) * h(k) = \{\underline{47},\underline{41},40,44,48\}$

$y_5(k) = x_5(k) * h(k) = \{\underline{12},37,52,41,14\}$

$y(k) = \{2,7,12,16,20,24,28,32,36,40,44,48,52,41,14\}$

2.4.3　用 DFT 对信号进行谱分析

由于 DFT 具有选频特性,常用它对连续信号进行频谱分析。工程实际中,经常遇到的连续信号 $x_a(t)$,其频谱函数 $X_a(j\Omega)$ 也是连续函数,下面讨论如何用 DFT 分析其谱。这一分析过程如图 2-13 所示。

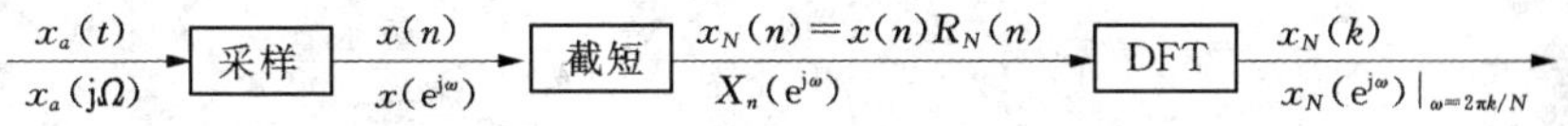

$$\frac{x_a(t)}{x_a(j\Omega)} \rightarrow \boxed{采样} \xrightarrow[x(e^{j\omega})]{x(n)} \boxed{截短} \xrightarrow[X_n(e^{j\omega})]{x_N(n)=x(n)R_N(n)} \boxed{DFT} \xrightarrow[X_N(e^{j\omega})|_{\omega=2\pi k/N}]{x_N(k)}$$

图 2-13　利用 DFT 计算连续信号的频谱

首先,为了便于计算机处理,必须对连续信号 $x_a(t)$ 采样得到离散时间信号 $x(n) = x_a(nT)$;由于存储容量和运算的要求,将 $x_a(nT)$ 截断得到有限长序列 $x_N(n)$;最后,对 $x_N(n)$ 作 DFT,得到 $x_N(k)$,下面分析应用 DFT 分析连续信号频谱和可能出现的问题及其解决方法。

1. 公式推导及参数选择

连续信号 $x_a(t)$ 持续时间为 T_p,最高频率为 f_c。$x_a(t)$ 的傅里叶变换为

$$X_a(jf) = FT[x_a(t)] = \int_{-\infty}^{\infty} x_a(t) e^{-j2\pi ft} \, dt \tag{2-65}$$

对 $x_a(t)$ 以采样间隔 $T \leqslant 1/2f_c$(即 $f_s = 1/T \geqslant 2f_c$)采样得 $X_a(nT)$。T_p 时间内共采样 N 点,得到 $x_N(n)$ 的长度为

$$N = \frac{T_p}{T} = T_p f_s \tag{2-66}$$

并对 $X_a(jf)$ 作零阶近似($t = nT, dt = T$)得

$$X_a(jf) = T \sum_{n=0}^{N-1} x_a(nT) e^{-j2\pi fnT} \tag{2-67}$$

显然，$X_a(jf)$ 仍是 f 的连续周期函数。对 $X_a(jf)$ 在区间 $[0,f_s]$ 上等间隔采样 N 点，采样间隔为 F。参数 f_s、T_p、N 和 F_s 满足如下关系式：

$$F=\frac{f_s}{N}=\frac{1}{NT} \tag{2-68}$$

由于 $NT=T_p$，所以

$$F=\frac{1}{T_p} \tag{2-69}$$

或截取时间长度

$$T_p=\frac{1}{F} \tag{2-70}$$

F 定义为频率分辨率，指能够将两个相邻谱峰分开的能力。在实际应用中是指分辨两个不同频率信号的最小间隔。频率分辨率一是取决于信号的长度，二是取决于频谱分析的算法。

将 $f=kF$ 和式(2-67)代入 $X_a(jf)$ 中，得 $X_a(jf)$ 的采样

$$X_a(jkF)=T\sum_{n=0}^{N-1}x_a(nT)e^{-j\frac{2\pi}{N}kn},\quad 0\leqslant k\leqslant N-1 \tag{2-71}$$

令 $X_N(k)=X_a(jkf)$，$x_N(n)=x_a(nT)$ 得

$$X_N(k)=T\sum_{n=0}^{N-1}x_N(n)e^{-j\frac{2\pi}{N}kn}=T\cdot\mathrm{DFT}[x_N(n)] \tag{2-72}$$

同理可得

$$x_N(n)=\frac{1}{T}\mathrm{IDFT}[X_N(k)] \tag{2-73}$$

【例 2-10】 对模拟信号进行频谱分析，要求频谱分辨率 $F\leqslant10$ Hz，信号最高频率 $f_c=2.5$ kHz。试计算最小的记录时间 T_{pmin}、最大的采样间隔 T_{max}、最少的采样点数 N_{min} 及谱分析范围。如果信号的最高频率不变，采样频率不能降低，如何改变参数将频谱分辨率提高 1 倍。

解： 利用公式(2-65)至(2-73)得

$$T_{pmin}=1/F=1/10=0.1\ s$$

$$T_{max}=1/F_{smin}=1/(2\times2500)=0.2\times10^{-3}\ s$$

$$N_{min}=F_{smin}/F=2\times2500/10=500$$

$$F_s/2=F_{smin}/2=2\times2500/2=2500$$

频谱分辨率提高 1 倍，采样频率不变，可以通过增加记录时间实现

$$T_{pmin}=1/F=1/5=0.2\ s$$

$$N_{min}=2f_c/F=2\times2500/10=1000$$

用增加信号长度 T 来增加点数 N 的方法提高分辨率被称为提高物理分辨率。如果信号长度 T 不能增加，提高分辨率的方法有两种：①将频率点加密；②补零。这时没有增加新的数据信息，所提高的分辨率称为"计算分辨率"。

2. DFT 的分辨率

填补零值可以改变对 DTFT 的采样密度，但是常常有一种误解，认为补零可

以提高谱分析的频率分辨率。事实上通常规定 DFT 的频率分辨率为 $F=\dfrac{1}{T_p}$ $=\dfrac{1}{NT}$，这里的 T 为采样周期，当其一定时，频率分辨率由 N 决定，N 是指信号 $x(n)$ 的有效长度，本质决定于截取时间长度 T_p，而不是补零的长度。不同长度的 $x(n)$ 其 DTFT 的结果是不同的；而相同长度的 $x(n)$ 即使补零的长度不同其 DTFT 的结果也是相同的，它们的 DFT 只是反映了对相同的 DTFT 采用了不同的采样密度。对于一个双峰频谱的信号，当截取长度比较短时，其 DTFT 本身显现不出两个峰点，当加大截取长度时方可显现出两个峰点。

要提高 DFT 分辨率只有增加信号截取时间长度 T_p，即增加 $x(n)$ 的截取长度 N 来实现。

【例 2-11】 设 $x_a(t)=\sin(2\pi f_1 t)+\sin(2\pi f_2 t)+\sin(2\pi f_3 t)$，其中，$f_1=2$ Hz，$f_2=2.02$ Hz，$f_3=2.07$ Hz，现用 $f_s=10$ Hz 对其抽样，试计算在 $T_{p1}=25.6$ s，$T_{p2}=102.4$ s 的情况下的频率分辨率，能否将各谱峰分开。

分析： ① 信号长度为 $T_{p1}=25.6$ s。抽得 $N=T_{p1}f_s=256$，频率分辨率为

$$F=\frac{1}{T_p}=1/25.6=0.039 \text{ Hz}>(f_2-f_1=0.02)，$$

无法将 f_1 与 f_2 分开。频谱仿真结果如图 2-14(a) 所示。

② 信号长度为 $T_{p2}=102.4$ s。抽得 $N=T_{p2}f_s=1024$，频率分辨率为

$$F=\frac{1}{T_p}=1/102.4=0.001 \text{ Hz}<(f_2-f_1=0.02)，$$

能够将 f_1 与 f_2 分开。频谱仿真结果如图 2-14(b) 所示。

频谱仿真结果如图 2-14 所示。

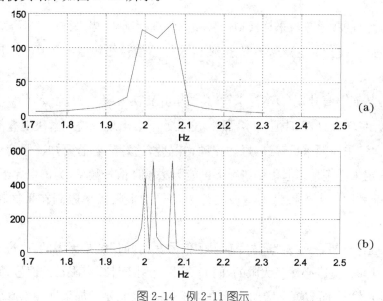

图 2-14 例 2-11 图示

【例 2-12】　设 $x_a(t) = \sin(2\pi f_1 t) + \sin(2\pi f_2 t) + \sin(2\pi f_3 t)$，其中，$f_1 = 2.75\ \text{Hz}, f_2 = 3.75\ \text{Hz}, f_3 = 6.75\ \text{Hz}$，现用 $f_s = 20\ \text{Hz}$ 对其抽样，若 $T_p = 0.8\ \text{s}$，则抽取 16 个点，其频率分辨率 $F = \dfrac{1}{T_p} = 1/0.8 = 1.25\ \text{Hz} > (f_2 - f_1 = 1)$，无法分辨出两个谱峰，现在原序列后分别补 N 个零和 $19N$ 个零，其频谱如图 2-15 所示。从图中可以看出，随着补零的增多，大体上可以看出该频谱中含有三个频率成分。

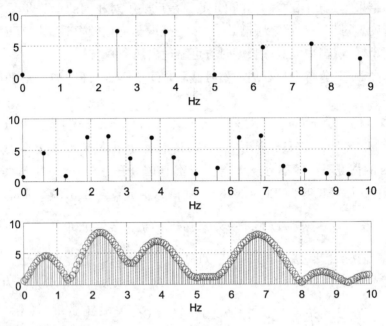

图 2-15　例 2-12 图示

3. 混叠

　　采样序列的频谱是被采样模拟信号频谱的周期延拓，当采样频率不满足奈奎斯特采样定理时，就会发生频谱的混叠，使得采样后信号的频谱不能真实地反映原信号的频谱。

　　另外，从连续信号 $x_a(t)$ 本身来看，其傅里叶变换为 $X_a(\text{j}\Omega)$，若 $X_a(\text{j}\Omega)$ 是有限带宽的，且满足 $|\Omega| \geqslant \Omega_s/2$ 时恒为零，那么 $X_a(\text{j}\Omega)$ 不会出现混叠。解决混叠问题的唯一方法是保证采样频率足够高，以防止频谱混叠，这意味着需要知道原信号的频谱范围，以确定采样频率。但很多情况下可能无法预计信号频率，为确保无混叠现象，可在采样前利用一个模拟低通滤波器将原信号的上限频率限制在采样频率 f_s 的一半。

　　根据理论分析，一个频带宽度有限的信号其时间长度是无限的，反过来有限长度的信号其频带宽度必然是无限的，而 DFT 只能用于计算有限长的信号，如用 DFT 必须对 $x(n)$ 截短，而截短会增加信号的高频分量，因此要增加采样频率减轻频谱的

混叠效应,其幅度频谱为

$$|X(\mathrm{j}\Omega)| = \frac{1}{\sqrt{1+\Omega^2}}$$

见图 2-16,为一低通信号幅度谱。

对于采集信号 $x(n) = \mathrm{e}^{-nT}u(n)$,其离散时间傅里叶变换(DTFT)为

$$X(\mathrm{e}^{\mathrm{j}\omega}) = \sum_{n=0}^{\infty} \mathrm{e}^{-nT}\mathrm{e}^{-\mathrm{j}\omega n} = \frac{1}{1-\mathrm{e}^{-T}\mathrm{e}^{-\mathrm{j}\omega}}$$

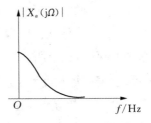

图 2-16　连续指数信号的幅度谱

显然与采样间隔 T 有关,当 T 越小(采样频率越高),其幅度谱信号衰减越快,混叠效应越小。

4. 频谱泄露(Leakage)

在实际 DFT 运算中,时间长度总是取有限值,在将信号截短的过程中,出现了分散的扩展谱线的现象,此现象被称为频谱泄露或功率泄露。

信号截短,相当于将信号 $x(n)$ 乘以一宽度为 N 的矩阵函数,截短后的信号频谱是原有信号的频谱 $x(\mathrm{e}^{\mathrm{j}\omega})$ 与矩阵窗谱 $W_R(\mathrm{e}^{\mathrm{j}\omega})$ 卷积的结果。$R_N(n)$ 的 DTFT 为

$$W_N(\mathrm{e}^{\mathrm{j}\omega}) = \sum_{n=0}^{N-1} R_N(n)\mathrm{e}^{-\mathrm{j}\omega n} = \frac{\sin(N\omega/2)}{\sin(\omega/2)}\mathrm{e}^{-\mathrm{j}\omega\frac{N-1}{2}} \tag{2-74}$$

式中分母表明当 $|\omega| \to \pi$ 时,$|W_R(\mathrm{e}^{\mathrm{j}\omega})| \to 0$;分子表明当 $\omega = \frac{2\pi}{N}k$ (k 为不等于零的整数),$W_R(\mathrm{e}^{\mathrm{j}\omega}) = 0$。图 2-17 为矩形窗函数的频谱,中间的部分为主瓣,它的宽度为 $\frac{4\pi}{N}$,在卷积过程中它使得信号的谱峰展宽,原来比较尖锐的谱峰变得比较平缓,当两个不同频率的谱峰靠得比较近时,可能显现不出两个明显的峰值。

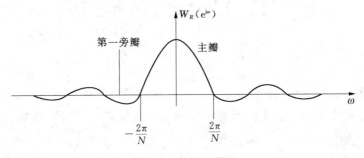

图 2-17　矩形窗频谱

要改善这一状况只有增加 N,使主瓣变窄,只有当 N 趋于无穷大时,$W_R(\mathrm{e}^{\mathrm{j}\omega})$ 才为一冲激,紧靠主瓣的是第一旁瓣,它的面积仅次于主瓣,并为负值,接着正负交叉地出现其他的旁瓣,在卷积过程中它们将谱峰的分量扩散到其他的频率分量上去。在第 5 章中将证明:增加 N,虽然主旁瓣均变窄,但不能减少第一旁瓣和主瓣的面积

比,截短带来的频率分量的扩散总是存在。要改善这一点,只有采用缓慢截短的其他类型的窗口函数,关于窗函数在第 5 章中还要进一步讨论。总之,在矩形函数频谱的作用下,使得 $X()$ 出现了较大的波动和频谱扩展,即产生了频谱泄漏或功率泄漏的现象,给频谱分析带来了误差。随着截短长度 N 的增加,$X()$ 越接近理论 $X()$ 值;反之,若截短长度 N 减小,则泄漏误差加大。

泄漏也会引起混叠。由于泄漏使信号的频谱展宽,如果它的高频成分超过了 $\omega=\pi$(相当于折叠频率 $f/2$)就成了混叠,这种可能性在矩形窗截短时尤为明显。

另外,窗函数的中心,也就是截取信号的具体部位是非常重要的,这好比人们透过窗口观看外部的事物,所处的角度不同会得到不同的观察结果一样,在截取信号时一定要截取反映信号特征的主要部分。

5. 栅栏效应

DFT 是对单位圆上 z 变换(即 DTFT)的均匀采样,所以它不可能将频谱视为一个连续函数,就某种意义上看,用 DFT 来观察频谱就好像通过一个栅栏来观看一个景象一样,只能在离散点上看到真实的频谱,这样一些频谱的峰点或谷点就有可能被"栅栏"所挡住,也就是正好落在两个离散采样点之间,不能被观察到,见图 2-18。

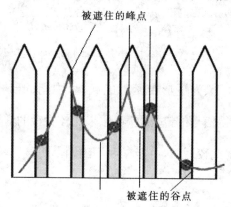

图 2-18　栅栏效应示意图

减小栅栏效应的一个方法是在原序列的末端填补一些零值,从而变动 DFT 的点数,这一方法实际上是人为地改变了对真实频谱采样的点数和位置,相当于使每一根"栅栏"变细,并搬动了每一根"栅栏"的位置,从而使得频谱的峰点或谷点暴露出来。

连续周期信号是时间无限的信号,可以用傅里叶级数展开。离散周期信号也是时间无限的信号,可以用离散傅里叶级数展开。两者之间的共同点是均匀离散谱;而不同点是前者的频谱为非周期的,后者的频谱呈现周期性。鉴于 2.3 节讨论的 DFS 和 DFT 之间的关系,在 DFS 的主值区间

$$\text{DFS}[\tilde{x}(n)] = \sum_{n=0}^{N-1} \tilde{x}(n) W_N^{kn} = \text{DFT}[\tilde{x}(n) R_N(n)]$$

6. 用 DFT 对周期信号进行谱分析

可以用 DFT 对连续周期信号作谱分析。在对连续周期信号采样时除应注意到信号的上限频率外,在截短过程中更应注意截取完整的周期信号,否则就可能发生泄漏。例如,对于连续的单一频率周期信号 $x_a(t) = \sin(2\pi f_a t)$,$f_a$ 为信号的频率。当采样频率 $f_s = k f_a$ 时,k 为大于 2 的整数,采样周期 $T = 1/f_a = \dfrac{1}{k f_a}$,采样序列 $x(n) = \sin(2\pi f_a nT) = \sin(2\pi n/k)$,此时采样频率满足奈奎斯特采样频率,对此信号 DFT (DFS)分析,可以得到单一谱线的结果,$X_N(k)$ 可知连续周期信号的傅里叶级数 $X_a(j\Omega)$ 一致。在截短过程中 $X_N(k)$ 长度 N 应当为信号周期整数倍,即 $N = m f_s / f_a = mk$,m 为正整数。

通过下面的例题可以看出截取长度 N 选得不合理,同样会出现泄漏。

【例 2-13】　对连续的单一频率正弦周期信号 $x_a(t) = \sin(2\pi f_a t)$ 按采样频率 $f_s = 8 f_a$ 采样,截取长度 N 分别选 $N = 20$ 和 $N = 16$,观察其 DFT 结果的幅度谱。

解:　此时离散序列 $x(n) = \sin(2\pi n f_a / f_s) = \sin(2\pi n/8)$,即 $k = 8$。用 MATLAB 计算并作图,函数 fft 用于计算离散傅里叶变换 DFT,程序如下:

```
k=8;
n1=[0:1:19];
xa1=sin(2*pi*n1/k);
subplot(2,2,1),plot(n1,xa1),xlabel('t/T');
ylabel('x(n)');
xk1=fft(xa1);
xk1=abs(xk1);
subplot(2,2,2),stem(n1,xk1), xlabel('k');
ylabel('X(k)');
n2=[0:1:15];
xa2=sin(2*pi*n2/k);
subplot(2,2,3),plot(n2,xa2),xlabel('t/T');
ylabel('x(n)');
xk2=fft(xa2);
xk2=abs(xk2);
subplot(2,2,4),stem(n2,xk2),xlabel('k');
ylabel('X(k)');
```

图 2-19 中,(a)和(b)分别是 $N=20$ 时的截取信号和 DFT 结果,由于截取了两个半周期,频谱出现泄漏;(c)和(d)分别是 $N=16$ 时的截取信号和 DFT 结果,由于截取了两个整周期,得到单一谱线的频谱。上述频谱的误差主要是由于时域中对信号的非整周期截断产生的频谱泄漏。

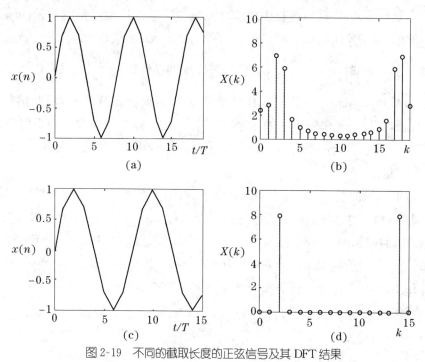

图 2-19　不同的截取长度的正弦信号及其 DFT 结果

本章小结

本章讨论了三种傅里叶变换,重点讨论了离散傅里叶变换及其应用。

本章首先讨论了序列的傅里叶变换,DTFT 是一个周期为 2π 连续函数,可以实现对任意序列的频域特征了解;然后讨论了离散周期序列的离散傅里叶级数 DFS,其频域也是离散和周期的。

在实际的信号处理中一般使用微处理器实现,要求时频域均为离散有限长的,从 DFS 中发现,其时频的一个周期就能表达出全部信息,从 DFS 中截取一个周期作为一种新的傅里叶变换,即为离散傅里叶变换,其在实际中具有广泛的应用。实际中,DFT 处理的对象为有限长序列的非周期序列,但在做 DFT 时相当于对非周期序列作了一个以 N 为周期的拓展,从这个角度理解,DFT 中隐含了周期性。DFT 具有很多重要的性质,包括线性性质、循环移位性质、对称性、循环卷积定理和 parsval 定理等,这些性质可用于简化运算和加深对 DFT 的理解。

DFT 具有很多重要的应用。DFT 可以用来计算线性卷积,首先将原有限长序列通过补零成大于或等于线性卷积结果的长度,对补零后的序列分别求其 DFT(可以通过 FFT 实现,将在下一章中学习),然后计算两 DFT 的乘积,乘积的结果作 IDFT,即为原两序列的线性卷积。利用 DFT 计算长卷积有两种方法,分别称为重叠相加法和重叠保留法。本章最后重点讨论了如何利用 DFT 实现对连续信号的频谱分析及分析过程中可能出现的问题。当采用 DFT 分析连续信号频谱时,首先根据频谱分辨率确定截取信号的长度,再根据采样频率确定 DFT 的长度 N,进而完成对连续信号频谱的分析,在频谱分析过程中,会出现频谱的混叠、频谱泄漏和栅栏效应,所以结果与连续信号实际的频谱会有一定误差,可通过改变频谱分析算法进行改进。

习 题 2

1. 求下述序列的傅里叶变换。

(1) $x_1(n) = \frac{1}{2}\delta(n+1) + \delta(n) + \frac{1}{2}\delta(n-1)$;

(2) $x_2(n) = a^n u(n)$, $0 < a < 1$;

(3) $x_3(n) = a^{|n|} u(n+1)$, $|a| < 1$。

2. 求 $x(n) = a^n \sin(\omega_0 n) u(n)$, $0 < a < 1$ 的傅里叶变换。

3. 已知 $x(n) = \begin{cases} 1, & |\omega| < \omega_0, \\ 0, & \omega_0 < |\omega| < \pi, \end{cases}$ 求 $X(e^{j\omega})$ 的傅里叶逆变换 $x(n)$。

4. 已知序列 $x(n)$ 的 DTFT(为 $x(n)$,并且 $x(n)$ 为实因果序列,若

(1) $g(n) = x(2n)$;

(2) $y(n) = x(2n+1)$。

分别求其傅里叶变换。

5. 已知序列 $x(n) = \cos(n\pi/6)$, $n = 0, 1, \cdots, N-1, N = 12$。求

(1) $X(e^{j\omega})$;

(2) $X(k)$;

(3) 若在 $x(n)$ 后补 N 个零得 $2N$ 点序列 $x_2(n)$,求 $X_2(k)$。

此题求解后,对正弦信号抽样及其 DFT 和 DTFT 之间的关系,能总结出什么结论。

6. 已知 $x[n]$ 和 $h[n]$ 分别为 N 点和 M 点序列,$X[k]$,$(0 \leqslant k \leqslant N-1)$ 为 $x[n]$ 的 DFT,试证明当满足条件 $\sum_{n=0}^{N-1} X(k) = 0$ 时,$x[n]$ 和 $h[n]$ 的线性卷积可由 $N+M-1$ 点圆周卷积 $x[n] \otimes h[n]$ 完全决定。

7. 已知两个序列 $x(n) = (n+1)R_4(n)$,$h(n) = (4-n)R_4(n)$,求

(1) $x(n) * h(n)$;

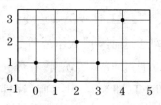

(2) $x(n)\otimes h(n)$；

(3) 在什么条件下圆周卷积等于线性卷积结果？试简述利用 DFT 计算线性卷积的思路。

8. 已知序列 $x[n]$，$0\leqslant n\leqslant 4$，如题图 2-1 所示。试求出：

(1) $x[n] * x[n]$；

(2) $x[n]\otimes x[n]$，$N=5$；

(3) $x[n]\otimes x[n]$，$N=10$。

题图 2-1

9. $x(n)=\{1,0,1,1,0,1\}$ 的 z 变换 $X(z)$ 在单位圆上进行 5 等分取样，$X(k)=X(z)\big|_{z=W_5^{-k}}$，$k=0,1,2,3,4$，求 $x_1(n)=\text{IDFT}[X(k)]$。

10. 求序列 $x(n)=\delta(n)+2\delta(n-2)+4\delta(n-4)$ 的 10 点 DFT。

11. 已知 N 点序列 $x(n)$ 的 DFT 为 $X(k)$，且 N 为偶数，

$$令 \ y(n)=\begin{cases} x\left(\dfrac{n}{2}\right), & n \ 为偶数 \\ 0, & n \ 为奇数 \end{cases}$$

试用 $X(k)$ 表示 $y(n)$ 的 DFT。

12. 计算以下诸序列的 N 点 DFT，在变换区间 $0\leqslant n\leqslant N-1$ 内，序列定义为

(1) $x(n)=\delta(n)$；

(2) $x(n)=\delta(n-m)$，$(0<m<N)$；

(3) $x(n)=R_m(n)$，$0<m<N$；

(4) $x(n)=\cos\left(\dfrac{2\pi}{N}nm\right)$，$0<m<N$；

(5) $x(n)=nR_N(n)$；

(6) $x(n)=e^{j\frac{2\pi}{N}mn}$　　$(0<m<N)$。

13. 已知下列 $X(k)$，求 $x(n)=\text{IDFT}[X(k)]$；

$$(1) \ X(k)=\begin{cases} \dfrac{N}{2}e^{j\theta}, & k=m, \\[2mm] \dfrac{N}{2}e^{-j\theta}, & k=N-m, \\[2mm] 0, & 其他 \ k; \end{cases}$$

$$(2) \ X(k)=\begin{cases} -\dfrac{N}{2}je^{j\theta}, & k=m, \\[2mm] \dfrac{N}{2}je^{-j\theta}, & k=N-m, \\[2mm] 0, & 其他 \ k。 \end{cases}$$

14. 已知调幅信号的载波频率 $f_c=1\,\text{kHz}$。调制信号的频率 $f_m=100\,\text{Hz}$，用 FFT 对其进行谱分析，计算

(1) 最小的记录时间；

(2) 最低的采频率；

(3) 最少的采样点数。

15. 选择合适的变换长度区间 N，用 DFT 对下列信号进行谱分析，画出其幅频特性和相频特性。

(1) $x_1(n) = \dfrac{1}{2}\cos(0.3\pi n)$;

(2) $x_2(n) = \cos(0.45\pi n)\cos(0.55\pi n)$。

第3章 Chapter 3

快速傅里叶变换(FFT)

本章要点

本章主要学习离散傅里叶变换的各种快速实现算法原理。通过本章的学习,重点掌握以下内容:

◇ 了解快速傅里叶变换的基本思路

◇ 掌握基 2 快速傅里叶变换的原理及实现方法

◇ 掌握 N 为组合数的 FFT 算法

◇ 掌握线性调频 z 变换的定义、求解和应用

离散傅里叶变换是数字信号处理中的一种重要变换,可以用来计算信号的频谱、功率谱和线性卷积等,具有广泛的应用。快速傅里叶变换(Fast Fourier Transform,FFT)是一种快速有效的计算离散傅里叶变换(DFT)的方法。

在上一章的讨论中已经知道离散傅里叶变换满足以下关系式

$$X(k)=\mathrm{DFT}[x(n)]=\sum_{n=0}^{N-1}x(n)W_N^{kn},\quad k=0,1,2,\cdots,N-1 \qquad (3\text{-}1a)$$

$$x(n)=\mathrm{IDFT}[X(k)]=\frac{1}{N}\sum_{n=0}^{N-1}X(k)W_N^{-kn},\quad n=0,1,2,\cdots,N-1 \qquad (3\text{-}1b)$$

一般情况下,时间序列 $x(n)$ 及其离散傅里叶变换 $X(k)$ 是用复数表示的。根据式(3-1),直接计算 DFT 或 IDFT 需要 N^2 次复数乘法及 $N(N-1)$ 次复数加法。由于一次复数乘法要做 4 次实数乘法和 2 次实数加法,1 次复数加法要做 2 次实数加法,所以,计算 1 次离散傅里叶变换需要做 $4N^2$ 次实数乘法及 $N(4N-2)$ 次实数加法。随着序列长度 N 的增大,运算次数将剧烈增加。有必要在计算方法上寻求改进,使其运算次数大大减少。

从式(3-1)可以看出,由于 N 点 DFT 的运算量随 N^2 增长,因此,当 N 较大时,减少运算量的途径之一就是将 N 点 DFT 分解为几个较短的 DFT 进行计算,则可大大减少其运算量,因此可以长序列的 DFT 通过适当的方法拆分为短序列的 DFT。同时,在 DFT 的运算中包含了大量的重复运算,观察 DFT 的矩阵表达,虽然 N 阶方

阵含有 N^2 个元素,但由于旋转因子 W_N 的周期性,其中只有 N 个独立的值,且在这些值中有一部分取值简单,总结 W_N 具有以下特点:

① 特殊取值: $W^0=1$, $W^N=1$, $W^{mN}=1$。

② 周期性: $W_N^{m+lN}=\mathrm{e}^{-\mathrm{j}\frac{2\pi}{N}(m+lN)}=\mathrm{e}^{-\mathrm{j}\frac{2\pi}{N}m}=W_N^m$。

③ 对称性: $\begin{cases}(W_N^{N-m})^*=W_N^m;\\W_N^{m+\frac{N}{2}}=-W_N^m。\end{cases}$

下面以四点 DFT 为例来说明快速算法的思路。

$$\begin{bmatrix}X(0)\\X(1)\\X(2)\\X(3)\end{bmatrix}=\begin{bmatrix}1&1&1&1\\1&\mathrm{e}^{-\mathrm{j}\frac{2\pi}{4}1*1}&\mathrm{e}^{-\mathrm{j}\frac{2\pi}{4}2*1}&\mathrm{e}^{-\mathrm{j}\frac{2\pi}{4}3*1}\\1&\mathrm{e}^{-\mathrm{j}\frac{2\pi}{4}1*2}&\mathrm{e}^{-\mathrm{j}\frac{2\pi}{4}2*2}&\mathrm{e}^{-\mathrm{j}\frac{2\pi}{4}3*2}\\1&\mathrm{e}^{-\mathrm{j}\frac{2\pi}{4}1*3}&\mathrm{e}^{-\mathrm{j}\frac{2\pi}{4}2*3}&\mathrm{e}^{-\mathrm{j}\frac{2\pi}{4}3*3}\end{bmatrix}\begin{bmatrix}x(0)\\x(1)\\x(2)\\x(3)\end{bmatrix}$$

$$=\begin{bmatrix}1&1&1&1\\1&W_4^1&-1&-W_4^1\\1&-1&1&-1\\1&-W_4^1&-1&W_4^1\end{bmatrix}\begin{bmatrix}x(0)\\x(1)\\x(2)\\x(3)\end{bmatrix}$$

交换矩阵第二列和第三列得

$$\begin{bmatrix}X(0)\\X(1)\\X(2)\\X(3)\end{bmatrix}=\begin{bmatrix}1&1&1&1\\1&-1&W_4^1&-W_4^1\\1&1&-1&-1\\1&-1&-W_4^1&W_4^1\end{bmatrix}\begin{bmatrix}x(0)\\x(2)\\x(1)\\x(3)\end{bmatrix}$$

$$=\begin{bmatrix}[x(0)+x(2)]+[x(1)+x(3)]\\[x(0)-x(2)]+[x(1)-x(3)]W^1\\[x(0)+x(2)]-[x(1)+x(3)]\\[x(0)-x(2)]-[x(1)-x(3)]W^1\end{bmatrix}\tag{3-2}$$

从上面的结果可以看出,利用周期性和对称性,求四点 DFT 只需要一次复数乘法,进一步发现,四点 DFT 中 $x(0)+x(2)$ 和 $x(0)-x(2)$ 实际上是 $x(0)$ 和 $x(2)$ 的两点 DFT。这种思路是将四点 DFT 转化为 2 个两点 DFT 的运算形式,这种算法最早由 J. W. Cooley 和 J. W. Tukey 提出的,故称为 Cooley-Tukey 算法。

Cooley-Tukey 算法所需的运算量约为 $\frac{N}{2}\log_2 N$ 次复数乘法和 $N\log_2 N$ 次复数加法,运算量大幅降低。快速算法的出现,大大推动了离散傅里叶变换在各方面的应用。继 Cooley 和 Tukey 之后,又有许多人致力于进一步减少 DFT 的运算量,相继提出了一些改进的算法。基本上有两个方向,一是 N 为 2 的整次幂算法,典型的有基-2FFT 算法、基-4FFT 算法、混合基 FFT 算法、分裂基 FFT 算法等,另一个是 N 不是 2 的整次幂:最著名的算法有 WFTA 算法(Winograd Fourier Transform Algorithm)。WFTA 算法进一步将运算量减少到接近 N 的水平。但是,由于 WFTA 算法的数据寻址涉及取模计算,其运算结构的规律性也不强,这些均要消耗大量的运算,从而使它的推广应用受到了限制。此外,从式(3-1)可以看出,DFT 运算中时域序列的排序会有所不同,根据时频域序列运算时的排序,可以将 FFT 分为时间抽取(Decimation-in-Time,简称 DIT)和频率抽取(Decimation-in-Frequency,简称 DIF)两大类。

本章重点讨论基 2 的按时间抽取法和按频率抽取法,此外还将介绍 N 为任意复合数的算法以及 Chirp-z 变换算法。

3.1 基 2 FFT 算法

所谓的基 2 FFT 算法指 DFT 变换长度 $N=2^M$,其中 M 为自然数的一类快速算法。下面分别讨论时间抽取(Decimation-in-Time,简称 DIT)和频率抽取(Decimation-in-Frequency,简称 DIF)基 2 FFT 算法。

3.1.1 时间抽取基 2 FFT 算法

算法基本思路:从时域将 N 点序列 $x(n)$ 按奇偶项分解为两组,分别计算两组 $N/2$ 点 DFT,然后再合成一个 N 点 DFT,按此方法继续下去,直到 2 点 DFT,从而减少运算量。

N 点序列 $x(n)$ 的 DFT 为

$$X(k)=\sum_{n=0}^{N-1} x(n)W_N^{kn}$$

将 $x(n)$ 按 n 的奇偶分为两组,即按 $n=2r$ 及 $n=2r+1$ 分为两组

$$X(k)=\sum_{r=0}^{\frac{N}{2}-1} x(2r)W_N^{2rk} + \sum_{r=0}^{\frac{N}{2}-1} x(2r+1)W_N^{2(2r+1)k}$$

$$=\sum_{r=0}^{\frac{N}{2}-1} x(2r)W_N^{2rk} + W_N^k\sum_{r=0}^{\frac{N}{2}-1} x(2r+1)W_N^{2rk}$$

因为

$$W_N^{2rk}=\mathrm{e}^{-\mathrm{j}\frac{2\pi}{N}2rk}=\mathrm{e}^{-\mathrm{j}\frac{2\pi}{N/2}rk}=W_{N/2}^{rk}$$

所以

$$X(k)=\sum_{r=0}^{\frac{N}{2}-1} x(2r)W_{N/2}^{rk} + W_N^k\sum_{r=0}^{\frac{N}{2}-1} x(2r+1)W_{N/2}^{rk}$$

$$=G(k)+W_N^k H(k)$$

式中

$$G(k)=\sum_{r=0}^{\frac{N}{2}-1} x(2r)W_{N/2}^{rk} \tag{3-3a}$$

$$H(k)=\sum_{r=0}^{\frac{N}{2}-1} x(2r+1)W_{N/2}^{rk} \tag{3-3b}$$

式中,$G(k)$、$H(k)$为两个$\frac{N}{2}$点的 DFT,$G(k)$仅包括原序列的偶数点序列,而 $H(k)$

则仅包括原序列的奇数点序列。另外,他们的周期为$\frac{N}{2}$,亦即

$$G(k)=G\left(k+\frac{N}{2}\right), \quad H(k)=H\left(k+\frac{N}{2}\right)$$

易知:

$$W_N^{\frac{N}{2}}=-1$$

$$W_N^{\left(k+\frac{N}{2}\right)}=-W_N^k$$

考虑到 $G(k)$、$H(k)$的周期性,得到

$$X(k)=G(k)+W_N^k H(k), \quad k=0,1,\cdots,\frac{N}{2}-1 \tag{3-4a}$$

$$X\left(k+\frac{N}{2}\right)=G(k)-W_N^k H(k), \quad k=0,1,\cdots,\frac{N}{2}-1 \tag{3-4b}$$

式(3-4a)中表示了前半部分 $k=0\sim\frac{N}{2}-1$ 时 $X(k)$的组成方式,而(3-4b)式则表

示后半部分 $k=\frac{N}{2}\sim N-1$ 时 $X(k)$的组成方式。由此类推,$G(k)$和 $H(k)$可以继

续分下去,这种按时间抽取算法是在输入序列分成越来越小的子序列上执行
DFT 运算,最后合成为 N 点的 DFT。

下面用流程图表示法举例说明 8 点 DFT 的有关处理方法。首先,将输入序
列 $x(n)$划分成偶数部分和奇数部分,偶数部分为 $x(0),x(2),x(4),x(6)$;奇数部
分为 $x(1),x(3),x(5),x(7)$。利用式(3-3a)、(3-3b)分别计算 4 点 DFT 的$G(K)$
和$H(K)$,再利用式(3-4a)、(3-4b)将二者合并为 $X(k)$。

图 3-1(a)为实现这一运算的一般方法,它需要 2 次乘法、2 次加减法。考虑
到$-bW$ 和 bW 仅相差一负号,可将图 3-1(a)简化成图 3-1(b)此时仅需要 1 次乘
法、2 次加减法。图 3-1(b)运算结构像蝴蝶,通常称为蝶形运算结构,简称蝶形
结。采用这种表示法,就可以将以上讨论的分解过程用流程图表示,见图 3-2。

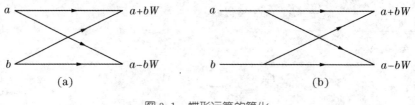

图 3-1　蝶形运算的简化

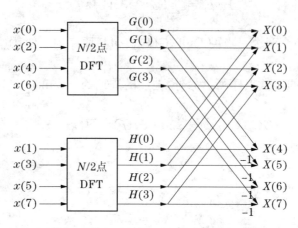

图 3-2　两个 4 点的 DFT 构成 8 点的 DFT

按照这个办法，继续把 $N/2$ 用 2 除，由于 $N=2^M$，$N/2$ 仍然是偶数，可以被 2 整除，因此可以对 2 个 $N/2$ 点的 DFT 再做进一步的分解。即对 $G(k)$ 和 $H(k)$ 的计算，又可以分别通过计算两个长度为 $N/4=2$ 点的 DFT，进一步节省计算量，见图 3-3。这样，一个 8 点的 DFT 就可以分解为四个 2 点的 DFT。

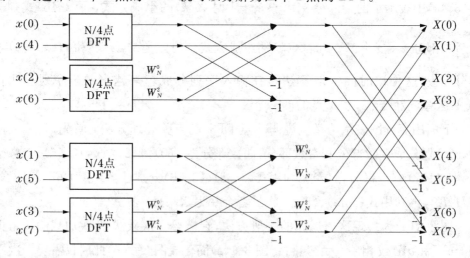

图 3-3　由四个 2 点 DFT 构成 8 点 DFT

最后，剩下的是 2 点 DFT，它可以用一个蝶形结表示。这样，一个 8 点 DFT 的完整的按照时间抽取算法的流图就如图 3-4 所示。

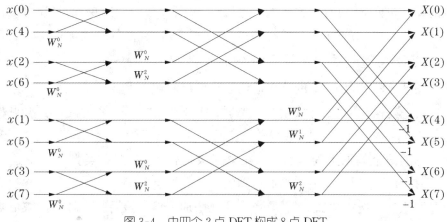

图 3-4　由四个 2 点 DFT 构成 8 点 DFT

由于每一步分解都是按输入序列在时域上的次序是属于偶数还是奇数抽取的,所以称为"按时间抽取法"。

3.1.2　算法讨论

由图 3-4 所示的 FFT 算法流程图可以看出以下几点规律。

1. 蝶形运算

对于任何一个 2 的整数幂 $N=2^M$ 总是可以通过 M 次的分解最后完全成为 2 点的 DFT 运算。这样的 M 次分解,就构成了 $x(n)$ 到 $X(k)$ 的 M 级运算过程。从上面的流程图可以看出,每一级运算都由 $N/2$ 个蝶形运算构成,因此每一级运算都需要 $N/2$ 次复乘和 N 次复加,这样总的计算量为 $N/2 \cdot M=N/2 \log_2 N$ 次复乘及 $N \log_2 N$ 次复加,而一般 DFT 的复乘为 N^2 次,复加为 $(N-1)N$ 次。以 $N=1024$ 的复数乘法为例,直接计算 DFT 需要 $1024^2=1048576$ 次复乘,而按时间抽取法 FFT 计算仅 $512*10=5120$ 次复乘,两者相差近 200 倍。

2. 原位计算

按时间抽取 FFT 算法的另一个重要特点是可以采取原位计算方式。所谓原位计算,就是当数据输入到存储器中以后,每一级运算的结果仍然存储在同一组存储器中,直到最后输出,中间无需其他的存储器。每一级的蝶形运算可以写成

$$x_l(m) = x_{l-1}(m) + W_N^p x_{l-1}(n) \tag{3-5a}$$

$$x_l(n) = x_{l-1}(m) - W_N^p x_{l-1}(n), \quad l = 1,2,\cdots,M \tag{3-5b}$$

N 个输入数据 $x_0(n)$ 经第一次迭代运算后得出新的 N 个数 $x_1(n)$,然后这些新到的数据经第二次迭代运算,又得到另外 N 个数,依次类推,直到最后的结果 $x_M(n)$ 即为 $X(k)$。在迭代计算中,每个蝶形运算的输出数据 $x_l(n)$ 可以存放在原来存储输入数据 $x_{l-1}(n)$ 的单元中,实行原位计算。因此,这个运算只需要 N 个

复数的存储单元,既可存放输入的原始数据,又可存放中间结果,而且还可以存放最后的计算结果,节省了大量的存储单元,这是 FFT 算法的一大优点。

3. 蝶形类型随迭代次数成倍增加

由图 3-4 的 8 点 FFT 的三次迭代运算可以看出系数 W_8^r 的变化。在第一级迭代中,只有一种类型的迭代运算系数,即 W_8^0,参加蝶形运算的两个数据点相距间隔为 1。在第二级迭代中,有两种类型的蝶形运算系数,分别是 W_8^0 和 W_8^2,参加迭代运算的两个数据点间隔为 2。在第三级迭代中,有四种类型的蝶形运算系数,分别是 $W_8^0 W_8^1 W_8^2 W_8^3$,参加蝶形运算的两个数据点间隔为 4。可见,每次迭代的蝶形类型比前一迭代增加一倍,取数间隔也增加一倍。最后一次迭代的蝶形类型最多,参加蝶形运算的两个数据点的间隔也最大,为 $N/2$。如果迭代的级数以 $i(i=1,2,\cdots,M)$ 表示,则每一级的取数间隔和蝶形类型种类均为 2^{i-1}。

4. 序数重排

由图 3-4 看到,输入数据 $x(n)$ 是按照新的次序重排为 $x(0)$、$x(4)$、$x(2)$、$x(6)$、$x(1)$、$x(5)$、$x(3)$、$x(7)$,这一顺序看起来"混乱",其实是很有规律的,下面来研究它的一般规律。对于 $N=8$,一般可用 3 位二进制来表达时序,即 $x(n_2,n_1,n_0)$,这里 n_0 代表二进制的最低位,n_2 代表高位,n_1 为中间位。按时间抽取的算法是逐级将偶、奇的序列分开的。第一次分偶、奇,根据最低位 n_0 的 0、1 状态来分,若 $n_0=0$,则为偶序列;$n_0=1$,则为奇序列,得到两组序列

000　010　100　110　│　001　011　101　111

第二次对这两个偶、奇序列再分一次偶、奇序列,这就要根据 n_1 的 0、1 的状态。若 $n_1=0$,则为偶序列;$n_1=1$ 则为奇序列,得到四组序列

000　100 │ 010　110 │ 001　101 │ 011　111

同理,再根据 n_2 的 0、1 状态来分偶、奇序列,直到不能再分偶、奇时为止。对于图 3-4 的 $N=8$,n_2 已是最高位,最后一次分的结果是

000 │ 100 │ 010 │ 110 │　001 │ 101 │ 011│ 111

这一结果就是序列重排的结果,与图 3-4 的输入序列的十进制顺序 0、4、2、6、1、5、3、7 一致。进一步,可以发现其顺序正好是自然顺序的二进制码按位反转的结果,如在 001 的地方,恰恰放着 100,二进制的最高位和最低位互相交换位置,表 3-1 归纳了上述关系。按位反转的操作在计算机中很容易实现,这也是基 2 FFT 广泛受到欢迎的原因之一。

在实际运算中,直接将输入数据 $x(n)$ 以按位反转的顺序排好输入时很不方便的。因此总是先按自然顺序输入存储单元,然后再通过变址寻址去寻找相应单元的 $x(n)$。目前,有许多支持 FFT 的处理器均有这种按位反转的寻址功能。

表 3-1　自然顺序与二进制按位反转顺序

十进制数	二进制数	二进制数按位反转	按位反转后的十进制数
0	000	000	0
1	001	100	4
2	010	010	2
3	011	110	6
4	100	001	1
5	101	101	5
6	110	011	3
7	111	111	7

3.1.3　频域抽取基 2FFT 算法

对于 $N=2^M$ 情况下另外一种普遍使用的 FFT 结构是频率抽取法,频率抽取法将输入序列不是按偶数、奇数,而是按前、后对半分开,这样可将 N 点 DFT 写成前、后两个部分

$$x_1(n)=x(n)$$

$$x_2(n)=x\left(n+\frac{N}{2}\right)$$

式中 $n=0,1,\cdots,\frac{N}{2}-1$。因此

$$X(k)=\sum_{n=0}^{N-1}x(n)W_N^{nk}=\sum_{n=0}^{\frac{N}{2}-1}x_1(n)W_N^{nk}+\sum_{n=0}^{\frac{N}{2}-1}x_2(n)W_N^{(n+N/2)k} \tag{3-6}$$

现在对频率序列抽取,把它分成偶部和奇部,偶数时令 $k=2l$,奇数时令 $k=2l+1$,这里 $l=0,1,\cdots,\frac{N}{2}-1$。利用 $W_N^2=W_{\frac{N}{2}}$ 和 $W_N^{kn}=1$ 的关系,得到

$$X(2l)=\sum_{n=0}^{\frac{N}{2}-1}\left[x_1(n)W_{N/2}^{ln}+x_2(n)W_{N/2}^{l(n+N/2)}\right]$$

$$=\sum_{n=0}^{\frac{N}{2}-1}\left[x_1(n)+x_2(n)\right]W_{N/2}^{ln} \tag{3-7a}$$

$$X(2l+1)=\sum_{n=0}^{\frac{N}{2}-1}\left[x_1(n)W_{N/2}^{ln}+x_2(n)W_{N/2}^{ln}\cdot W_N^{N/2}\right]W_N^n$$

$$= \sum_{n=0}^{\frac{N}{2}-1} [x_1(n) - x_2(n)] W_N^n \cdot W_{N/2}^{ln} \qquad (3\text{-}7b)$$

频率序列 $X(2l)$ 是时间序列 $x_1(n) + x_2(n)$ 的 $\frac{N}{2}$ 点 DFT,频率序列 $X(2l+1)$ 是时间序列 $[x_1(n) - x_2(n)] W_N^n$ 的 $\frac{N}{2}$ 点 DFT。这样,又将 N 点 DFT 化成两个 $\frac{N}{2}$ 点 DFT 的计算,通过 2 次加(减)法和 1 次乘法,从原来序列获得两个子序列。所以,频率抽取算法的蝶形运算是

$$a(n) = x_1(n) + x_2(n) \qquad (3\text{-}8a)$$
$$b(n) = [x_1(n) - x_2(n)] W_N^n \qquad (3\text{-}8b)$$
$$n = 0, 1, 2, \cdots, \frac{N}{2} - 1$$

与时间抽取法的迭代过程类似,由于 $N = 2^M$,$N/2$ 仍然是个偶数,因此可以将 $N/2$ 点 DFT 的输出再分解为偶部和奇部,这样就能进一步将 $N/2$ 点 DFT 分解为两个 $N/4$ 点的 DFT。这两个 $N/4$ 点的 DFT 的输入也是将 $N/2$ 点 DFT 的输入上、下对半分开后通过蝶形运算而形成的。这里还是以 $N = 2^3 = 8$ 为例来说明这一分解的过程。

图 3-5 是按照式(3-6)的第一次分解,$x(n)$ 前一半与后一半按式(3-8a)、(3-8b)通过蝶形运算形成 $a(n)$ 和 $b(n)$,对 $a(n)$ 做 $N/2$ 点 DFT 得到 $X(k)$ 的偶部;同样对 $b(n)$ 做 $N/2$ 点 DFT 得到 $X(k)$ 的奇部。图 3-6 表示了进一步分解的过程。

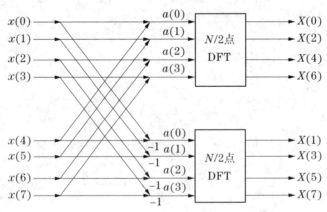

图 3-5　按频率抽取将 8 点 DFT 分解成两个 4 点 DFT

这样一个 $N = 2^M$ 点的 DFT 通过 M 次分解后,最后总是剩下全部是 2 点的 DFT,2 点 DFT 实际上只有加、减运算,然而为了比较,也为了统一运算的结构,仍然用一个系数为 W_N^0 的蝶形运算来表示。图 3-6 为一个 $N = 8$ 的完整的按频率抽取的 FFT 结构。

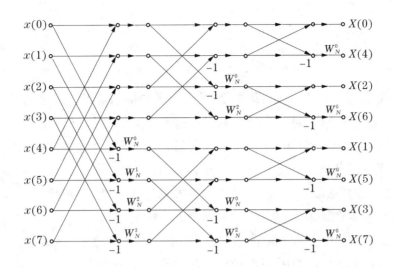

图 3-6　按频率抽取的 FFT 结构($N=8$)

类似于按时间抽取算法,按频率抽取也有以下几点规律。

(1) 蝶形运算。

总的蝶形个数还是 $\dfrac{N}{2}\log_2 N$,尽管蝶形结构不同于按时间抽取 FFT,但单个蝶形的运算量相同,依然是 2 次加(减)法,1 次乘法。总的计算量与按时间抽取算法相同。

(2) 原位计算。

从图 3-6 可以看到,频率抽取法也是可以原位计算的。

(3) 蝶形类型随迭代次数成倍减少。

由图 3-5 可以看到,第一级迭代中有 $N/2$ 种蝶形运算系统,参加蝶形运算的两个数据点相距间隔为 $N/2$。随后,每次迭代的蝶形类型比前一级迭代减少一倍,间距也减少一倍。最后一级迭代的蝶形类型只有一种,即 W_N^0,参加蝶形运算的两个数据的间隔为 1,如果迭代的级数以 $i\,(i=1,2,\cdots,M)$ 表示,则每一级的取数间隔和蝶形类型种类均为 2^{M-i}。

(4) 序数重排。

与时间抽取方法不同的是,按频率抽取法的输入正好是自然顺序,而输出的顺序则是自然顺序的二进制按位反转顺序。

3.1.4　IFFT 算法

FFT 算法可以应用于 IDFT 的计算,称为快速傅里叶反变换,简写为 IFFT。前述 DFT 和 IDFT 公式为:

$$X(k) = \mathrm{DFT}[x(n)] = \sum_{n=0}^{N-1} \tilde{x}(n) W_N^{kn}, \quad k=0,1,2,\cdots,N-1$$

$$x(n) = \mathrm{IDFT}[X(k)] = \frac{1}{N} \sum_{n=0}^{N-1} \tilde{X}(k) W_N^{-kn}, \quad n=0,1,2,\cdots,N-1$$

比较上面两式,可以看出,只要把 DFT 公式中的系数 W_N^{kn} 改为 W_N^{-kn},并乘以系数 $1/N$,就可用 FFT 算法来计算 IDFT,这就得到了 IFFT 的算法。

当把时间抽选 FFT 算法用于 IFFT 计算时,由于原来输入的时间序列 $x(n)$ 现在变为频率序列 $X(k)$,原来是将 $x(n)$ 偶奇分的,而现在变成对 $X(k)$ 进行偶奇分了,因此这种算法改称为频率抽选 IFFT 算法。类似地,当把频率抽选 FFT 算法用于计算 IFFT 时,应该称为时间抽选 IFFT 算法。

在 IFFT 计算中经常把常量 $1/N$ 分解成 M 个 $1/2$ 连乘,即 $1/N = (1/2)M$,并且在 M 级的迭代运算中,每级的运算都分别乘上一个 $1/2$ 因子。图 3-7 表示的是时间抽选 IFFT 流程图。

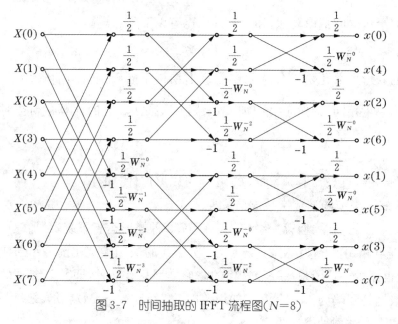

图 3-7 时间抽取的 IFFT 流程图($N=8$)

3.2 N 为组合数的 FFT 算法和基 4 算法

3.2.1 N 为组合数的 FFT 算法

前面讨论的两种算法均必须满足 N 为 2 的幂,即 $N=2^M$ 这个条件。这里将讨论 N 为任意因子的组合数,即 $N = P_1 P_2 \cdots P_m$(P_i 是正整数),如何提高计算效率。

先讨论最简单的情况,即 $N=PQ$ 为两个数的乘积,然后推广到一般情况。

首先,将 DFT 的时间顺序 n 和频率顺序 k 分别表示成二维的形式

$$\begin{cases} n=n_1Q+n_0 \\ k=k_1P+k_0 \end{cases}$$

式中,n_0、k_1 分别为 $0,1,\cdots,Q-1$;n_1、k_0 分别为 $0,1,\cdots,P-1$。

【例 3-1】 $N=12,P=3,Q=4$。将 n 和 k 分别表示成二维的形式。

解: $\begin{cases} n=4n_1+n_0, \quad n_1=0,1,2; \ n_0=0,1,2,3 \\ k=3k_1+k_0, \quad k_1=0,1,2,3; \ k_0=0,1,2 \end{cases}$

故

$$n=\{n_0,(4+n_0),(8+n_0)\}=\{0,1,2,3,\cdots,11\}$$

$$k=\{k_0,(3+k_0),(6+k_0),(9+k_0)\}=\{0,1,2,3,\cdots,11\}$$

根据上述组合数公式特点,N 点 DFT 可以重新写成

$$X(k)=X(k_1P+k_0)=X(k_1,k_0)=\sum_{n=0}^{N-1}x(n)W_N^{kn}$$

$$=\sum_{n_0=0}^{Q-1}\sum_{n_1=0}^{P-1}x(n_1Q+n_0)W_N^{(k_1P+k_0)(n_1Q+n_0)}$$

进一步可写成

$$X(k_1,k_0)=\sum_{n_0=0}^{Q-1}\sum_{n_1=0}^{P-1}x(n_1,n_0)W_N^{k_1n_1PQ}W_N^{k_0n_1Q}W_N^{k_1n_0P}W_N^{k_0n_0}$$

$$=\sum_{n_0=0}^{Q-1}\sum_{n_1=0}^{P-1}x(n_1,n_0)W_N^{k_0n_1Q}W_N^{k_1n_0P}W_N^{k_1n_0}$$

考虑到 $W_N^{k_0n_1Q}=W_P^{k_0n_1}$,$W_N^{k_1n_0P}=W_Q^{k_1n_0}$,则

$$(k_1,k_0)=\sum_{n_0=0}^{Q-1}\left\{\left[\sum_{n_1=0}^{P-1}x(n_1,n_0)W_N^{k_0n_1}\right]W_N^{k_0n_0}\right\}W_Q^{k_1n_0} \tag{3-9}$$

令 $X_1(k_0,k_0)=\sum_{n_1=0}^{P-1}x(n_1,n_0)W_P^{k_0n_1}$ 表示 n_0 为参数变量($0\leqslant n_0\leqslant Q-1$)时,$n_1$ 与 k_0 为变量的 P 点 DFT,即共有 Q 个 P 点的 DFT。式(3-9)则可写成

$$X(k_1,k_0)=\sum_{n_0=0}^{Q-1}\left[X_1(k_0,n_0)\cdot W_N^{k_0=0}\right]W_Q^{k_1=0}$$

再令

$$X_1'(k_0,n_0)=X_1(k_0,n_0)\cdot W_N^{k_0n_0}$$

表示将 $X_1(k_0,n_0)$ 乘一个旋转因子 $W_N^{k_0n_0}$,则得到

$$X(k_1,k_0)=\sum_{n_0=0}^{Q-1}X_1'(k_0,n_0)\cdot W_Q^{k_1n_0}$$

上式右边可写成

$$X_2(k_0,k_1)=\sum_{n_0=0}^{Q-1}X_1'(k_0,n_0)W_Q^{k_1n_0}$$

表示 k_0 为参数变量($0\leqslant k_0\leqslant P-1$)时,$n_0$ 与 k_1 变量的 Q 点的 DFT,即共有 P 个 Q 点的 DFT。这里 $X_2(k_0,k_1)$ 中的 (k_0,k_1) 是反序的,换言之,最后由 $X_2(k_0,k_1)$ 恢复成 $X(k)$ 时应为

$$X_2(k_0,k_1)=X_2(k_0+k_1P)$$

现以 $P=3,Q=4,N=12$ 为例,列出上述算法的五个步骤如下:

① 先将 $x(n)$ 通过 $x(n_1Q+n_0)$ 改写成 $x(n_1,n_0)$。因为 $Q=4$;$n_1=0,1,2$;$n_0=0,1,2,3$;故输入是按自然顺序的,即

$$\begin{array}{llll} X(0,0)=(0) & X(0,1)=(1) & X(0,2)=(2) & X(0,3)=(3) \\ X(1,0)=(4) & X(1,1)=(5) & X(1,2)=(6) & X(1,3)=(7) \\ X(2,0)=(8) & X(2,1)=(9) & X(2,2)=(10) & X(2,3)=(11) \end{array}$$

② 求 Q 个 P 点的 DFT,参变量是 n_0。因 $Q=4,P=3$,故有

$$X_1(k_0,n_0)=\sum_{n_1=0}^{2}x(n_1,n_0)W_3^{k_0n_1}\,,\quad k_0=0,1,2$$

③ $X_1(k_0,n_0)$ 乘以 $W_N^{k_0n_0}$ 得到 $X_1'(k_0,n_0)$。

④ 求 P 个 Q 点的 DFT,参变量是 k_0。

$$X_2(k_0,k_1)=\sum_{n_0=0}^{3}X_1'(k_0,n_0)W_4^{k_1n_0}\,,\quad k_1=0,1,2,3$$

⑤ 将 $X_2(k_0,k_1)$ 通过 $X(k_0+k_1P)$ 恢复为 $X(k)$,故

$$\begin{array}{llll} X_2(0,0)=X(0) & X_2(0,1)=X(3) & X_2(0,2)=X(6) & X_2(0,3)=X(9) \\ X_2(1,0)=X(1) & X_2(1,1)=X(4) & X_2(1,2)=X(7) & X_2(1,3)=X(10) \\ X_2(2,0)=X(2) & X_2(2,1)=X(5) & X_2(2,2)=X(8) & X_2(2,3)=X(11) \end{array}$$

按照上述五个步骤,可画出本例的全部流程图,如图 3-8 所示。

$n_1=$ \ $n_0=$	0	1	2	3
0	$x(0)$	$x(1)$	$x(2)$	$x(3)$
1	$x(4)$	$x(5)$	$x(6)$	$x(7)$
2	$x(8)$	$x(9)$	$x(10)$	$x(11)$

$k_0=$ 0	1	2	3
$x(0)$	$x(1)$	$x(2)$	$x(3)$
$x(4)$	$x(5)$	$x(6)$	$x(7)$
$x(8)$	$x(9)$	$x(10)$	$x(11)$

图 3-8　计算流程

由上可见,$N(P\cdot Q)$ 点的 DFT,可分为 Q 个 P 点 DFT 和 P 个 Q 点 DFT 来运算,但其中插上 $W_N^{k_0n_0}$ 的 N 次复数乘法的加权运算。下面来考察这一算法的计算量。

① 求 Q 个 P 点 DFT 需要 QP^2 次复数乘法和 $Q\cdot P\cdot(P-1)$ 次复数加法。

② 乘 N 个 $W_N^{k_0n_0}$ 因子需要 N 次复数乘法。

③ 求 P 个 Q 点 DFT 需要 PQ^2 次复数乘法和 $P\cdot Q(Q-1)$ 次复数加法。

因此,总的复数乘法量为 $QP^2+N+PQ^2=N(P+Q+1)$;总的复数加法量为 $Q\cdot P(P-1)+P\cdot Q\cdot(Q-1)=N(P+Q-2)$。而直接计算 N 点 DFT 的运算

量为 N^2 次复数乘法和 $N(N-1)$ 次复数加法。以 $N=667=23\times29$ 为例,用上述组合数的算法,乘法运算量是直接计算 DFT 的运算量的 $1/2$,加法运算量是 $1/13$。

当 N 为多个数的乘积 $N=P_1P_2P_3\cdots P_m$,混合基数表示法表达 k 和 n 同样可以减少运算量。先将 n 和 k 表示成

$$n=n_{m-1}(P_2P_3\cdots P_m)+n_{m-2}(P_3P_4\cdots P_m)+\cdots+n_1P_m+n_0$$
$$k=k_{m-1}(P_1P_2\cdots P_{m-1})+k_{m-2}(P_1P_2\cdots P_{m-2})+\cdots+k_1P_1+k_0$$

其中

$$n_i=0,1,2,\cdots,P_{m-i}-1,\quad 0\leqslant i\leqslant m-1$$
$$k_{i-1}=0,1,2,\cdots,P_i-1,\quad 1\leqslant i\leqslant m$$

现在把计算 DFT 的公式写成

$$X(k_{m-1},k_{m-2},\cdots,k_1,k_0)=\sum_{m_0=0}^{P_m-1}\sum_{m_1=0}^{P_{m-1}-1}\cdots\sum_{n_{m-1}=0}^{P_1-1}x(n_{m-1},n_{m-2},\cdots,n_0)\cdot W_N^{nk}$$

注意到因子

$$W_N^{nk}=W_N^{k[n_{m-1}(P_2P_3\cdots P_m)+n_{m-2}(P_3P_4\cdots P_m)+\cdots+n_1P_m+n_0]}$$

上式关于指数的第一项又可以展开为

$$W_N^{-kn_{m-1}(P_2P_3\cdots P_m)}=W_N^{[k_{m-1}(P_1P_2P_3\cdots P_{m-1})+\cdots+k_0][n_{m-1}(P_2P_3\cdots P_m)]}$$
$$=[W_N^{P_1P_2P_3\cdots P_m}]^{[k_{m-1}(P_2P_3\cdots P_{m-1})+\cdots+k_1]n_{m-1}}W_N^{k_0n_{m-1}(P_2P_3\cdots P_m)}$$

由于 $W_N^{P_1P_2P_3\cdots P_m}=W_N^N=1$,所以上式能够被简化成

$$W_N^{-kn_{m-1}(P_2P_3\cdots P_m)}=W_N^{k_0n_{m-1}(P_2P_3\cdots P_m)} \tag{3-10}$$

因此,式(3-10)可以写成

$$X(k_{m-1},k_{m-2},\cdots,k_1,k_0)$$
$$=\sum_{n_0=0}^{P_m-1}\sum_{n_1=0}^{P_{m-1}-1}\cdots\left[\sum_{n_{m-1}=0}^{P_1-1}x(n_{m-1},n_{m-2},\cdots,n_0)\cdot W_N^{k_0n_{m-1}(P_2P_3\cdots P_m)}\right]W^{k[n_{m-2}(P_3\cdots P_m)+\cdots+n_0]}$$

$$\tag{3-11}$$

上式中方括号内的和式是对所有 n_{m-1} 求得,而且它仅是变量 k_0 和 n_{m-2} 函数,因此,定义一个新的中间结果为

$$X_1(k_0,n_{m-2},\cdots,n_0)=\sum_{n_{m-1}=0}^{P_1-1}x(n_{m-1},\cdots,n_0)W_N^{k_0n_{m-1}(P_2\cdots P_m)} \tag{3-12}$$

这样,式(3-12)可以简

$$X(k_{m-1},k_{m-2},\cdots k_1,k_0)=\sum_{n_0=0}^{P_m-1}\sum_{n_1=0}^{P_{m-1}-1}\cdots\sum_{n_{m-2}=0}^{P_2-1}X_1(k_0,n_{N-2},\cdots,n_0)\cdot W_N^{k[n_{m-2}(P_3\cdots P_m)+\cdots+n_0]}$$

应用导出式(3-10)的类似方法,得到

$$W_N^{-kn_{m-2}(P_3P_4\cdots P_m)}=W_N^{(k_1P_1+k_0)n_{m-2}(P_3P_4\cdots P_m)}$$

把上式代入式(3-10)中,可以把内层的和式写成

$$X_i(k_0,k_1,\cdots,k_{i-1},n_{m-i-1},\cdots,n_0)$$

$$= \sum_{n_{m-i}=0}^{P_i-1} X_{i-1}(k_0,k_1,\cdots,k_{i-2},n_{m-i},\cdots,n_0)W_N^{[k_{i-1}(P_1P_2P_3\cdots P_{i-1})+\cdots+k_0]n_{m-1}(P_{i+1}\cdots P_m)}$$

其中 $i=1,2,\cdots,m$。

显然,最后的结果为

$$X(k_{m-1},\cdots,k_0)= X_m(k_0,\cdots,k_{m-1})$$

3. 2. 2 基 4 算法

由上述讨论可以看出,当 $N=P_1P_2\cdots P_m$ 时,共需进行 m 次递推变换运算。它们分别是 P_1、P_2、$\cdots$、P_m 点的离散变换,所以总的乘法运算大约为

$$N(P_1+P_2+\cdots+P_m)$$

当组合数 $N=P_1P_2P_3\cdots P_m$ 中所有的 P_i 均为 4 时,就是基 4 FFT 算法。以 $N=4^3$ 为例,可以将 n 和 k 表示成

$$n=4^2n_2+4n_1+n_0, \quad 0\leqslant n_i\leqslant 3, \ i=0,1,2$$

$$n=4^2k_2+4k_1+k_0, \quad 0\leqslant k_i\leqslant 3, \ i=0,1,2$$

由此得

$$X(k_2,k_1,k_0)= \sum_{n_0=0}^{3}\sum_{n_1=0}^{3}\sum_{n_2=0}^{3} x(n_2,n_1,n_0)W_{64}^{nk}$$

$$= \sum_{n_0=0}^{3}\sum_{n_1=0}^{3}\sum_{n_2=0}^{3} x(n_2,n_1,n_0)W_{64}^{(16n_2+4n_1+n_0)(16k_2+4k_1+k_0)}$$

$$= \sum_{n_0=0}^{3}\sum_{n_1=0}^{3}\sum_{n_2=0}^{3} x(n_2,n_1,n_0)W_4^{n_2k_0} W_{64}^{4n_1k_0} W_4^{n_1k_1} W_{64}^{n_0(4k_1+k_0)} W_4^{n_0k_2}$$

它的基本运算是 4 点 DFT,例如,第一级运算的一般形式为

$$X_1(k_0,n_1,n_0)= \sum_{n_2=0}^{3} x(n_2,n_1,n_0)W_4^{n_2k_0}, \quad 0\leqslant k_0\leqslant 3$$

用矩阵表示,有

$$\begin{bmatrix} X_1(0,n_1,n_0) \\ X_1(1,n_1,n_0) \\ X_1(2,n_1,n_0) \\ X_1(3,n_1,n_0) \end{bmatrix} = \begin{bmatrix} W_4^0 & W_4^0 & W_4^0 & W_4^0 \\ W_4^0 & W_4^1 & W_4^2 & W_4^3 \\ W_4^0 & W_4^2 & W_4^4 & W_4^6 \\ W_4^0 & W_4^3 & W_4^6 & W_4^9 \end{bmatrix} \begin{bmatrix} x(0,n_1,n_0) \\ x(1,n_1,n_0) \\ x(2,n_1,n_0) \\ x(3,n_1,n_0) \end{bmatrix}$$

$$= \begin{bmatrix} 1 & 1 & 1 & 1 \\ 1 & -j & -1 & j \\ 1 & -1 & 1 & -1 \\ 1 & j & -1 & -j \end{bmatrix} \begin{bmatrix} x(0,n_1,n_0) \\ x(1,n_1,n_0) \\ x(2,n_1,n_0) \\ x(3,n_1,n_0) \end{bmatrix}$$

从变换矩阵 W 看,4 点 DFT 运算乘法的乘数仅是 ± 1 或 $\pm j$,并不需要乘法运算,因而基 4 FFT 算法中所需要的只是级间旋转因子的复数乘法,每一级需要 N 次乘法,如果 $N=4^m$,则共有 m 级,而最后一级不需乘旋转因子,于是总的乘法数量为 $N(m-1)$。以 $N=1024$ 为例,基 2FFT 需要 5120 次复乘,而基 4 FFT 仅需要 4096 次复乘,比基 2 FFT 的乘法次数更少。

3.3　线性调频 z 变换

3.3.1　问题的提出

一个有限长度序列 $x(n)$ 的 z 变换为

$$X(z)=\sum_{n=0}^{N-1} x(n)z^{-n}$$

假如这个 z 变换是 $z=\mathrm{e}^{\mathrm{j}\left(\frac{2\pi}{N}\right)k}$ 的单位圆上采样,这就是 $x(n)$ 的 DFT,即

$$X(k)=X(z)\big|_{z=\mathrm{e}^{\mathrm{j}\left(\frac{2\pi}{N}\right)k}}$$

也可以在 z 平面上更一般的周线上求 z 变换值,例如在下式表达的 z_k 的各点上求 z 变换值,即

$$Z_k=AW^{-k} \quad k=0,1,\cdots,M-1$$

这里 M 可以是任意的整数(不需要与 N 相等),而 A 为起始点位置,这个位置可以进一步用它的半径 A_0 和相角 θ_0 来表示

$$A=A_0\mathrm{e}^{\mathrm{j}\theta_0}$$

参数 W 可表达为

$$W=W_0\,\mathrm{e}^{-\mathrm{j}\varphi_0}$$

式中,W_0 为螺旋线的伸展率;$W_0>1$,螺旋线逆时针内旋;$W_0<1$ 螺旋线逆时针方向外旋。φ_0 为螺旋线上采样点之间的等分角。螺旋线在 z 平面的分布及各参数的意义如图 3-9 所示。

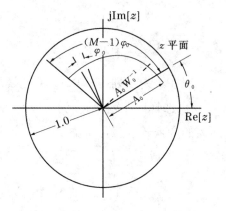

图 3-9　螺旋线采样

3.3.2　CZT 的定义

z 变换在这些采样点上的值为

$$X(z_k)=\sum_{n=0}^{N-1} x(n)z_k^{-n}, \quad k=0,1,\cdots,M-1$$

将 $z_k=AW^{-k}$ 代入,则得

$$X(z_k) = \sum_{n=0}^{N=1} x(n) A^{-n} W^{nk}, \quad k=0,1,\cdots,M-1$$

用下列关系式来表达 nk

$$nk = \frac{1}{2}\left[k^2 + n^2 - (k-n)^2\right]$$

可得

$$x(z_k) = W^{\frac{k^2}{2}} \sum_{n=0}^{N=1} x(n) A^{-n} W^{\frac{n^2}{2}} W^{-\frac{(k-n)^2}{2}} = W^{\frac{k^2}{2}} \sum_{n=0}^{N=1} g(n) h(k-n)$$

式中 $g(n) = x(n) A^{-n} W^{\frac{n^2}{2}}$，$h(n) = W^{-\frac{n^2}{2}}$。

由于 z_k 点上的 z 变换值 $X(z_k)$ 可以通过求 $g(n)$ 与 $h(n)$ 的线性卷积值并乘上 $W^{\frac{k^2}{2}}$ 得到。这里 $g(n)$ 与 $h(n)$ 的线性卷积可以用 FFT 的方法求得，这个过程可用图 3-10 来表示。由于 $g(n)$ 可看成一个具有二次相位的复指数信号，而这种信号在雷达系统中称为 Chirp 信号，故将这种变换称为 Chirp-z 变换（简称 CZT）。

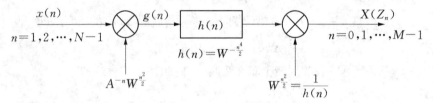

图 3-10　CZT 计算流程

3.3.3　CZT 的计算

现在进一步列出计算 CZT 变换的几个步骤：

① 选择一序列，长度为 $L \geqslant N+M-1$，这个 L 是求离散线性卷积不出现混叠所需的变换长度。可选 L 为一个合成数以适合 FFT。

② 构成一个 L 点序列 $g(n)$

$$g(n) = \begin{cases} A^{-n} W^{\frac{n^2}{2}} x(n), & n=0,1,2,\cdots,N-1 \\ 0, & n=N,N+1,\cdots,L-1 \end{cases}$$

③ 计算 $g(n)$ 的 L 点 DFT，可以使用 FFT 算法求得 $G(r)$。

④ 定义一个 L 点序列 $\tilde{h}(n) = \begin{cases} W^{-\frac{n^2}{2}}, & 0 \leqslant n \leqslant M-1 \\ W^{-\frac{(L-n)^2}{2}}, & L-N+1 \leqslant n \leqslant N \\ \text{任意值}, & \text{其他} \end{cases}$

由于 $h(n)$ 的取值是从 $n=-(N-1) \sim (M-1)$（相对于 $k=0 \sim M-1$），是一非因果序列。对 $h(n)$ 以 L 为周期作周期延拓，再取其主值序列得 $\tilde{h}(n)$。

⑤ 计算 L 点 $\tilde{h}(n)$ 的 DFT,同样可以用 FFT 算法,求得 $H(r)$。

⑥ 计算 $G(r) \cdot H(r)$,得:

$$Y(r) = G(r) \cdot H(r)$$

⑦ 计算 $Y(r)$ 的 L 点 IDFT,可得 $y(k)$,在下一节中将讨论 IDFT 也可用 FFT 计算。

⑧ 把 $y(k)$ 中的前 M 点乘上 $W^{\frac{k^2}{2}}$ 就得出 $X(z_k) = W^{\frac{k^2}{2}} y(k)$。

下面比较这一算法与直接计算的运算量:

其④、⑤两步可以事先计算好,不必在实时分析时计算。因此,以上计算包括②、⑧两个加权共计 $(N+M)$ 次复乘,第③步的 L 点 FFT 与第⑦步的 L 点 IDFT 需要 $L\log_2 L$ 次乘,第⑥步计算 $Y(r)$ 需要 L 乘.因此,所总乘数为

$$N+M+L+L\log_2 L$$

直接计算的乘法数量为 $N \cdot M$,当 N 及 M 都较大时,FFT 算法的 CTZ 的运算量比 z 变换直接算法的运算量要少得多。

CTZ 变换与离散傅里叶变换相比,有以下几个特点:

① 输入序列长度 N 及输出序列长度 M 不需要相等,即 $M \neq N$。

② N 及 M 不必是合成数,即使两者都是素数也可以。

③ z_k 点的间隔不必是均匀等间隔分布,这样就可以得到任意的频率分辨率。

④ 不一定在 z 平面的单位圆上求 z_k。例如,在语言信号处理中,往往需要知道其 z 变换的极点所在频率,如果极点位置离单位圆较远时,采样点 z_k 可以沿一条接近这些极点的螺旋线。

⑤ 起始点的选择可以是任意的,因此便于从任意频率上,对输入数据进行窄带的高分辨率的分析。

⑥ 当 $A=$,$M=N$,$W = \mathrm{e}^{-\mathrm{j}\frac{2\pi}{N}}$ 时,利用 Chirp-z 变换,可以求得 $x(n)$ 的 DFTX (k),即使 N 是一个素数也可以。

本章小结

本章首先讨论了基 2 时间抽取和频率抽取快速实现算法,其方法是将大点数的 DFT 分解为小点数的 DFT 运算,要求序列的长度 N 为 2 的整次幂。对于时间抽取基 2FFT,从时域将 N 点序列按奇偶项分解为两组,分别计算两组 N/2 点 DFT,然后再合成一个 N 点 DFT,按此方法继续下去,直到 2 点 DFT,从而减少运算量。频率抽取法将输入序列按前后对半分开,这样可将 N 点 DFT 写成前后两部分,将该序列的频域的输出序列 X(k) 按其频域顺序的奇偶分解为 N/2 点子序列,按频率抽取的 FFT 算法,也称为 Sander-Tukey 算法。

然后本章讨论了 N 为任意复合数的算法,包括 N 为组合数和基 4 FFT 算法。

本章最后讨论了 Chirp-z 算法。Chirp-z 算法中 z 变换采用螺线抽样,可计算单位圆上任一段曲线的 z 变换,适用于更一般情况下(M 不等于 N)由 $x(n)$ 求 $X(z)$ 的快速算法,达到频域细化的目的。与标准 FFT 算法相比,CZT 算法有以下特点:(1) 输入序列长度 N 及输出序列长度 M 不需要相等,且 N 及 M 不必是高度合成数,二者均可为素数。(2) Z_k 的角间隔是任意的,说明其频率分辨率也是任意可控的,角间隔小,分辨率高,反之,分辨率低。(3) 周线不必是 z 平面上的圆,在语音分析中螺旋周线具有某些优点。(4) 由于起始点 z_0 可任意选定,因此可以从任意频率上开始对输入数据进行窄带高分辨率的分析。总之,Chirp-z 算法比 DFT 算法更灵活。

习题 3

1. 推导并画出 16 点时间抽取基 2 FFT 算法。

2. 已知 5 点序列 $x(n)$ 和 8 点序列 $h(n)$ 的线性卷积为 $y(n)$,试分析通过以下几种方法求解 $y(n)$ 时所零的实数乘法数(不考虑 ±1 和 ±j 的乘法数)。

(1) 直接计算线性卷积;

(2) 计算一次循环卷积;

(3) 基 2 FFT。

3. 已知实序列 $x(n)$ 和 $y(n)$ 的 N 点 DFT 分别是 $X(k)$ 和 $Y(k)$,希望从 $X(k)$ 和 $Y(k)$ 中求解 $x(n)$ 和 $y(n)$,为了提高运算效率,试设计一种用一次 IFFT 求解 $x(n)$ 和 $y(n)$ 的算法。

4. N 点序列的 DFT 可写成矩阵形式 $\boldsymbol{X}=\boldsymbol{W}_N\boldsymbol{E}_N\boldsymbol{x}$，其中 $\boldsymbol{X}$ 和 $\boldsymbol{x}$ 是 $N\times1$ 按正常顺序排列的向量，$\boldsymbol{W}_N$ 为旋转因子矩阵，$\boldsymbol{E}_N$ 是 $N\times N$ 矩阵，用以实现对 $\boldsymbol{x}$ 的码位倒置，其元素为 0 或 1。

(1) 写出 $N=8$ 时基 2FFT 时的 $\boldsymbol{E}_N$；

(2) 基 2FFT 算法实际上是实现对矩阵 $\boldsymbol{W}_N$ 的分解，$N=8$ 时 $\boldsymbol{W}_N$ 可分解为三个 $N\times N$ 矩阵的乘积，每个矩阵对应一级运算，即

$$\boldsymbol{W}_N=\boldsymbol{W}_{8T}\boldsymbol{W}_{4T}\boldsymbol{W}_{2T}$$

试根据基 2FFT 的图 3-4 写出 $\boldsymbol{W}_{8T}$、$\boldsymbol{W}_{4T}$ 和 $\boldsymbol{W}_{2T}$。

5. 试分析影响 FFT 变换速率的因素有哪些？怎样才能提高 FFT 的变换速率？

6. 简述如何计算 IFFT。

7. 一个数字频谱分析系统采用 FFT 对连续带限信号 $x(t)$ 进行频谱分析，系统的采样频率为固定参数。设该系统所能分析的信号最高频率为 50 kHz，抽样一帧数据的点数为 2 的整次幂，试解答以下问题。

(1) 试确定系统的采样频率；

(2) 若该系统的频谱分辨率为 50 Hz，最小的记录时间和最少的分析点数分别为多少？

(3) 若将系统的采样频率提高一倍，能否改善系统的频率分辨率？为什么？

8. 给定信号 $x(t)=\sum\limits_{i=1}^{3}\sin(2\pi f_i t)$，其中 $f_1=10.8$ Hz，$f_2=11.75$ Hz，$f_3=12.25$ Hz，令 $f_s=40$ Hz，对 $x(t)$ 抽样后得 $x(n)$，令 $N=64$。

(1) 求 $x(n)$ 的 N 点 DFT，以及补 $3N$、$7N$、$15N$ 个零后的 DFT，观察补零的效果；

(2) 调用 MATLAB 中的文件 czt.m，按如下两组参数赋值：

参数 1：$f_s=40$ Hz，$N=64$，$M=50$，$f_0=9$ Hz，$\Delta f=0.2$ Hz；

参数 2：$f_s=40$ Hz，$N=64$，$M=60$，$f_0=8$ Hz，$\Delta f=0.12$ Hz。

分别求 $X(k)$，$k=0,1,\cdots,M-1$，画出幅度谱，并和(1)的结果比较。

离散时间系统的网络结构

本章要点

本章主要讨论 IIR 和 FIR 系统的数字滤波器结构。其中 IIR 数字滤波器结构包括直接型、级联型和并联型结构;FIR 数字滤波器结构包括直接型(横截型)、级联型、线性相位型和频率抽样型。主要内容:

◇ 掌握线性相位 FIR 系统的基本原理;

◇ 理解数字滤波器方框图和信号流图的基本概念和作用;

◇ 掌握方框图、流图和系统函数及差分方程之间的互相转换;

◇ 掌握 IIR 和 FIR 系统各种流图的结构及其特点。

描述一个线性移不变(LSI)离散时间系统输入输出关系的是常系数线性差分方程

$$y(n) = -\sum_{k=1}^{N} a(k)y(n-k) + \sum_{r=0}^{M} b(r)x(n-r) \tag{4-1}$$

相应的系统函数为

$$H(z) = \frac{\sum\limits_{r=0}^{M} b(r)z^{-r}}{1 + \sum\limits_{k=1}^{N} a(k)z^{-k}} \tag{4-2}$$

由上式可以看出,实现一个离散时间系统需要三种基本运算单元:加法器、乘法器和延时单元。对于式(4-2)的算式,可以化成不同的计算形式,如直接计算、分解为多个有理函数相加、分解为多个有理函数相乘,等等,例

$$H(z) = \frac{1}{1 - 0.8z^{-1} + 0.15z^{-2}},$$

$$H_1(z) = \frac{2.5}{1 - 0.5z^{-1}} - \frac{1.5}{1 - 0.32z^{-1}},$$

$$H_2(z) = \frac{1}{1 - 0.3z^{-1}} \cdot \frac{1}{1 - 0.5z^{-1}},$$

$$H(z) = H_1(z) = H_2(z),$$

系统函数可表示为有理式和或积的形式。不同的计算形式也就表现出不同的计算结构(网络结构),而不同的计算结构可能会带来不同的效果,或者是实现简单,编程方便,或者是计算精度较高等等。

表示滤波器结构的方法有两种——方框图和信号流图,对应一个离散时间系统的计算结构也有相应的两种表示法。

本章在介绍 FIR 系统线性相位概念和特点基础上,重点讨论 IIR 系统和 FIR 系统的各种信号流图结构及其特点。

4.1　FIR 系统的线性相位

4.1.1　线性相位

系统的频率特性包括幅频特性和相频特性。幅频特性反映了信号通过系统后各频率成分衰减情况;相频特性反映了信号的各频率成分经过系统后在时间上发生的位移情况。很多场合下,一个理想的离散时间系统(滤波器)除了具有希望的幅频特性外(如低通、高通、带通和带阻等),最好具有线性相位。所谓的线性相位指系统的相频特性是频率的线性函数,即

$$\arg[H(e^{j\omega})] = -k\omega + \varphi \tag{4-3}$$

下面分析线性相位对输入输出的影响:现假设系统的幅频特性为 1,考虑信号经过线性相位系统后的输出。若系统输入序列为 $x(n)$,输出序列为 $y(n)$,根据线性系统理论,输出序列等于输入序列与系统单位脉冲响应的卷积,输出信号的频谱为输入信号的频谱与系统频率响应的乘积,即

$$Y(e^{j\omega}) = H(e^{j\omega})X(e^{j\omega}) = e^{-jk\omega}X(e^{j\omega}) \tag{4-4}$$

由离散时间信号的傅里叶变换性质可知输出序列为

$$y(n) = x(n-k) \tag{4-5}$$

此式说明,输出序列 $y(n)$ 等于输入序列为 $x(n)$ 在时间上移位。结论是:当系统具有线性相位时,传输无失真(这里指的是相位失真)。

【例 4-1】　设有输入序列 $x(n) = \sin(\omega_1 n) + \sin(\omega_2 n)$,其中 $\omega_1 = 0.3\pi$,$\omega_2 = 0.7\pi$,经系统传输,① 令 $|H(e^{j\omega})| = 1$,$\arg[H(e^{j\omega})] = -3\omega$,② 令 $|H(e^{j\omega})| = 1$,$\arg[H(e^{j\omega})] = \begin{cases} 0.5\pi, & 0 \leqslant \omega \leqslant 0.5\pi, \\ 0.8\pi, & 0.5\pi < \omega \leqslant \pi, \end{cases}$ 输入输出波形如图 4-1 所示。

从图中可以看出:

① 当系统具有线性相位时,输出相对于输入,只是在时间上平移了 3 个单位。

② 当系统不具有线性相位,则输出相对于输入产生了明显的失真。

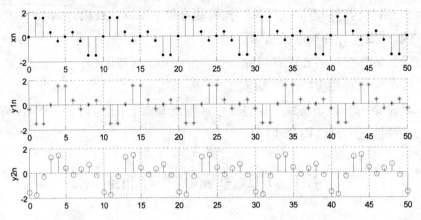

图 4-1　系统的相频特性对输入输出的影响

线性相位也可以用群延迟来表示,定义系统的群延迟

$$\tau_g(\omega) = -\frac{\mathrm{d}\varphi(\omega)}{\omega} \tag{4-6}$$

结论:线性相位系统的群延迟为一常数。

4.1.2　线性相位 FIR 系统的条件及零点分析

1. 线性相位条件

数字滤波器有 IIR 和 FIR 两种,由于 IIR 系统的单位采样响应 $h(n)$ 无限长,很难实现线性相位;反之,由于 FIR 系统的单位脉冲响应 $h(n)$ 有限长,容易实现某种对称性,从而获得线性相位。

对于 FIR 系统,当单位脉冲响应 $h(n)$ 满足

$$h(n) = \pm h(N-1-n) \tag{4-7}$$

该系统具有线性相位。满足式(4-7)条件的 $h(n)$ 可分为四种情况,如图4-2所示。

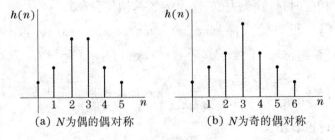

(a) N 为偶的偶对称　　　　(b) N 为奇的偶对称

下面分别说明四种情况下的 FIR 系统的幅频特性和相频特性。

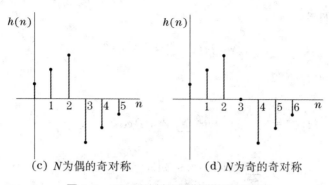

（c）N为偶的奇对称　　　　　（d）N为奇的奇对称

图 4-2　FIR 系统单位采样响应的对称性

（1）$h(n)=\pm h(N-n-1)$，且 N 为奇数

FIR 系统的系统函数 $H(z)$ 为

$$H(z)=\sum_{n=0}^{N-1}h(n)z^{-n}$$

$$=\sum_{n=0}^{\frac{N-3}{2}}h(n)z^{-n}+h\Big(\frac{N-1}{2}\Big)z^{-\left(\frac{N-1}{2}\right)}+\sum_{n=\frac{N+1}{2}}^{N-1}h(n)z^{-n} \qquad (4-8)$$

将线性相位条件式（4-7）代入式（4-8）的第三项，得

$$H(z)=\sum_{n=0}^{\frac{N-3}{2}}h(n)z^{-n}+h\Big(\frac{N-1}{2}\Big)z^{-\left(\frac{N-1}{2}\right)}\pm\sum_{n=\frac{N+1}{2}}^{N-1}h(N-n-1)z^{-n} \quad (4-9)$$

令上式右边第三项中 $N-n-1=m$，得到

$$H(z)=\sum_{n=0}^{\frac{N-3}{2}}h(n)z^{-n}+h\Big(\frac{N-1}{2}\Big)z^{-\left(\frac{N-1}{2}\right)}\pm\sum_{m=0}^{\frac{N-3}{2}}h(m)z^{-(N-m-1)} \quad (4-10)$$

用 n 重新替换 m，得

$$H(z)=\sum_{n=0}^{\frac{N-3}{2}}h(n)(z^{-n}\pm z^{-(N-n-1)})+h\Big(\frac{N-1}{2}\Big)z^{-\left(\frac{N-1}{2}\right)} \qquad (4-11)$$

令 $z=\mathrm{e}^{\mathrm{j}\omega}$，系统的频率响应为

$$H(\mathrm{e}^{\mathrm{j}\omega})=\sum_{n=0}^{\frac{N-3}{2}}h(n)\big[\mathrm{e}^{-\mathrm{j}\omega n}\pm\mathrm{e}^{-\mathrm{j}\omega(N-1-n)}\big]+h\Big(\frac{N-1}{2}\Big)\mathrm{e}^{-\mathrm{j}\omega\left(\frac{N-1}{2}\right)}$$

$$=\mathrm{e}^{-\mathrm{j}\omega\left(\frac{N-1}{2}\right)}\left\{\sum_{n=0}^{\frac{N-3}{2}}h(n)(\mathrm{e}^{-\mathrm{j}\omega\left(n-\frac{N-1}{2}\right)}\pm\mathrm{e}^{-\mathrm{j}\omega\left(n-\frac{N-1}{2}\right)})+h\Big(\frac{N-1}{2}\Big)\right\}$$

$$\qquad (4-12)$$

① 偶对称，即 $\pm$ 取 $+$ 时，根据欧拉公式

$$H(\mathrm{e}^{\mathrm{j}\omega})=\mathrm{e}^{-\mathrm{j}\omega\left(\frac{N-1}{2}\right)}\left\{\sum_{n=0}^{\frac{N-3}{2}}2h(n)\cos\Big[\omega\Big(n-\frac{N-1}{2}\Big)\Big]+h\Big(\frac{N-1}{2}\Big)\right\} \quad (4-13)$$

系统的相频特性为

$$\arg[H(e^{j\omega})]=-\frac{N-1}{2}\omega \tag{4-14}$$

系统的幅度特性为

$$H(\omega)=h\left(\frac{N-1}{2}\right)+\sum_{n=0}^{\frac{N-3}{2}}2h(n)\cos\left[\omega\left(n-\frac{N-1}{2}\right)\right]$$

$$=\sum_{n=0}^{(N-1)/2}2h(n)\cos\left[\omega\left(n-\frac{N-1}{2}\right)\right] \tag{4-15}$$

② 奇对称,即 ± 取 − 时,根据欧拉公式

$$H(e^{j\omega})=e^{\frac{\pi}{2}-j\omega\left(n-\frac{N-1}{2}\right)}\left\{\sum_{n=0}^{\frac{N-3}{2}}2h(n)\sin\left[\omega\left(n-\frac{N-1}{2}\right)\right]+h\left(\frac{N-1}{2}\right)\right\} \tag{4-16}$$

系统的相频特性为

$$\arg[H(e^{j\omega})]=\frac{\pi}{2}-\frac{N-1}{2}\omega \tag{4-17}$$

系统的幅度特性为

$$H(\omega)=h\left(\frac{N-1}{2}\right)+\sum_{n=0}^{\frac{N-3}{2}}2h(n)\sin\left[\omega\left(n-\frac{N-1}{2}\right)\right] \tag{4-18}$$

(2) $h(n)=\pm h(N-n-1)$,且 N 为偶数

类似于(1) 的推导过程,系统的传输函数 $H(z)$ 为

$$H(z)=\sum_{n=0}^{N-1}h(n)z^{-n}=\sum_{n=0}^{\frac{N}{2}-1}h(n)z^{-n}+\sum_{n=\frac{N}{2}}^{N-1}h(n)z^{-n}$$

$$=\sum_{n=0}^{\frac{N}{2}-1}h(n)z^{-n}\pm\sum_{n=\frac{N}{2}}^{N-1}h(N-1-n)z^{-n}$$

$$=\sum_{n=0}^{\frac{N}{2}-1}h(n)z^{-n}\pm\sum_{n=0}^{\frac{N}{2}-1}h(n)z^{-(N-1-n)}$$

$$=\sum_{n=0}^{\frac{N}{2}-1}h(n)\left[z^{-n}\pm z^{-(N-1-n)}\right] \tag{4-19}$$

令 $z=e^{j\omega}$,该系统的频率响应为

$$H(e^{j\omega})=e^{-j\frac{N-1}{2}}\sum_{n=0}^{\frac{N}{2}-1}h(n)\left[e^{j\left[-n+\frac{N-1}{2}\right]\omega}\pm e^{-j\left(-n+\frac{N-1}{2}\right)\omega}\right] \tag{4-20}$$

① 偶对称,即 ± 取 + 时,根据欧拉公式

$$H(e^{j\omega})=e^{-j\frac{N-1}{2}\omega}\sum_{n=0}^{\frac{N}{2}-1}2h(n)\cos\left[\left(-n+\frac{N-1}{2}\right)\omega\right] \tag{4-21}$$

系统的相频特性为

$$\arg[H(\mathrm{e}^{\mathrm{j}\omega})] = -\frac{N-1}{2}\omega \tag{4-22}$$

系统的幅度特性为

$$H(\omega) = \sum_{n=0}^{\frac{N}{2}-1} 2h(n)\cos\left[\left(-n+\frac{N-1}{2}\right)\omega\right] \tag{4-23}$$

② 奇对称,即±取一时,根据欧拉公式

$$H(\mathrm{e}^{\mathrm{j}\omega}) = \mathrm{e}^{\frac{\pi}{2}-\mathrm{j}\frac{N-1}{2}\omega} \sum_{n=0}^{\frac{N}{2}-1} 2h(n)\sin\left[\left(-n+\frac{N-1}{2}\right)\omega\right] \tag{4-24}$$

系统的相频特性为

$$\arg[H(\mathrm{e}^{\mathrm{j}\omega})] = \frac{\pi}{2} - \frac{N-1}{2}\omega \tag{4-25}$$

系统的幅度特性为

$$H(\omega) = \sum_{n=0}^{\frac{N}{2}-1} 2h(n)\sin\left[\left(-n+\frac{N-1}{2}\right)\omega\right] \tag{4-26}$$

通过以上分析可知,当 FIR 数字滤波器的单位脉冲响应满足对称性时,该滤波器具有线性相位。其中,当 $h(n)$ 为奇对称时,通过滤波器的所有频率分量将产生的 90° 相移。另外,相位特性只取决于 $h(n)$ 的对称性,而与 $h(n)$ 的值无关;幅度特性取决于 $h(n)$ 及 N。所以,设计 FIR 数字滤波器时,在保证 $h(n)$ 对称性条件下,只要完成幅度特性的逼近即可。说明:

① 偶对称的幅频特性为余弦函数,在 $\omega=0$ 处易取得最大值,因此这一类滤波器易实现低通特性。通过频率移位,又可实现高通、带通、带阻特性。所以,经典的低通、高通、带通和带阻滤波器单位采样响应均是偶对称。

② 奇对称的幅频特性为正弦函数,在 $\omega=0$ 处的值为零,这一类滤波器通常用作特殊形式的滤波器,如 Hilbert 变换器、差分器等。

2. 幅度函数的特点

利用 $h(n)$ 的对称性可知

$$\begin{aligned}
H(z) &= \sum_{n=0}^{N-1} h(n)z^{-n} = \pm\sum_{n=0}^{N-1} h(N-1-n)z^{-n} \\
&\xrightarrow{m=N-1-n} \pm z^{-N+1}\sum_{m=0}^{N-1} h(m)z^{m} \\
&= \pm z^{-N+1}\sum_{n=0}^{N-1} h(n)(z^{-1})^{-n} \\
&= \pm z^{-N+1}H(z^{-1}) \tag{4-27}
\end{aligned}$$

其中+表示偶对称,一表示奇对称。$H(z)=\pm z^{-(N-1)}H(z^{-1})$ 称 $H(z)$ 的镜像对称多项式(MIP)。下面通过分析 MIP 在 $z=1$ 或 $z=-1$ 处幅度特性的特点,说明四类线性相位 FIR 系统的应用场合。

第一类 FIR 系统:$h(n)=h(N-n-1)$,且 N 为奇数。

$H(1)=H(1)$,$H(-1)=H(-1)$,即 $Z=-1$ 和 1(或零点和 π 点)都能保证式成立,π 点相当模拟频率 $f_s/2$,或者说模拟频率的最高频(高频端)。因此,此类 FIR 数字滤波器可灵活设置低通、高通、带通和带通滤波器。

第二类 FIR 系统:$h(n)=h(N-n-1)$,且 N 为偶数。

$H(1)=H(1)$,$H(-1)=-H(-1)$,即 π 点一定是幅度函数的零点,以保证对称性成立。π 点是零点说明高端不通,所以这类 FIR 系统只能做低通和带通,不能设计高通和带阻滤波器。

第三类 FIR 系统:$h(n)=-h(N-n-1)$,且 N 为奇数。

$H(1)=-H(1)$,$H(-1)=-H(-1)$,所以零频和 π 频处均为奇对称必须,即零频和 π 频处 $H(\omega)$ 都必须是零点,以保证对称性。所以这类 FIR 系统只能做带通。

第四类 FIR 系统:$h(n)=-h(N-n-1)$,且 N 为偶数。

$H(1)=-H(1)$,$H(-1)=H(-1)$,即零频处奇对称,π 点偶对称。所以这类 FIR 系统只能做高通和带通滤波器。

> 小结:线性相位滤波器是 FIR 滤波器中最重要的一种,应用最广。实际使用时应根据需要选择其合适类型,并在设计时遵循其约束条件。

3. 零点分析

由式(4-27)容易看出,$H(z^{-1})$ 的零点也是 $H(z)$ 的零点,即若 z_0 是 $H(z)$ 的零点,则 z_0^{-1} 是 $H(z)$ 的零点,若系统的单位采样响应为实序列,则复零点一定共轭出现,因此,z_0^* 及 $(z_0^*)^{-1}$ 均是 $H(z)$ 的零点。设 $H(z)$ 的一个零点为 $z_k=r_k\mathrm{e}^{\mathrm{j}\varphi_k}$,当幅值和相角处在不同位置时,零点分布有四种情况,如图 4-3 所示。

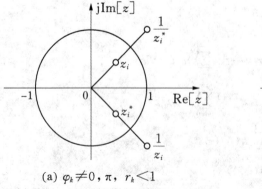

(a) $\varphi_k\neq0,\pi$,$r_k<1$

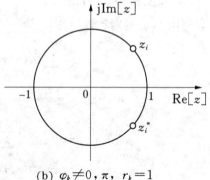

(b) $\varphi_k\neq0,\pi$,$r_k=1$

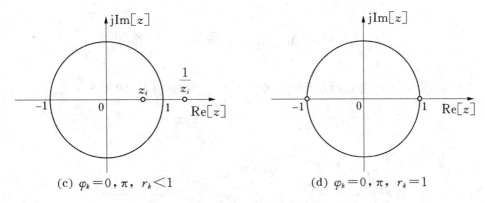

(c) $\varphi_k=0,\pi,\ r_k<1$　　　　(d) $\varphi_k=0,\pi,\ r_k=1$

图 4-3　线性相位 FIR 系统四种零点分布

通过以上分析可知,一个具有线性相位的 FIR 系统,其转移函数可表示为上述四种情况的级联,即

$$H(z)=\underbrace{\left[\prod_{k}H_{\mathrm{k}}(z)\right]}_{①:4\,\mathrm{order}}\underbrace{\left[\prod_{m}H_{\mathrm{m}}(z)\right]}_{②:2\,\mathrm{order}}\underbrace{\left[\prod_{l}H_{\mathrm{l}}(z)\right]}_{③:2\,\mathrm{order}}\underbrace{\left[\prod_{n}H_{\mathrm{n}}(z)\right]}_{④:1\,\mathrm{order}} \tag{4-28}$$

上述子传输函数分别对应四种情况下的一阶、二阶和四阶子系统。由于其均具有对称的系数,它们均为线性相位子系统。为实现某一相位 FIR 系统,其系统函数 $H(z)$ 可由四种线性相位系统级联形成,为实现 $H(z)$ 提供了方便,各种情况下的零点位置如图 4-4 所示。

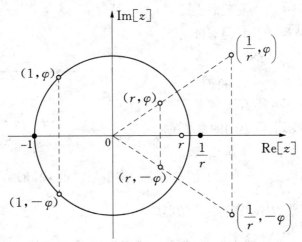

图 4-4　线性相位 FIR 系统零点位置示意图

4.2　IIR系统的信号流图与结构

加法器、乘法器和延时单元的方框图和信号流图结构如图4-5所示。

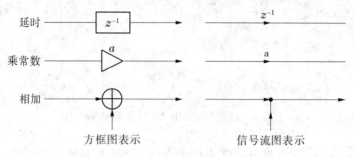

图4-5　三种基本运算的方框图和流图表示

相对于方框图,信号流图更简便,下面主要讨论信号流图结构。在信号流图结构中,延迟单元和乘系数 a 一般作为支路增益写在支路箭头的旁边,箭头表示信号流动的方向,加法器用两支路汇聚一个圆点表示。

不同信号流图代表不同运算方法,而同一个系统函数可以有很多种信号流图对应。从基本运算考虑,满足以下条件,称为基本信号流图。

① 信号流图所有支路的增益为常数或 z^{-1};

② 流图环路中必须有延时支路;

③ 节点和支路的数目是有限的。

【例4-2】　差分方程

$$y(n)=ay(n-1)+x(n)$$

的信号流图如图4-6所示。

运算结构的不同将影响的系统的精度、误差、稳定性及运算速度等性能。IIR与FIR在结构上各有自己不同的特点。本节只讨论IIR的结构。

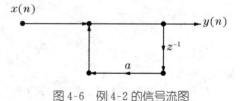

图4-6　例4-2的信号流图

4.2.1　IIR系统的直接型结构

IIR数字滤波器的结构特点:存在反馈环路,递归型结构。同一系统函数,有各种不同的结构形式。基本结构有三种,直接型、级联型和并联型。

由IIR系统的差分方程式(4-2)所得的网络结构如图4-7(a)所示。此流图中包括 $M+N$ 个延时单元。通过适当变换可以减少延时单元。令

$$H_1(z)=\sum_{r=0}^{M}b(r)z^{-r}, \quad H_2(z)=\frac{1}{1+\sum_{k=1}^{N}a(k)z^{-k}},$$

则 $H(z)=H_1(z)H_2(z)$。$H_1(z)$ 和 $H_2(z)$ 对应的差分方程分别为

$$w(n)=\sum_{r=0}^{M}b(r)x(n-r) \tag{4-29}$$

$$y(n)=-\sum_{k=1}^{N}a(k)y(n-k)+w(n) \tag{4-30}$$

对应的信号流图分别如图 4-7(b)所示,该流图中节点变量相同,因此,前后的延时支路可以合并,形成如图 4-7(c)所示的信号流图,此信号流图称为 IIR 数字滤波器的直接型结构。

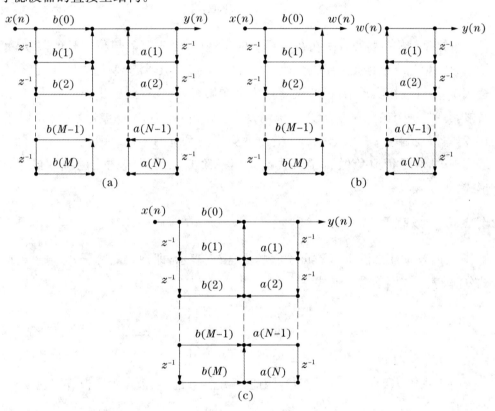

图 4-7 IIR 数字滤波器的直接型结构

【例 4-3】 已知描述一个 IIR 系统的系统函数为

$$H(z)=\frac{4z^3-2.83z^2+z}{(z^2+2.5z+1)(z+0.7)},$$

试画出该系统直接实现的信号流图。

解: 系统函数可化为

$$H(z)=\frac{Y(z)}{X(z)}=\frac{4z^3-2.83z^2+z}{(z^2+2.5z+1)(z+0.7)}=\frac{4z^3-2.83z^2+z}{z^3+3.2z^2+2.75z+0.7}$$

$$=\frac{4-2.83z^{-1}+z^{-2}}{1+3.2z^{-1}+2.75z^{-2}+0.7z^{-3}}$$

系统的信号流图 4-8 所示。

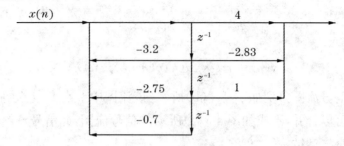

图 4-8 例 4-3 系统的直接型结构

直接型结构的特点：① 在数字系统的实现中，由于存贮单位字长的限制，每个系数的量化均会存在一定的量化误差，同时，乘法的运算会使位数增加，也存在舍入误差，在直接实现中，这些误差均为存在累积效应，以致输出误差偏大，这是直接实现的一个最大缺点。② 系统函数的系统 $a(i)$、$b(i)$ 对滤波器性能控制不直接，对零极控制难，一个 $a(i)$、$b(i)$ 的改变会影响系统的零极。因此，在实际的系统实现中，应尽量避免做直接形式而采用一阶或二阶系统构成的级联或并联形式。

4.2.2 级联型(串联)结构

一个 N 阶 IIR 系统函数可用它的零、极点表示，即把它的分子、分母进行因式分解，表达成因子乘积形式

$$H(z)=\frac{\sum\limits_{r=0}^{M}b(r)z^{-r}}{1+\sum\limits_{k=1}^{N}a(k)z^{-k}}=A\frac{\prod\limits_{i=1}^{M}(1-c_iz^{-1})}{\prod\limits_{j=1}^{N}(1-d_jz^{-1})} \tag{4-31}$$

由于系数 $a(k)$、$b(r)$ 都是实数，因此，系统函数的零、极点为实根或共轭复根，所以有

$$H(z)=A\frac{\prod\limits_{i=1}^{M_1}(1-g_iz^{-1})\prod\limits_{i=1}^{M_2}(1-h_iz^{-1})(1-h_i^*z^{-1})}{\prod\limits_{j=1}^{N_1}(1-p_jz^{-1})\prod\limits_{j=1}^{N_2}(1-q_jz^{-1})(1-q_j^*z^{-1})} \tag{4-32}$$

将共轭因子合并为实系数二阶因子，单实根因子看作二阶因子的一个特例，则

$$H(z)=A\prod\limits_{i=1}^{M}\frac{1+a_{1i}z^{-1}+a_{2i}z^{-2}}{1-b_{1i}z^{-1}-b_{2i}z^{-2}}=A\prod\limits_{i=1}^{M}H_i(z) \tag{4-33}$$

用若干二阶网络级联构成滤波器，二阶子网络称为二阶节，可用直接型结构实现，如图 4-9 所示，称为 IIR 数字滤波器的级联型结构。

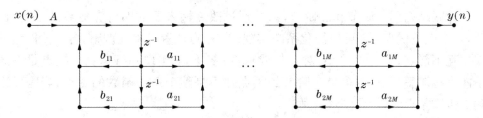

图 4-9　IIR 数字滤波器的级联型结构

级联型结构用二阶节,通过变换系数就可实现整个系统,因此,级联系统的优点是:① 可以简化系统实现,用一个二阶节,通过改变系统可以实现整个系统;② 每个二阶节的零、极点可单独控制和调整,各二阶节零、极点的搭配可互换位置,优化组合以减小运算误差;③ 系统可流水线操作。级联系统的缺点是二阶节电平难控制,电平大易导致溢出,电平小则使信噪比减小。

4.2.3　并联型结构

将系统函数 $H(z)$ 可以展开成部分分式之和形式

$$H(z) = \frac{\sum_{r=0}^{M} b(r)z^{-r}}{1 + \sum_{k=1}^{N} a(k)z^{-k}} = A_0 + \sum_{i=1}^{N} \frac{A_i}{(1 - d_i z^{-1})} \tag{4-34}$$

将式(4-34)中的共轭复根成对地合并为二阶实系数的部分分式

$$H(z) = A_0 + \sum_{i=1}^{L} \frac{A_i}{(1 - p_i z^{-1})} + \sum_{i=1}^{M} \frac{a_{0i} + a_{1i} z^{-1}}{1 - b_{1i} z^{-1} - b_{2i} z^{-2}} \tag{4-35}$$

上式表明,一个 N 阶的 IIR 系统 $H(z)$ 可用一个常数 A_0、L 个一阶网络、M 个二阶网络并联组成,结构如图 4-10 所示,此结构称为并联型结构。

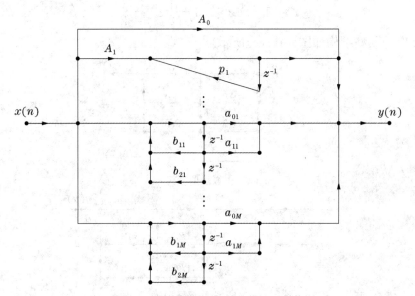

图 4-10　IIR 数字滤波器的级联型结构

　　并联结构用一阶节和二阶节,系统通过改变输入系数即可完成系统实现,因此,具有以下优点:① 可以简化系统实现;② 极点位置可单独调整,各二阶网络的误差互不影响,总的误差小,对字长要求低;③ 便于实现并行运算。缺点是系统不能直接调整零点,因多个二阶节的零点并不是整个系统函数的零点,当需要准确的传输零点时,级联型最合适。

　　【例 4-4】 已知某三阶数字滤波器的系统函数为

$$H(z) = \frac{3 + \frac{5}{3}z^{-1} + \frac{2}{3}z^{-2}}{\left(1 - \frac{1}{3}z^{-1}\right)\left(1 + \frac{1}{2}z^{-1} + \frac{1}{2}z^{-2}\right)}$$

试画出其直接型、级联型和并联型结构。

　　解: 将系统函数 $H(z)$ 表达为

$$H(z) = \frac{3 + \frac{5}{3}z^{-1} + \frac{2}{3}z^{-2}}{1 + \frac{1}{6}z^{-1} + \frac{1}{3}z^{-2} - \frac{1}{6}z^{-3}}$$

　　直接画出直接型结构如图 4-11(a)所示。将系统函数 $H(z)$ 表达为一阶、二阶实系数分式之积形式

$$H(z) = \frac{1}{1 - \frac{1}{3}z^{-1}} \cdot \frac{3 + \frac{5}{3}z^{-1} + \frac{2}{3}z^{-2}}{1 + \frac{1}{2}z^{-1} + \frac{1}{2}z^{-2}}$$

　　画出级联型结构如图 4-11(b)所示。将系统函数 $H(z)$ 表达为部分分式之和的形式

$$H(z) = \frac{2}{1 - \frac{1}{3}z^{-1}} + \frac{1 + z^{-1}}{1 + \frac{1}{2}z^{-1} + \frac{1}{2}z^{-2}}$$

　　画出并联型结构如图 4-11(c)所示。

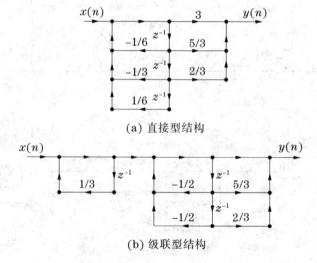

(a) 直接型结构

(b) 级联型结构

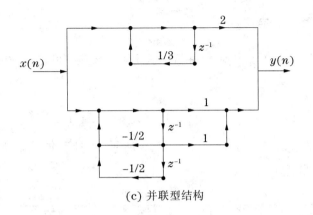

(c) 并联型结构

图 4-11　例 4-4 的结果

4.3　FIR 系统的信号流图与结构

FIR 数字滤波器差分方程和系统函数如下

$$y(n)=\sum_{i=0}^{N-1}h(i)x(n-i)=\sum_{i=0}^{N-1}h(n-i)x(i) \tag{4-36}$$

$$H(z)=\sum_{n=0}^{N-1}h(n)z^{-n} \tag{4-37}$$

FIR 数字滤波器是非递归结构,无反馈,但在频率采样结构中也包含有反馈的递归部分。FIR 数字滤波器的基本结构包括:直接型(横截型)、级联型、线性相位结构及频率采样结构等。

4.3.1　FIR 数字滤波器的直接型结构(横截型)

按照 FIR 数字滤波器的差分方程直接可以画出信号流图如图 4-12 所示,将这种结构称为直接型结构、横截型或卷积型结构。

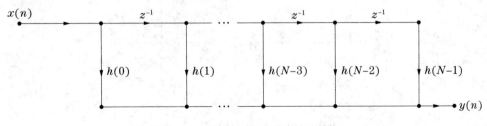

图 4-12　FIR 数字滤波器直接型结构

4.3.2 级联型(串联型)

将 FIR 数字滤波器的系统函数进行因式分解,形成一组实系数的一阶或二阶形式的乘积形式

$$H(z) = \sum_{n=0}^{N-1} h(n) z^{-n} = \prod_{i=1}^{M} (a_{0i} + a_{1i} z^{-1} + a_{2i} z^{-2}) \tag{4-38}$$

将每个二阶节级联实现 $H(z)$,如图 4-13 所示,将这种结构称为 FIR 数字滤波器的级联型(串联型)。

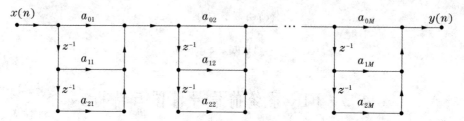

图 4-13　FIR 数字滤波器级联型结构

一般级联型结构每一个一阶因子控制一个实数零点,每一个二阶因子控制一对共轭零点。其缺点是所需的乘法运算及系数多于直接型。

【例 4-5】 已知 FIR 数字滤波器的系统函数 $H(z)$ 如下

$$H(z) = 1 + \frac{1}{6} z^{-1} + \frac{1}{3} z^{-2} - \frac{1}{6} z^{-3}$$

试画出该系统的直接型结构和级联型结构。

解:将 $H(z)$ 进行因式分解,得

$$H(z) = \left(1 - \frac{1}{3} z^{-1}\right)\left(1 + \frac{1}{2} z^{-1} + \frac{1}{2} z^{-2}\right)$$

画出其直接型和级联型结构如图 4-14(a)、(b)所示。

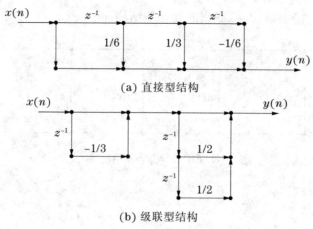

(a) 直接型结构

(b) 级联型结构

图 4-14　例 4-5 的结果

4.3.3　线性相位结构

FIR 的重要特点是可设计成具有严格线性相位的滤波器,此时 $h(n)$ 满足对称条件。当一个 FIR 系统具有线性相位时,可以利用 $h(n)$ 的对称特性简化直接型结构,一般可以节约近一半的乘法器。我们知道线性相位时,单位采样响应满足

$$h(n)=\pm h(N-1-n) \tag{4-39}$$

类似于第一节线性相位条件分析,在上式中,当 N 为偶数时

$$H(z)=\sum_{n=0}^{\frac{N}{2}-1}h(n)\left[Z^{-n}\pm Z^{-(N-1-n)}\right] \tag{4-40}$$

当 N 为奇数时

$$H(z)=\sum_{n=0}^{\frac{N-1}{2}-1}h(n)\left[z^{n}+z^{-(N-1-n)}\right]+h\left(\frac{N-1}{2}\right)z^{-\frac{N-1}{2}} \tag{4-41}$$

观察上两式发现,延时单元 Z^{-n} 和 $Z^{-(N-1-n)}$ 具有相同或相反的系数(奇对称时相反),适当改变信号流图结构可以节约乘法器的数量。具有方法是,先进行括号中延时单元的相加(相减)运算,再进行乘法运算,这样就可以节约近一半的乘法器。线性相位 FIR 数字滤波器的结构如图 4-15(a)、(b)、(c)、(d)所示。

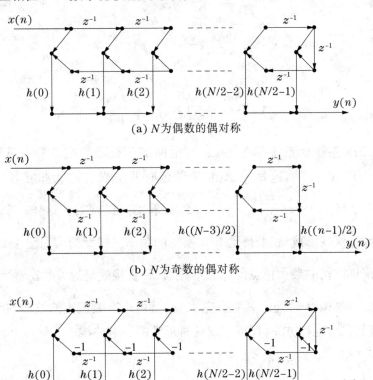

(a) N 为偶数的偶对称

(b) N 为奇数的偶对称

(c) N 为偶数的奇对称

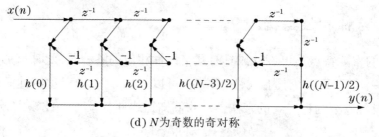

(d) N 为奇数的奇对称

图 4-15 线性相位 FIR 滤波器的信号流图

4.3.4 频率采样结构

假设 FIR 系统的单位采样响应 $h(n)$ 是长度为 N 的序列,因此可对 FIR 系统函数 $H(z)$ 在单位圆上作 N 等分采样,这个采样值也就是 $h(n)$ 的离散傅里叶变换值 $H(k)$,即

$$H(k) = H(z)\big|_{z=w_N^{-k}} = \mathrm{DFT}[h(n)] \tag{4-42}$$

根据第 3 章的讨论,用频率采样表达 $H(z)$ 函数的内插公式为

$$\begin{aligned}
H(z) &= \sum_{n=0}^{N-1} h(n)z^{-n} = \sum_{n=0}^{N-1}\left[\frac{1}{N}\sum_{k=0}^{N-1} H(k)e^{j2\pi nk/N}\right]z^{-n} \\
&= \frac{1}{N}\sum_{k=0}^{N-1} H(k)\left[\sum_{n=0}^{N-1} e^{j2\pi k/N}z^{-n}\right] \\
&= \frac{1}{N}\sum_{k=0}^{N-1} H(k)\frac{1-z^{-N}}{1-e^{j2\pi k/N}z^{-1}}
\end{aligned} \tag{4-43}$$

令 $W = e^{-j2\pi/N}$,有

$$H(z) = (1-z^{-N})\frac{1}{N}\sum_{k=0}^{N-1}\frac{H(k)}{1-W_N^{-k}z^{-1}} = \frac{1}{N}H_c(z)\cdot\left[\sum_{k=0}^{N-1} H_k(z)\right] \tag{4-44}$$

上式表明,FIR 系统的系统函数 $H(z)$ 可由两部分级联而成。第一部分(FIR 部分)为 $H_C(z) = 1-z^{-N}$,这是一个由 N 节延时器组成的梳状滤波器;第二部分(IIR 部分)为 $H_k(z) = \dfrac{H(k)}{1-W_N^{-k}z^{-1}}$,是一组并联的一阶网络。这样一个 FIR 系统可由此两部分级联形成,我们得到 FIR 系统的频率采样型结构如图 4-16 所示。

频率采样结构的最大特点是它的系数 $H(k)$ 直接就是滤波器在 $\omega_k = \dfrac{2\pi}{N}k$ 处的响应,因此,只要调整 ω_k 处的频率响应 $H(k)$ 就可以有效调整滤波器的频率响应,在实践中很直接,也很方便,可以实现任意形状的频响曲线。

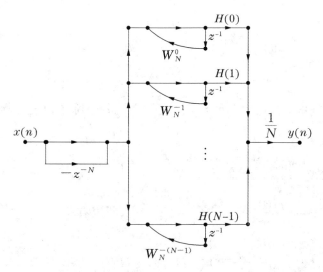

图 4-16　FIR 系统的频率采样结构

然而,频率采样结构也有两个突出的缺点:① 所有的系数 W_N^{-k} 和 $H(k)$ 都是复数,计算复杂。② 第二部分网络在 $\omega_k = \dfrac{2\pi}{N}k$ 处的频响为 ∞,是一个谐振频率为 $\dfrac{2\pi}{N}k$ 的谐振器。这些并联谐振器的极点($z_K = W_N^{-k} = e^{j\frac{2\pi}{N}k}$)正好各自抵消一个梳状滤波器的零点($z_i = e^{j\frac{2\pi}{N}i}$, $i = 0, \cdots, N-1$),从而使这个频率点的响应等于 $H(k)$,系统稳定。但考虑到系数量化的影响,有些极点实际上不能与梳状滤波器的零点相抵消,使系统的稳定性变差。为了克服这两个缺点,作两点修正:

① 将所有零点和极点移到半径为 r 的圆上,r 略小于 1,同时频率采样点也移到该圆上,以解决系统的稳定性。这时

$$H(z) \approx (1 - r^N z^{-N}) \frac{1}{N} \sum_{k=0}^{N-1} \frac{H(k)}{1 - r W_N^{-k} z^{-1}} \tag{4-45}$$

② 共轭根合并,将一对复数一阶子网络合并成一个实系数的二阶子网络。这些共轭根在圆周上是对称点,即

$$W_N^{-(N-k)} = W_N^k = (W_N^{-k})^* \tag{4-46}$$

同样,因为 $h(n)$ 是实数,其 DFT 也是圆周共轭对称的,即

$$H(N-k) = H^*(k) \tag{4-47}$$

因此,可将第 k 及第 $N-k$ 个谐振器合并为一个二阶网络

$$H_k(z) = \frac{H(k)}{1 - r w_N^{-k} z^{-1}} + \frac{H(N-k)}{1 - r w_N^{-(N-k)} z^{-1}}$$

$$= \frac{H(k)}{1 - r w_N^{-k} z^{-1}} + \frac{H^*(k)}{1 - (r w_N^{-k})^* z^{-1}}$$

$$= \frac{\alpha_{0k} + \alpha_{1k}z^{-1}}{1 - z^{-1}2r\cos\left(\frac{2\pi}{N}k\right) + r^2 z^{-2}} \tag{4-48}$$

其中，$\alpha_{0k} = 2\text{Re}[H(k)]$，$\alpha_{1k} = -2r\text{Re}[H(k)w_N^k]$。这个二阶网络是一个有限 Q 值的谐振器，谐振频率为 $w_k = \frac{2\pi}{N}k$，$w_{N-k} = \frac{2\pi}{N}(N-k)$。除了以上共轭极点外，还有实数极点，分两种情况：

① 当 N 为偶数时，有二个实数极点 $z = \pm r$，对应 $H(0)$ 和 $H(N/2)$，有二个一阶网络：$H_0(z) = \dfrac{H(0)}{1 - rz^{-1}}$，$H_{\frac{N}{2}}(z) = \dfrac{H\left(\dfrac{N}{2}\right)}{1 + rz^{-1}}$，所以有

$$H(z) = (1 - r^N z^{-N})\frac{1}{N}\Big[H_0(z) + H_{\frac{N}{2}}(z) + \sum_{k=1}^{\frac{N}{2}-1} H_k(z) \Big] \tag{4-49}$$

② 当 N 为奇数时，只有一个实数极点 $z = r$，对应 $H(0)$，有一个一阶网络 $H_0(z) = \dfrac{H(0)}{1 - rz^{-1}}$，所以有

$$H(z) = (1 - r^N z^{-N})\frac{1}{N}\Big[H_0(z) + \sum_{k=1}^{\frac{N-1}{2}} H_k(z) \Big] \tag{4-50}$$

改进后的频率采样型结构如图 4-17 所示。

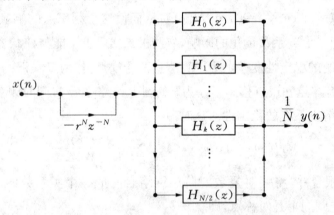

图 4-17 FIR 系统改进的频率采样结构

频率采样型优点：① 选频性好，适于窄带滤波，大部分 $H(k)$ 为 0，只有较少的二阶子网络；② 不同的 FIR 滤波器，若长度相同，可通过改变系数用同一个网络实现；③ 复用性好。缺点：结构复杂，采用的存贮器多。

说明：频率采样型结构，适合于任何 FIR 系统函数；频率采样法设计得到的系统函数，可以用频率采样型结构实现，也可以用横截型、级联型或 FFT 实现。

本章小结

本章学习了线性相位系统的条件以及 IIR 和 FIR 系统的数字滤波器结构。

系统的频率特性包括幅频特性和相频特性。幅频特性反映了信号通过系统后各频率成分衰减情况；相频特性反映了信号的各频率成分经过系统后在时间上发生的位移情况。如果一个系统具有线性相位时，则信号经该系统后无相位失真。IIR 系统不易实现线性相位，但对于 FIR 系统，当单位采样响应满足对称性时，系统具有线性相位。线性相位的 FIR 系统可分为四类，分别可实现不同特性的滤波，且一个具有线性相位的 FIR 系统可表示为线性相位的一阶、二阶和四阶子系统级联形式，为实现某一相位 FIR 系统提供了便利。

表示滤波器结构的方法有方框图和信号流图，相对于方框图，信号流图更简便，因此，在实际的结构表示中，通常用信号流图结构。

IIR 数字滤波器结构包括直接型、级联型和并联型三种形式。直接型是根据系统函数或差分方程直接画出的实现结构，在这种实现中，由于存在系数的量化误差和乘法运算舍入误差的累积效应，输出误差偏大，因此，在实际的系统实现中，一般采用一阶或二阶系统构成的级联或并联形式。将系统函数表示为多个一阶或二阶系统的乘积，且由各乘积系统一级级串联组成的系统称为级联系统，级联系统一方面可以简化系统实现；同时可以减小运算误差；将系统函数表示为多个一阶或二阶系统的和，且由各子系统相加组成的系统称为并联系统，并联不仅可以简化系统实现而且极点位置可单独调整，各二阶网络的误差互不影响，总的误差小，对字长要求低。

FIR 数字滤波器的基本结构包括直接型（横截型）、级联型、线性相位结构及频率采样结构等。按照 FIR 数字滤波器的差分方程直接可以画出信号流图称为直接型结构或横截型结构；将系统函数表示为多个一阶或二阶系统的乘积，且由各乘积系统一级级串级组成的系统称为级联系统；在 FIR 系统的重要特点是可设计成具有严格线性相位的滤波器，此时的单位采样响应会满足某种对称条件。利用 $h(n)$ 的对称特性可简化系统结构，节约近一半的乘法器，这种利用 $h(n)$ 对称性实现的 FIR 系统称为线性相位结构；FIR 系统的另外一种重要结构称为频率采样结构，这是根据系统函数的内插公式而获得的一种特殊结构，具有较好的选频性，适于窄带滤波,不同的 FIR 滤波器,若长度相同,可通过改变系数用同一个网络实现,且系统的复用性好。适合于任何 FIR 系统函数。

习题 4

1. 设某 FIR 数字滤波器的系统函数为 $H(z)=(1+2z^{-1}+5z^{-2}+5z^{-3}+2z^{-4}+z^{-5})$,试求

(1) 该滤波器的单位取样响应 $h(n)$ 的表示式,并判断是否具有线性相位;

(2) $H(e^{j\omega})$ 的幅频响应和相频响应的表示式。

2. 画出由下列差分方程定义的因果线性离散时间系统的直接型、级联型和并联型结构的信号流程图。

(1) $y(n)-3y(n-1)+5y(n-2)=x(n)$;

(2) $y(n)-\dfrac{3}{4}y(n-1)+\dfrac{1}{8}y(n-2)=x(n)+\dfrac{1}{3}x(n-1)$。

3. 用级联型结构实现以下数字滤波器。

(1) $H(z)=\dfrac{3z^3-3.5z^2+2.5z}{(z^2-z-1)(z-0.5)}$;

(2) $H(z)=\dfrac{4z^3-2.8284z^2+z}{(z^2-1.4142z+1)(z+0.7071)}$。

4. 用并联型结构实现以下数字滤波器。

$$H(z)=\frac{0.2871-0.4466z^{-1}}{1-1.2971z^{-1}+0.6949z^{-2}}+\frac{-2.1428+1.1455z^{-1}}{1-1.0691z^{-1}+0.3699z^{-2}}$$
$$+\frac{1.8557-0.6303z^{-1}}{1-0.9972z^{-1}+0.2570z^{-2}}$$

5. 用横截型结构实现以下系统函数:

$$H(z)=\left(1-\frac{1}{2}z^{-1}\right)(1+6z^{-1})(1-2z^{-1})\left(1+\frac{1}{6}z^{-1}\right)(1-z^{-1})$$

6. 设某 FIR 数字滤波器的系统函数为

$$H(z)=\frac{1}{5}(1+3z^{-1}+5z^{-2}+3z^{-3}+z^{-4})$$

试画出此滤波器的线性相位结构。

7. 画出习题 1 所给滤波器流图的直接型结构和线性相位型结构图,比较两种结构,指出线性相位型结构的优点。

8. 设某 FIR 数字滤波器的冲激响应,$h(0)=h(7)=1$,$h(1)=h(6)=3$,$h(2)=h(5)=5$,$h(3)=h(4)=6$,其他 n 值时,$h(n)=0$。试求系统的幅频响应和相频响应的表示式,并画出该滤波器流图的线性相位结构形式。

9. 对于一个离散系统的网络结构,如果保持图形的结构不变,将结构中信号流向反向,输入、输出位置易位,那么所得的系统称为原系统的易位系统或转置结构。试证明题图 4-1(a)系统及其易位系统题图 4-1(b)具有相同的系统函数,并画出题图 4-1(c)的易位系统。

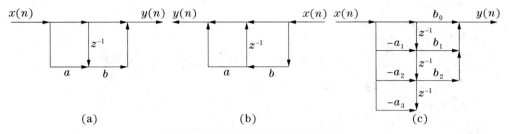

(a)　　　　　　　　　(b)　　　　　　　　(c)

题图 4-1　FIR 系统的频率采样结构

10. 梅荪公式是由网络结构写出系统函数的方法之一,公式为

$$H(z) = \frac{\sum\limits_{k} T_k \Delta_k}{\Delta} \tag{4-51}$$

Δ 称为流图特征式,计算公式如下,$\Delta = 1 - \sum\limits_{i} L_k + \sum\limits_{i,j} L'_i L'_j - \sum\limits_{k,i,j} L''_k L''_i L''_j + \cdots$,$\sum\limits_{i} L_k$ 表示所有环路增益之和;$\sum\limits_{i,j} L'_i L'_j$ 表示所有两个互不接触的环路增益之和;$\sum\limits_{k,i,j} L''_k L''_i L''_j$ 表示所有三个互不接触的环路增益之各;T_k 表示从输入节点到输出节点的第 k 条前向支路的增益;Δ_k 表示不与第 k 条前向通路接触的 Δ 值。请用梅荪公式写出题图 4-1(c)的系统函数。

11. 试写出题图 4-2 所示 FIR 系统 lattice 结构的系统函数和差分方程。

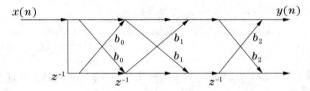

题图 4-2　FIR 系统的 lattice 结构

第5章 IIR 数字滤波系统的设计

Chapter 5

本章要点

本章在介绍滤波器的一般概念、性能指标和设计方法的基础上,重点介绍 IIR 数字滤波器的设计方法,主要内容:

◇ 滤波器的基本概念、分类、技术指标;

◇ IIR 数字滤波器设计的方法和步骤;

◇ 利用模拟滤波器设计 IIR 数字滤波器的冲激响应不变法和双线性 z 变换法;

◇ IIR 数字高通、带通及带阻滤波器的设计方法。

信号处理中的许多运算,如信号过滤,检测、预测等都要用到滤波器,数字滤波器是数字信号处理中使用得最广泛的一种系统,滤波运算也是数字信号处理的基本运算。

本章和下一章将讨论数字滤波器的各种设计方法及其性能差异,以方便我们在具体应用中选择适当的方法,达到最佳的设计效果。

5.1 滤波器的基本概念及设计步骤

5.1.1 概述

数字滤波器是通过数值计算的方法将一组输入的数字序列通过一定的运算后转变为另一组输出的数字序列。功能是在转变的过程中提取有用的分量,滤除无用部分,将输入信号的某些频率成分或某个频带进行压缩、放大或消除。在转变的过程中也会带来不必要的损耗或失真。图 5-1 给出低通滤波器的原理图。

正是因为数字滤波器通过数值计算实现滤波,因此相对模拟滤波器,具有灵活性好,精度高,稳定性高,不存在阻抗匹配问题,可以时分复用等优点。

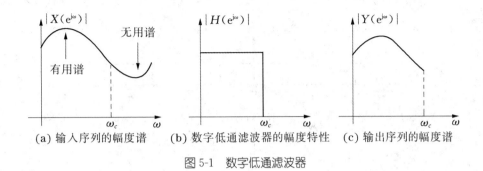

(a) 输入序列的幅度谱　　(b) 数字低通滤波器的幅度特性　　(c) 输出序列的幅度谱

图 5-1　数字低通滤波器

数字滤波器是在时域上由差分方程描述的一类特殊的离散时间系统。差分方程表示为

$$y(n) = -\sum_{k=1}^{N} a(k)y(n-k) + \sum_{r=0}^{M} b(r)x(n-r) \qquad (5-1)$$

对应的系统函数为

$$H(z) = \frac{\displaystyle\sum_{r=0}^{M} b(r)z^{-r}}{1 + \displaystyle\sum_{k=1}^{N} a(k)z^{-k}} \qquad (5-2)$$

数字滤波器设计就是在一定的应用要求下寻找某一系统函数 $H(z)$ 或对应的单位采样响应 $h(n)$ 的过程。一般步骤为：

(1) 按照任务的要求，确定滤波器的性能指标，例如，需要滤除哪些频率分量，保留哪些频率分量，保留的部分允许有多大的幅度或相位失真等。

(2) 设计一个因果稳定的离散线性系统 $H(z)$ 或 $h(n)$ 去逼近这一性能要求（这种系统可以分为 IIR 和 FIR 两类）。

(3) 数字滤波器的实现。通过选择适当的运算结构和系数存储的字长，选用通用计算机及相应的软件或专用数字滤波器硬件实现相应功能。

5.1.2　滤波器的分类

滤波器的种类很多，分类方法也不同。大类可分为模拟滤波器和数字滤波器。模拟滤波器可以分为无源和有源滤波器。无源滤波器主要由 R、L 和 C 组成。有源滤波器主要由集成运放和 R、C 组成。按频率特性来分，数字滤波器与模拟滤波器一样，可分为高通、低通、带通和带阻滤波器。图 5-2 给出了四种数字滤波器的幅频特性。

数字滤波器的频率响应以 $2\pi(\omega = \Omega_s T_s = 2\pi f_s T_s = 2\pi f_s / f_s = 2\pi)$ 为周期，其中 $\omega = \Omega T_s = 2\pi(f_s/2)/f_s = \pi$ 称为折叠频率。按照采样定理，数字滤波器的频率特性只限于折叠频率以内。图 5-2 的四种滤波器选频特性就是从 $0 \sim \pi$ 之间观

察的。

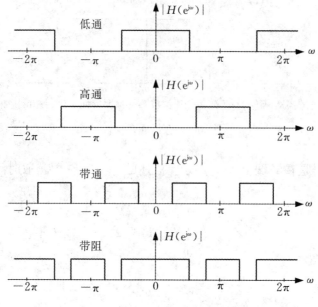

图 5-2　四种数字滤波器的幅频特性

从实现方法上分,数字滤波器分有 FIR 系统(Finite Impulse Response:有限冲激响应系统)和 IIR 系统(Infinite Impulse Response:无限冲激响应系统)两类。这两种滤波器的设计方法不同,运算结构也不同,本章和下一章将按此两类分别研究其设计方法及性能。

从处理信号角度来分,数字滤波器可分为经典滤波器和现代滤波器。经典滤波器假定输入信号中的有用成分和希望滤除的成分,各自占有不同的频带,当信号经过经典滤波器后即可滤除特定成分的干扰。高通、低通、带通和带阻滤波器即为经典滤波器。

如果信号和噪声的频谱相互重叠,那么经典滤波器将无能为力。现代滤波器主要研究内容是从含有噪声的数据记录中估计出信号的某些特征或信号本身。一旦信号被估计出,那么估计出的信号将比原信号具有更高的信噪比。现代滤波器把信号和噪声都视为随机信号,利用它们的统计特征(如自相关函数、功率谱等)导出一套最佳估值算法,然后用硬件或软件予以实现。现代滤波器理论源于维纳在 40 年代及其以后的工作,这一类滤波器的代表为:维纳滤波器,此外,还有卡尔曼滤波器、线性预测器、自适应滤波器。本书讨论经典数字滤波器的设计,现代滤波器的设计请读者参阅文献。

5.1.3　滤波器的技术指标

图 5-2 所示的理想滤波器是物理不可实现的。物理可实现的滤波器,从一个带到另一个带之间具有一个过渡带,且在通带和阻带内也不应该严格为 1 或零,应允许较小容限。物理可实现的低通滤波器的幅频特性如图 5-3 所示。

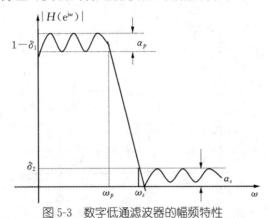

图 5-3　数字低通滤波器的幅频特性

图 5-3 中,ω_p 和 ω_s 分别称为通带的上限截止频率和阻带的下限截止频率,其中,$0 \sim \omega_p$ 称为通带,$\omega_p \sim \omega_s$ 称为过渡带,$\omega_s \sim \pi$ 称为阻带。在通带内,要求 $(1-\delta_1)$ $< |H(e^{j\omega})| \leqslant 1$,过渡带内频率响应一般单调下降,在阻带内要求 $|H(e^{j\omega})| \leqslant \delta_2$,通常,通带和阻带内允许的衰减一般用分贝表示,通带内允许的最大衰减用 α_p 表示,阻带内允许的最小衰减用 α_s 表示,对于低通滤波器的性能指标,通带衰减 α_p 和阻带衰减 α_s 分别定义为

$$\alpha_p = 20\lg \frac{|H(e^{j0})|}{|H(e^{j\omega_p})|} \quad (\text{dB}) \tag{5-3a}$$

$$\alpha_s = 20\lg \frac{|H(e^{j0})|}{|H(e^{j\omega_s})|} \quad (\text{dB}) \tag{5-3b}$$

将 $|H(e^{j0})|$ 归一化为 1,式(5-3)简化为

$$\alpha_p = -20\lg |H(e^{j\omega_p})| \quad (\text{dB}) \tag{5-4a}$$

$$\alpha_s = -20\lg |H(e^{j\omega_s})| \quad (\text{dB}) \tag{5-4b}$$

在滤波器的设计中,当幅度下降到 $\sqrt{2}/2$ 时,$\alpha_c = -20\lg |H(e^{j\omega_c})| = 3$ dB,称 ω_c 为 3dB 通带截止频率。

> 说明:ω_c、ω_p 和 ω_s 统称为边界频率,是滤波器设计中的重要参数,在滤波器的设计中一般都会用到。

图 5-4 表示高通滤波器的幅频特性,ω_p 为通带截止频率,又称为通带下限频率,α_p 为通带衰减,ω_s 为阻带截止频率,又称阻带上限截止频率,α_s 为阻带衰减。

图 5-5 表示带通滤波器的幅频特性,通带截止频率有两个,其中,ω_2 称为通带

上限截止频率,ω_1 称为通带下限截止频率,α_p 称为通带衰减,阻带截止频率有两个,其中,ω_{sh} 称为阻带上限截止频率,ω_{sl} 称为阻带下限截止频率,α_s 阻带衰减。

图 5-6 表示带阻滤波器的幅频特性,通带截止频率有两个,其中,ω_2 称为通带上限截止频率,ω_1 称为通带下限截止频率,α_p 称为通带衰减,阻带截止频率节有两个,其中,ω_{sh} 称为上阻带截止频率,ω_{sl} 称为阻带下限截止频率,α_s 阻带衰减。

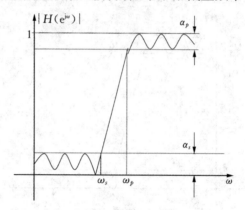

图 5-4　数字高通滤波器的幅频特性

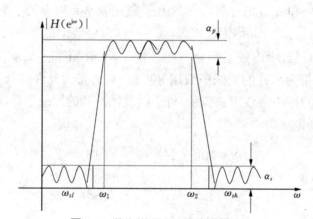

图 5-5　数字带通滤波器的幅频特性

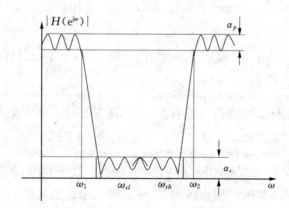

图 5-6　数字带阻滤波器的幅频特性

5.1.4　IIR 数字滤波器的设计方法

IIR 数字滤波器的设计方法有直接法和间接法两种,间接法是利用模拟滤波器的设计方法进行的,直接法指直接在频域或时域中设计数字滤波器,通常使用计算机辅助设计的方法实现。

1. 间接法:利用模拟滤波器的设计方法设计数字滤波器

由于模拟滤波器设计理论已经发展得很成熟,并且模拟滤波器有简单而严格的设计公式,设计起来方便、准确、可将这些理论推广到数字域,作为设计数字滤波器的工具。具体步骤如下:

(1) 按一定的规则将数字滤波器的技术指标转换成模拟滤波器的技术指标。

(2) 根据转化后的技术指标设计模拟滤波器 $G(s)$。

(3) 再按一定规则将 $G(s)$ 转换成 $H(z)$。若为低通则可以结束。若为其他,则进入步骤(4)。

(4) 将高通、带通或带阻数字滤波器的技术指标转化为低通模拟滤波器的技术指标,然后按上述步骤(2)设计出低通 $G(s)$,再将其转化为所需要的 $H(s)$。

2. 直接法:最优化设计方法

(1) 确定一种最优准则,如最小均方误差准则,即使设计出的实际频率响应的幅度特性 $|H(e^{j\omega})|$ 与所要求的理想频率响应 $|H_d(e^{j\omega})|$ 的均方误差最小。

$$\min\left[\sum_{i=1}^{M} \left[|H(e^{j\omega_i})| - |H_d(e^{j\omega_i})| \right]^2 \right] \tag{5-5}$$

(2) 在此最佳准则下,求滤波器频率响应的系数 a_i 和 b_i,其中 a_i、b_i 为式(5-2) $H(z)|_{z=e^{j\omega}}$ 系数通过不断地迭代运算,改变 a_i、b_i,直到满足要求为止。

本章主要讨论利用模拟滤波器设计 IIR 数字滤波器的方法,下面首先考虑模拟滤波器的设计问题,进而研究数字滤波器的设计。

5.2　模 拟 滤 波 器 的 设 计

模拟滤波器的理论和设计方法已经相当成熟,且有多种典型的模拟滤波器可供选择使用,常用的典型模拟滤波器包括:巴特沃斯(Butterworth)滤波器、切比雪夫(Chebyshev)滤波器、椭圆(Elliptic)滤波器(又称考尔(Cauer)滤波器)、贝塞尔(Bessel)滤波器等,这些滤波器都有严格的设计公式、现成的曲线和图表供设计人员使用。各自有不同的特点,巴特沃斯滤波器在整个频域具有单调下调的幅频特性;切比雪夫Ⅰ型滤波器在通带内等波纹振动,阻带内单调下调,切比雪夫Ⅱ型滤波器在通带内单调下调,阻带内等波纹振动;椭圆滤波器在通带和阻带内均呈现等波纹振动特性;贝塞尔滤波器在通带内具有较好的线性相位特性。可以根据不同的应用需求,选择不同的滤波器类型。

5.2.1 幅度平方特性

模拟低通滤波器的设计指标有 α_p, Ω_p, α_s 和 Ω_s。其中 Ω_p 和 Ω_s 分别称为通带截止频率和阻带截止频率,α_p 是通带 $\Omega(=0\sim\Omega_p)$ 中的最大衰减系数,α_s 是阻带 $\Omega\geqslant\Omega_s$ 的最小衰减系数,α_p 和 α_s 一般用 dB 数表示。定义衰减函数

$$\alpha(\Omega)=10\lg\left|\frac{X(j\Omega)}{Y(j\Omega)}\right|^2=10\lg\frac{1}{|G(j\Omega)|^2} \tag{5-6}$$

显然

$$\begin{cases}\alpha_p=\alpha(\Omega_p)=-10\lg|G(j\Omega_p)|^2\\\alpha_s=\alpha(\Omega_s)=-10\lg|G(j\Omega_s)|^2\end{cases} \tag{5-7}$$

通过以上定义,我们把模拟低通滤波器的四个技术指标和滤波器的幅平方特性联系了起来。定义幅平方特性为

$$|G(j\Omega)|^2=G(j\Omega)G^*(j\Omega)=G(s)G^*(s)|_{s=j\Omega}=G(s)G(-s)|_{s=j\Omega} \tag{5-8}$$

式中,假定所设计的滤波器的冲激响应为实数,通过幅平方特性可以获得滤波器的系统函数,因此,幅平方特性在模拟滤波器的设计中起到了重要的作用。

目前,人们已给出了几种不同类型的表达式,它们代表了几种不同类型的滤波器。

5.2.2 模拟低通滤波器设计

1. 巴特沃斯滤波器

巴特沃斯模拟低通滤波器的幅度平方函数 $|G(j\Omega)|^2$ 用下式表示:

$$|G(j\Omega)|^2=\frac{1}{1+\left(\dfrac{\Omega}{\Omega_c}\right)^{2N}} \tag{5-9}$$

式中,Ω_c 定义为 3dB 带宽频率,N 称为滤波器的阶数。幅平方特性如图 5-7 所示。从图中可以看出,巴特沃斯模拟低通滤波器的幅频特性是单调下降,下降速度与阶数 N 有关,N 愈大,通带愈平坦,阻带衰减愈大,过渡带愈窄,幅频特性愈接近理想低通特性,误差愈小。

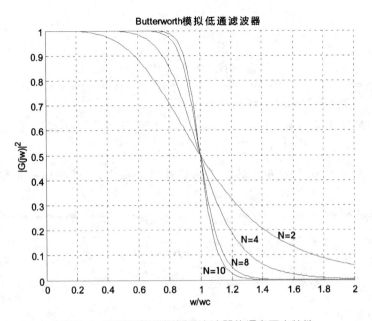

图 5-7　巴特沃斯模拟低通滤波器的幅度平方特性

下面讨论巴特沃斯模拟低通滤波器的设计方法和步骤。定义归一化频率 $\lambda=\Omega/\Omega_c$，归一化复频率 $p=\mathrm{j}\lambda=s/\Omega_c$，则

$$|G(p)|^2=\frac{1}{1+(\lambda)^{2N}}=\frac{1}{1+(p/\mathrm{j})^{2N}}=\frac{1}{1+(-1)^N\,(p)^{2N}} \tag{5-10}$$

由

$$\alpha(\lambda)=10\lg(1+\lambda^{2N}) \tag{5-11}$$

则

$$\lambda^{2N}=10^{\alpha(\lambda)/10}-1 \tag{5-12}$$

即

$$\begin{cases}\lambda_p^{2N}=10^{a_p/10}-1\\ \lambda_s^{2N}=10^{a_s/10}-1\end{cases} \tag{5-13}$$

有

$$\left(\frac{\Omega_p}{\Omega_c}\right)^{2N}=10^{a_p/10}-1$$
$$\left(\frac{\Omega_s}{\Omega_c}\right)^{2N}=10^{a_s/10}-1 \tag{5-14}$$

得

$$N=-\frac{\lg\sqrt{\dfrac{10^{a_p/10}-1}{10^{a_s/10}-1}}}{\lg\dfrac{\Omega_s}{\Omega_p}} \tag{5-15}$$

用上式求出的 N 可能有小数部分，应取大于等于 N 的最小整数。关于 3 dB 截止频率 Ω_c，如果技术指标中没有给出，可以按照式(5-14)求出，得到：

$$\Omega_c = \Omega_p (10^{a_p/10} - 1)^{-1/2N} \tag{5-16a}$$

或

$$\Omega_c = \Omega_s (10^{a_s/10} - 1)^{-1/2N} \tag{5-16b}$$

> **总结：巴特沃斯低通滤波器设计步骤：**
>
> (1) 根据技术指标 Ω_p，α_p，Ω_s 和 α_s，利用式(5-15)求出滤波器需要的阶数 N。
>
> (2) 根据 N，利用幅平方特性求出滤波器的极点 p_k，获得归一化传输函数 $G(p)$。

由幅平方特性 $G(p)G(-p) = \dfrac{1}{1+(p/\mathrm{j})^{2N}} = \dfrac{1}{1+(-1)^N p^{2N}}$ 可知，其极点由 $1+(-1)^N p^{2N}=0$ 决定，得 $p_k = \exp\left(\mathrm{j}\dfrac{2k+N-1}{2N}\pi\right)$，$k = 1, 2, \cdots, 2N$，如图 5-8 所示。

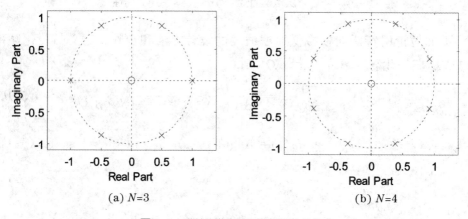

(a) $N=3$ (b) $N=4$

图 5-8　巴特沃斯低通滤波器极点分布

考虑到系统的稳定性，系统函数的极点在 S 平面左半部分，即极点的相位角位于 $\pi/2 \sim 3\pi/2$ 之间，因此 N 个极点为

$$p_k = \exp\left(\mathrm{j}\frac{2k+N+1}{2N}\pi\right), \quad k=0,1,2,\cdots,N-1 \tag{5-17}$$

得

$$G(p) = \frac{1}{\prod\limits_{k=1}^{N}(p-p_k)} \tag{5-18}$$

(3) 去归一化。由式(5-16)求 3dB 截止频率 Ω_c，将 $p=s/\Omega_c$ 代入式(5-18)中，得到实际的传输函数 $G(s)$。

为了方便，归一化 N 阶巴特沃斯模拟低通滤波器多项式见表 5-1。

表 5-1 归一化 N 阶巴特沃斯模拟低通滤波器多项式

分母多项式 系数阶数 N	$B(p)=p^N+b_{N-1}p^{N-1}+b_{N-2}p^{N-2}+\cdots+b_1p+b_0$								
	b_0	b_1	b_2	b_3	b_4	b_5	b_6	b_7	b_8
1	1.0000								
2	1.0000	1.4142							
3	1.0000	2.0000	2.0000						
4	1.0000	2.6131	3.4142	2.613					
5	1.0000	3.2361	5.2361	5.2361	3.2361				
6	1.0000	3.8637	7.4641	9.1416	7.4641	3.8637			
7	1.0000	4.4940	10.0978	14.5918	14.5918	10.9078	4.4940		
8	1.0000	5.1258	13.1371	21.8462	25.6884	21.8642	13.1371	5.1258	
9	1.0000	5.7588	16.5817	31.1634	41.9864	41.9864	31.1634	16.5817	5.7588

分母因式 阶数 N	$B(p)=B_1(p)B_2(p)B_3(p)B_4(p)B_5(p)$ $B(p)$
1	$(p+1)$
2	$(p^2+1.4142p+1)$
3	$(p^2+p+1)(p+1)$
4	$(p^2+0.7654p+1)(p^2+1.8478p+1)$
5	$(p^2+0.6180p+1)(p^2+1.6180p+1)(p+1)$
6	$(p^2+0.5176p+1)(p^2+1.4142p+1)(p^2+1.9319p+1)$
7	$(p^2+0.4450p+1)(p^2+1.2470p+1)(p^2+1.8019p+1)(p+1)$
8	$(p^2+0.3902p+1)(p^2+1.1111p+1)(p^2+1.6629p+1)(p^2+1.9616p+1)$
9	$(p^2+0.3473p+1)(p^2+p+1)(p^2+1.5321p+1)(p^2+1.8794p+1)(p+1)$

【例 5-1】 已知通带截止频率 $f_p=5\,\text{kHz}$,通带最大衰减 $\alpha_p=2\,\text{dB}$,阻带截止频率 $f_s=12\,\text{kHz}$,阻带最小衰减 $\alpha_s=30\,\text{dB}$,按照以上技术指标设计巴特沃斯模拟低通滤波器。

解: ① 求阶数 N。在式(5-15)中定义

$$k_{sp} = \sqrt{\frac{10^{0.1a_p} - 1}{10^{0.1a_s} - 1}} = 0.0242$$

$$\lambda_{sp} = \frac{\Omega_s}{\Omega_p} = 2.4$$

得

$$N = -\frac{\lg 0.0242}{\lg 2.4} = 4.25$$

取 $N=5$。

② 求归一化传输函数 $G(p)$。由式(5-17)得系统的极点为

$$p_1 = e^{j\frac{3}{5}\pi}, \quad p_2 = e^{j\frac{4}{5}\pi}, \quad p_3 = e^{j\pi}, \quad p_4 = e^{j\frac{6}{5}\pi}, \quad p_5 = e^{j\frac{7}{5}\pi}$$

得归一化传输函数为

$$G(p) = \frac{1}{\prod\limits_{k=0}^{4}(p - p_k)}$$

代入化简得

$$G(p) = \frac{1}{p^5 + b_4 p^4 + b_3 p^3 + b_2 p^2 + b_1 p + b_0}$$

其中 $b_0 = 1.0000$，$b_1 = 3.2361$，$b_2 = 5.2361$，$b_3 = 5.2361$，$b_4 = 3.2361$。

③ 为将 $G(p)$ 去归一化，由式(5-16)求 3dB 截止频率 Ω_c，得

$$\Omega_c = \Omega_p (10^{0.1a_p} - 1)^{-\frac{1}{2N}} = 10.551\pi \text{ krad/s}$$

将 $p = s/\Omega_c$ 代入 $G(p)$ 中得到

$$G(s) = \frac{\Omega_c^5}{s^5 + b_4\Omega_c s^4 + b_3\Omega_c^2 s^3 + b_2\Omega_c^3 s^2 + b_1\Omega_c^4 s + b_0\Omega_c^5}$$

MATLAB 实现：利用 MATLAB 提供的 buttord、butter 和 freqs 函数设计巴特沃斯模拟低通滤波器程序如下。

```
clc; clear all;
fp=5000;fs=12000;rp=3;rs=30;
wp=2*pi*fp;ws=2*pi*fs;
[n,wn]=buttord(wp,ws,rp,rs,'s');
[b,a]=butter(n,wn,'s');
fk=0:15000/512:15000;fk1=2*pi*fk;
h=freqs(b,a,fk1);
plot(fk/1000,abs(h));grid on;
xlabel('f/kHz'); ylabel('|G(jw)|');
grid on;
```

程序运行结果如图 5-9 所示。

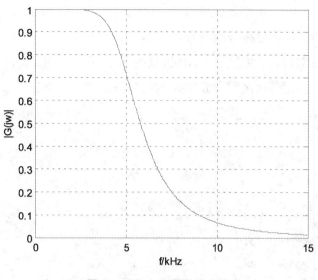

图 5-9　例 5-1 幅频特性曲线

2. 切比雪夫滤波器和椭圆滤波器简介

巴特沃斯滤波器的频率特性在整个频域是单调下降的,因此,当通带边界处满足指标要求时,通带内会有较大的富余量,因此,更有效的设计方法是将逼近精确度均匀分布在整个通带内,或均匀分布在整个阻带内,或均匀分布在通带和阻带内,切比雪夫滤波器和椭圆滤波器分别满足上述三种情况的模拟滤波器,其中,切比雪夫 I 型滤波器在通带内等波纹,阻带内单调下调;切比雪夫 II 型滤波器在通带内单调下调,阻带内波纹;椭圆滤波器在通带和阻带内均呈现等波纹特性。

切比雪夫 I 型模拟低通滤波器的幅度平方函数 $|G(\mathrm{j}\Omega)|^2$ 如下

$$|G(\mathrm{j}\Omega)|^2 = \frac{1}{1 + \varepsilon^2 C_\mathrm{n}^2(\Omega)}, \tag{5-19}$$

$$C_\mathrm{n}^2(\Omega) = \cos^2(n \cdot \arccos \Omega)$$

切比雪夫 II 型模拟低通滤波器的幅度平方函数 $|G(\mathrm{j}\Omega)|^2$ 如下

$$|G(\mathrm{j}\Omega)|^2 = \frac{1}{1 + \varepsilon^2 \left[\dfrac{C_\mathrm{n}^2(\Omega_\mathrm{s})}{C_\mathrm{n}^2(\Omega_\mathrm{s}/\Omega)}\right]^2} \tag{5-20}$$

椭圆模拟低通滤波器的幅度平方函数 $|G(\mathrm{j}\Omega)|^2$ 如下

$$|G(\mathrm{j}\Omega)|^2 = \frac{1}{1 + \varepsilon^2 U_\mathrm{n}^2(\Omega)}, \tag{5-21}$$

$U_\mathrm{n}^2(\Omega)$ 是雅可比椭圆函数。

三种滤波器的详细设计方法见相关参考书目,本书给出三种模拟滤波器的 MATLAB 设计方法供读者使用。

【例5-2】 分别使用切比雪夫Ⅰ型、切比雪夫Ⅱ型及椭圆滤波器设计例5-1的模拟低通滤波器,画出相应的幅频特性曲线。

MATLAB实现:利用MATLAB提供的cheb1ord、cheb2ord和ellipord等函数设计切比雪夫Ⅰ型、切比雪夫Ⅱ型及椭圆滤波器程序如下。

```matlab
clc;clear all;
fp=5000;fs=12000;
rp=3;rs=30;
wp=2*pi*fp;ws=2*pi*fs;
[n,wn]=cheb1ord(wp,ws,rp,rs,'s');
[b,a]=cheby1(n,rp,wn,'s');
fk=0:15000/512:15000;fk1=2*pi*fk;
h=freqs(b,a,fk1);
plot(fk/1000,abs(h));grid on;
xlabel('f/kHz');ylabel('|G(jw)|');
grid on;
figure;
[n,wn]=cheb2ord(wp,ws,rp,rs,'s');
[b,a]=cheby2(n,rp,wn,'s');
fk=0:15000/512:15000;fk1=2*pi*fk;
h=freqs(b,a,fk1);
plot(fk/1000,abs(h));grid on;
xlabel('f/kHz');ylabel('|G(jw)|');
grid on;
figure;
[n,wn]=ellipord(wp,ws,rp,rs,'s');
[b,a]=ellip(n,rp,rs,wn,'s');fk=0:15000/512:15000;fk1=2*pi*fk;
h=freqs(b,a,fk1);
plot(fk/1000,abs(h));grid on;
xlabel('f/kHz');ylabel('|G(jw)|');
grid on;
```

运行结果分别如图5-10所示。

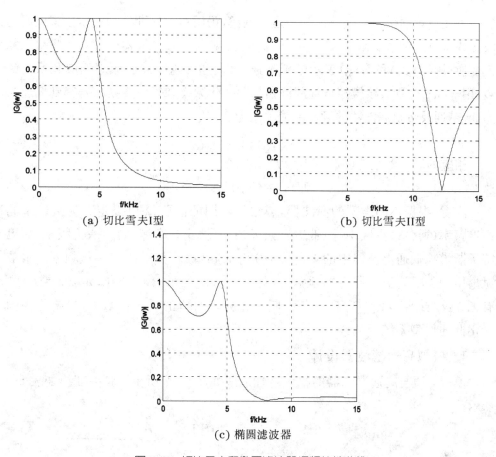

(a) 切比雪夫Ⅰ型   (b) 切比雪夫Ⅱ型

(c) 椭圆滤波器

图 5-10   切比雪夫和椭圆滤波器幅频特性曲线

5.2.3   频率变换、模拟高通、带通及带阻滤波器设计

模拟低通滤波器的设计已有了完整的计算公式及图表。因此,高通、带通和带阻滤波器的设计应尽量地利用这些已有的资源,无需再各搞一套计算公式与图表。

目前,模拟高通、带通及带阻滤波器的设计方法都是先将要设计的滤波器的技术指标,通过某种① 频率转变关系转换成模拟低通滤波器的技术指标,② 依据这些技术指标设计出低通滤波器的系统函数,③ 然后再依据频率转换关系变成所要设计的滤波器的系统函数。设计步骤如图 5-11 所示。

图 5-11   模拟高通、带通及带阻滤波器的设计步骤

下面讨论频率变换关系。为了避免混淆,仍用 $G(j\Omega)$ 和 $G(s)$ 表示模拟低通滤波的频率响应和系统函数,用 λ 和 p 分别表示模拟低通滤波器的归一化频率和复值变换;用 $H(j\Omega)$ 和 $H(s)$ 表示模拟高通、带通和带阻滤波的频率响应和系统函数,用 η 和 q 分别表示模拟低通滤波器的归一化频率和复值变换。若得到低通与高通、带通及带阻滤波器的频率变换关系为

$$p = f(s) \tag{5-22}$$

相应的滤波器系统函数可表示为

$$H(s) = G(p)\big|_{p=f(s)} \tag{5-23}$$

注意,根据不同类型的滤波器,或根据不同的需要,λ 可以定义为关于不同边界频率(通带边界频率、阻带边界频率、3 dB 截止频率等)的归一化频率,如巴特沃斯模拟低通滤波器中的 λ 定义为关于 3 dB 截止频率的归一化频率。本节讨论使用 λ 用关于通带边界频率进行归一化,即关于 Ω_p 归一化,定义 $\lambda = \Omega/\Omega_p$,有 $\lambda_p = \Omega_p/\Omega_p = 1$,$\lambda_s = \Omega_s/\Omega_p$。各种归一化频率对应的系统函数 $Q(\lambda)$ 统称为归一化低通原型系统函数。

1. 模拟高通滤波器设计

模拟低通与高通滤波器的幅频特性曲线如图 5-12 所示。频率变换如表 5-2 所示。

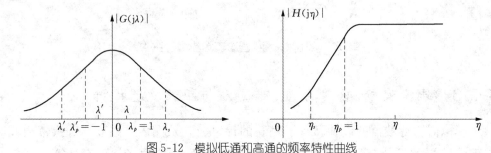

图 5-12 模拟低通和高通的频率特性曲线

表 5-2 低通到高通频率变换表

低通滤波器	$-\infty$	λ_s'	$\lambda_p' = -1$	λ'	0
高通滤波器	0	η_s	$\eta_p = 1$	η	∞

可以直观看出归一化频率变换关系为 $\lambda\eta = 1$ 或 $\lambda\eta = -1$(利用了低通滤波器幅频特性的对称性),可得模拟低通与高通滤波器归一化系统函数之间的关系为

$$H_{ah}(\eta) = G_{al}(\lambda)\big|_{\lambda = -\frac{1}{\eta}} \tag{5-24}$$

复值变量之间的关系为

$$p = j\lambda = -j\frac{1}{\eta} = -j\frac{1}{\Omega/\Omega_p} = \frac{\Omega_p}{s} \tag{5-25}$$

去归一化后,得到模拟高通滤波器的系统函数为

$$H_{\text{ah}}(s) = G_{\text{al}}(p) \big|_{p=\frac{\Omega_p}{s}} \qquad (5\text{-}26)$$

【例 5-3】 设计一个模拟高通滤波器,通带和阻带截止频率分别为 $f_p = 3000$ Hz, $f_s = 1500$ Hz,幅度特性单调下降,通带最大衰减为 $\alpha_p = 3$ dB,阻带最小衰减 $\alpha_s = 30$ dB。

解: ① 给定的高通技术指标为 $f_p = 3000$ Hz, $f_s = 1500$ Hz, $\alpha_p = 3$ dB, $\alpha_s = 30$ dB,其归一化频率为 $\eta_p = \dfrac{f_p}{f_c} = 1$, $\lambda_s = \dfrac{f_s}{f_c} = 0.5$。

② 转换成低通滤波器的技术指示为 $\lambda_p = 1, \lambda_s = \dfrac{1}{\eta_s} = 2, \alpha_p = 3$ dB, $\alpha_s = 15$ dB。

③ 采用巴特沃斯滤波器,设计归一化低通滤波器 $G(p)$,由

$$N = -\frac{\lg \sqrt{\dfrac{10^{a_p,10}-1}{10^{a_s,10}-1}}}{\lg \dfrac{\Omega_s}{\Omega_p}} = 5,$$

取 $N = 5$,则

$$G(p) = \frac{1}{(p^2 + 0.618p + 1)(p^2 + 1.618p + 1)(p+1)}$$

④ 去归一化,获得模拟高通滤波器的系统函数。令 $p = \dfrac{\Omega_c}{s} = 6000\pi/s$,并代入归一化模拟低通滤波器系统函数表达式,即可得高通滤波器的系统函数 $H_{\text{ah}}(s)$。

MATLAB 实现的源程序如下。

```
clc;clear all;
fs=1500;fp=3000;
rp=3;rs=30;
wp=2 * pi * fp;ws=2 * pi * fs;
[n,wn]=buttord(wp,ws,rp,rs,'s');
[b,a]=butter(n,wn,'high','s');
fk=0:6000/512:6000;fk1=2 * pi * fk;
h=freqs(b,a,fk1);
plot(fk/1000,abs(h));grid on;
xlabel('f/kHz');
ylabel('|Hah(jw)|');
grid on;
```

幅频特性曲线如图 5-13 所示。

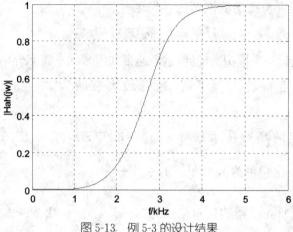

图 5-13 例 5-3 的设计结果

2. 模拟带通滤波器设计

模拟低通与高通滤波器的幅频特性曲线如图 5-14 所示。模拟带通滤波器有四个频率 Ω_{sl}, Ω_1, Ω_3, Ω_{sh}。现在的任务是对其进行归一化处理,找出其与低通滤波器归一化频率的关系。定义带通滤波器的频带宽度

$$\Omega_{BW} = \Omega_3 - \Omega_1 \tag{5-27}$$

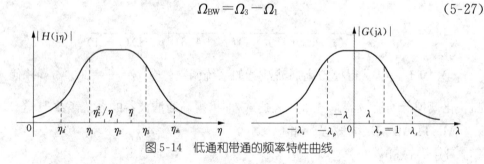

图 5-14 低通和带通的频率特性曲线

以此对 Ω 轴作归一化处理,即

$$\eta_{sl} = \frac{\Omega_{sl}}{\Omega_{BW}}, \quad \eta_{sh} = \frac{\Omega_{sh}}{\Omega_{BW}}, \quad \eta_1 = \frac{\Omega_1}{\Omega_{BW}}, \quad \eta_3 = \frac{\Omega_3}{\Omega_{BW}} \tag{5-28}$$

定义 $\Omega_2^2 = \Omega_1 \Omega_3$ 为几何中心频率。归一化的几何中心频率为 $\eta_2^2 = \eta_1 \eta_3$,通过频率变换为低通滤波器的原点,频率变换如表 5-3 所示。

表 5-3 低通到高通频率变换表

低通滤波器	$-\infty$	$-\lambda_s$	$-\lambda_p$	0	λ_p	λ_s	∞
带通滤波器	0	η_{sl}	η_1	η_2	η_3	η_{sh}	∞

得到 η 和 λ 之间的转换关系为

$$\frac{\eta - \eta_2^2/\eta}{\eta_3 - \eta_1} = \frac{2\lambda}{2\lambda_p} \tag{5-29}$$

则 η 和 λ 之间的转换关系为

$$\eta - \eta_2^2/\eta = \lambda \tag{5-30}$$

由

$$p = \mathrm{j}\lambda = \mathrm{j}\,\frac{\eta^2 - \eta_2^2}{\eta} = \mathrm{j}\,\frac{\left(\dfrac{q}{\mathrm{j}}\right)^2 - \eta_2^2}{q/\mathrm{j}} = \frac{q^2 + \eta_2^2}{q}$$

$$= \frac{\left(\dfrac{s}{\Omega_{\mathrm{BW}}}\right)^2 + \dfrac{\Omega_1\Omega_3}{\Omega_{\mathrm{BW}}^2}}{\dfrac{s}{\Omega_{\mathrm{BW}}}} = \frac{s^2 + \Omega_1\Omega_3}{s(\Omega_3 - \Omega_1)} \tag{5-31}$$

可得

$$H_{\mathrm{bp}}(s) = G(p)\,\Big|_{\frac{s^2 + \Omega_1\Omega_3}{s(\Omega_3 - \Omega_1)}} \tag{5-32}$$

【例 5-4】　设计一个模拟带通滤波器,要求通带带宽为 200 Hz,通带中心频率为 1000 Hz,通带内最大衰减 $\alpha_{\mathrm{p}} = 3$ dB,阻带下限截止频率为 830 Hz,阻带上限截止频率为 1200 Hz,阻带最小衰减 $\alpha_{\mathrm{s}} = 25$ dB。

解:　① 由题意可得模拟带通的技术指标为

$$\Omega_{\mathrm{BW}} = 2\pi \times 200 \ \mathrm{rad/s}, \qquad \Omega_2 = 2\pi \times 1000 \ \mathrm{rad/s}, \quad \alpha_{\mathrm{p}} = 3 \ \mathrm{dB},$$

$$\Omega_{\mathrm{s1}} = 2\pi \times 830 \ \mathrm{rad/s}, \qquad \Omega_{\mathrm{s2}} = 2\pi \times 1200 \ \mathrm{rad/s}, \quad \alpha_{\mathrm{s}} = 25 \ \mathrm{dB};$$

得归一化频率为

$$\eta_2 = \Omega_2/\Omega_{\mathrm{BW}} = 5, \qquad \eta_{\mathrm{sl}} = \Omega_{\mathrm{sl}}/\Omega_{\mathrm{BW}} = 4.15, \qquad \eta_{\mathrm{sh}} = \Omega_{\mathrm{sh}}/\Omega_{\mathrm{BW}} = 6,$$

由 $\eta_3 - \eta_1 = 1, \eta_2^2 = \eta_1\eta_3$,可求得 $\eta_1 = 4.525, \eta_3 = 5.525$。

② 求模拟低通滤波器归一化技术指标为

$$\lambda_{\mathrm{p}} = 1, \quad -\lambda_{\mathrm{p}} = -1, \quad \lambda_{\mathrm{s}} = \frac{\eta_{\mathrm{sh}}^2 - \eta_2^2}{\eta_{\mathrm{sh}}} = 1.833, \quad -\lambda_{\mathrm{s}} = \frac{\eta_{\mathrm{sl}}^2 - \eta_2^2}{\eta_{\mathrm{sl}}} = -1.874$$

注意,这里的 λ_{s} 和 $-\lambda_{\mathrm{s}}$ 的绝对值略有不同,这是由于所给的技术指标不完全对称所致,实际中,取 λ_{s} 绝对值较小者,即 $\lambda_{\mathrm{s}} = 1.833$,这样,此处衰减满足要求,则在 $\lambda_{\mathrm{s}} = 1.874$ 处的衰减更能满足要求。

③ 求出模拟归一化低通滤波器的传输函数 $G(p)$。采用巴特沃斯型,有

$$N = -\frac{\lg\sqrt{\dfrac{10^{\alpha_{\mathrm{p}}/10} - 1}{10^{\alpha_{\mathrm{s}}/10} - 1}}}{\lg\dfrac{\Omega_{\mathrm{s}}}{\Omega_{\mathrm{p}}}} = 2.83$$

取 $N = 3$,得 $G(p) = \dfrac{1}{p^3 + 2p^2 + 2p + 1}$。

④ 去归一化,获得模拟带通滤波器的传输函数。令 $p = \dfrac{s^2 + \Omega_1\Omega_3}{s(\Omega_3 - \Omega_1)}$,并代入归一化模拟低通滤波器传输函数表达式,即可得带通滤波器的传输函数 $H_{\mathrm{bp}}(s)$。MATLAB 实现的源程序如下。

```
clc;clear all;
fp1=900;fs1=830;
fp2=1100;fs2=1200;
rp=3;rs=25;
wp1=2*pi*fp1;wp2=2*pi*fp2;
ws1=2*pi*fs1;
ws2=2*pi*fs2;
[n,wn]=buttord([wp1 wp2],[ws1 ws2],rp,rs,'s');
[b,a]=butter(n,wn,'s');
fk=0:2000/512:2000;fk1=2*pi*fk;
h=freqs(b,a,fk1);
plot(fk,abs(h));grid on;
xlabel('f/Hz');
ylabel('|Hbp(jw)|');
grid on;
```

幅频特性曲线如图 5-15 所示。

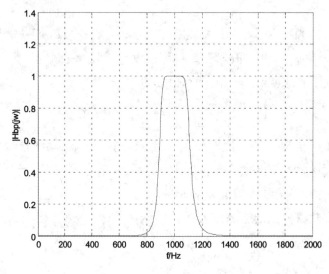

图 5-15   例 5-4 的设计结果

3. 模拟带阻滤波器设计

模拟带通滤波器有四个频率 Ω_{sl}，Ω_1，Ω_3，Ω_{sh}。现在的任务是对其进行归一化处理，找出其与低通滤波器归一化频率的关系。定义

$$\Omega_{BW}=\Omega_3-\Omega_1 \tag{5-33}$$

以此对 Ω 轴作归一化处理，即

$$\eta_{\text{sl}} = \frac{\Omega_{\text{sl}}}{\Omega_{\text{BW}}}, \quad \Omega_{\text{sh}} = \frac{\Omega_{\text{sh}}}{\Omega_{\text{BW}}}, \quad \Omega_1 = \frac{\Omega_1}{\Omega_{\text{BW}}}, \quad \Omega_3 = \frac{\Omega_3}{\Omega_{\text{BW}}} \tag{5-34}$$

定义 $\Omega_2^2 = \Omega_1 \Omega_3$ 为几何中心频率。归一化的几何中心频率为 $\eta_2^2 = \eta_1 \eta_3$，通过频率变换为低通滤波器的原点，频率变换如表 5-4 所示。

表 5-4　低通到带阻频率变换表

低通滤波器	$-\infty$	$-\lambda_s$	$-\lambda_p$	0	λ_p	λ_s	∞
带通滤波器	η_2	η_{sh}	η_3	∞	η_1	η_{sl}	η_2

得到 η 和 λ 之间的转换关系为

$$\frac{\eta - \eta_2^2/\eta}{\eta_3 - \eta_1} = \frac{2\lambda}{2\lambda_p} \tag{5-35}$$

则 η 和 λ 之间的转换关系为

$$\eta - \eta_2^2/\eta = \lambda \tag{5-36}$$

由

$$p = j\lambda = j\frac{\eta^2 - \eta_2^2}{\eta} = j\frac{\left(\dfrac{q}{j}\right)^2 - \eta_2^2}{q/j} = \frac{q^2 + \eta_2^2}{q}$$

$$= \frac{\left(\dfrac{s}{\Omega_{\text{BW}}}\right)^2 + \dfrac{\Omega_1\Omega_3}{\Omega_{\text{BW}}^2}}{\dfrac{s}{\Omega_{\text{BW}}}} = \frac{s^2 + \Omega_1\Omega_3}{s(\Omega_3 - \Omega_1)} \tag{5-37}$$

可得

$$H_{\text{bs}}(s) = G(p)\Big|_{\frac{s^2 + \Omega_1\Omega_3}{s(\Omega_3 - \Omega_1)}} \tag{5-38}$$

【例 5-5】　设计一个模拟带阻滤波器，要求 $f_1 = 905\ \text{Hz}$，$f_{\text{sl}} = 980\ \text{Hz}$，$f_{\text{sh}} = 1020\ \text{Hz}$，$f_3 = 1105\ \text{Hz}$，通带内最大衰减 $\alpha_p = 3\ \text{dB}$，阻带最小衰减 $\alpha_s = 25\ \text{dB}$。

解：① 由题意可得模拟带阻滤波器的技术指标为

$$\Omega_{\text{BW}} = \Omega_3 - \Omega_1 = 2\pi \times 200\ \text{rad/s}, \quad \Omega_2^2 = \Omega_1 \times \Omega_3 = 4\pi^2 \times 104975,$$

$$\alpha_p = 3\ \text{dB}, \quad \alpha_s = 25\ \text{dB},$$

得归一化频率为

$$\eta_1 = 4.525, \quad \eta_3 = 5.525, \quad \eta_{\text{sl}} = 4.9, \quad \eta_{\text{sh}} = 5.1。$$

② 求模拟低通滤波器归一化技术指标为

$$\lambda_p = 1, \quad -\lambda_p = -1, \quad \lambda_s = 5.049, \quad -\lambda_s = -4.949$$

取 $\lambda_s = 4.949$。

③ 求出模拟归一化低通滤波器的传输函数 $G(p)$。采用巴特沃斯型，有

$$N=-\frac{\lg\sqrt{\dfrac{10^{a_p/10}-1}{10^{a_s/10}-1}}}{\lg\dfrac{\Omega_s}{\Omega_p}}=1.8$$

取 $N=2$，得 $G(p)=\dfrac{1}{p^2+\sqrt{2}\,p+1}$。

④ 去归一化，获得模拟带通滤波器的传输函数。令 $p=\dfrac{s(\Omega_3-\Omega_1)}{s^2+\Omega_1\Omega_3}$，并代入归

一化模拟低通滤波器传输函数表达式，即可得带通滤波器的传输函数 $H_{bp}(s)$。

MATLAB 实现的源程序如下。

```
clc;clear all;
fp1=905;fp2=1105;
fs1=980;fs2=1020;
rp=3;rs=25;
wp1=2*pi*fp1;wp2=2*pi*fp2;
ws1=2*pi*fs1;ws2=2*pi*fs2;
[n,wn]=buttord([wp1,wp2],[ws1,ws2],rp,rs,'s');
[b,a]=butter(n,wn,'stop','s');
fk=0:2000/512:2000;fk1=2*pi*fk;
h=freqs(b,a,fk1);
plot(fk,abs(h));grid on;
xlabel('f/Hz');ylabel('|G(jw)|');
grid on;
```

幅频特性曲线如图 5-16 所示。

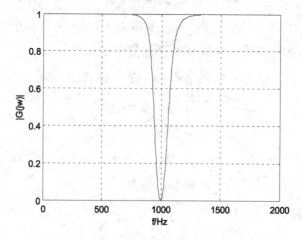

图 5-16　例 5-5 的设计结果

5.3　利用模拟滤波器设计 IIR 低通滤波器

由模拟滤波器的传递函数 $G(s)$ 或 $H(s)$ 求相应的数字滤波器的系统函数 $H(z)$，即找出 s 平面与 z 平面之间的映射变换，这种映射变换应遵循两个原则：

① 逼近程度：$H(z)$ 的频响必须要模仿 $G(s)$ 的频响。s 平面的虚轴 $j\Omega$ 应该映射到 z 平面的单位圆上。

② 稳定性：$H(s)$ 的因果稳定性，通过映射后仍应在得到的 $H(z)$ 中保持，也即 s 平面的左半平面（$\mathrm{Re}[s]<0$）应该映射到 z 平面的单位圆内（$|z|<1$）。

目前常用的变换方法有两种：冲激响应不变法和双线性 z 变换法。

5.3.1　冲激响应不变法

1. 基本原理

利用模拟滤波器理论设计数字滤波器，也就是使数字滤波器能模仿模拟滤波的特性，这种模仿可从不同的角度出发。冲激响应不变法又叫标准 z 变换法。它是从滤波器的冲激响应出发，使所设计的数字滤波器的单位脉冲响应序列 $h(n)$ 模仿模拟滤波器的单位冲激响应 $h_a(t)$，即 $h(n)=h_a(t)\big|_{t=nT}=h_a(nT)$，则 $H(z)=zT[h(n)]$。

由前面讨论采样获得序列的 s 平面到 z 平面的映射关系为 $z=e^{sT}$，或 $s=\dfrac{1}{T_s}\ln z$，模拟角频度与数字频率的关系为 $\omega=\Omega T_s$，因此，从理论来说，如果已知数字低通滤波器的技术指标 ω_p、ω_s、α_p 和 α_s，可以利用 $\omega=\Omega T_s$ 将 ω_p、ω_s 转换成 Ω_p 和 Ω_s，保持不变 α_p 和 α_s，然后，利用此四个技术指标设计出模拟滤波器 $G(s)$，则数字滤波器 $H(z)=G(s)\big|_{s=\frac{1}{T_s}\ln z}$。这种设计的优点是易理解，思想简单，但缺点是数字滤波器系统函数 $H(z)$ 以 z 的对数形式出现，这将给系统的分析和实现带来困难，因此，需要对上述方法作适当的改变以便于分析和实现。

冲激响应不变法即在此思想基础上的一种适用的设计方法，基本思想仍然利用由采样实现模拟到数字的思想，从滤波器的冲激响应出发，使数字滤波器的冲激响应序列 $h(n)$ 模仿模拟滤波器的冲激响应 $g(t)$，即对 $g(t)$ 进行采样，让 $h(n)$ 正好等于 $g(t)$ 的采样值，从而实现从模拟到数字的转换。

冲激响应不变法特别适用于可用部分分式表达系统函数，模拟滤波器的系统函数若只有单阶极点，且分母的阶数高于分子阶数 $N>M$，则可表达为部分分式形式。设计过程如下：

$$G(s) \xrightarrow{L^{-1}[\,\cdot\,]} g(t) \xrightarrow{\text{抽样}} h(nT_s) = h(n) \xrightarrow{Z[\,\cdot\,]} H(z) \, 。$$

设模拟滤波器的单位冲激响应为 $g(t)$，对其进行采样得 $h(nT_s)$，即

$$h(nT_s) = g(t) \mid_{t=nT_s} = g(t) \sum_{n=0}^{\infty} \delta(t-nT_s) \tag{5-39}$$

对应的数字系统的系统函数和频率响应分别为

$$H(z) = \sum_{n=0}^{\infty} h(nT_s) z^{-n} \tag{5-40}$$

$$H(e^{j\omega}) = \frac{1}{T_s} \sum_{k=-\infty}^{\infty} G(j\Omega - jk\Omega_s) \tag{5-41}$$

为了方便求解 $H(z)$，设模拟滤波器的传递函数 $G(s)$ 可分解为一阶和二阶系统的并联或级联

$$G(s) = \sum_{k=1}^{N} \frac{A_k}{s-\alpha_k} + \sum_{i=1}^{M} \frac{\beta_i}{(s-\alpha_i)^2 + \beta_i^2} \tag{5-42}$$

由上式，利用拉氏反变换公式，可求得相应的 $g(t)$，从而获得数字滤波器的系统函数和频率响应。

① $G(s)$ 的一阶子系统（单阶极点，实）。设 $G_k(s)$ 可表示为 $G_k(s) = \dfrac{A_k}{s-\alpha_k}$，利用拉氏反变换公式得 $g_k(t) = A_k e^{\alpha_k t}$，对上式按 T_s 为周期进行采样得 $h_k(nT_s) = A_k e^{\alpha_k nT}$，对 $h(n)$ 进行 z 变换得 $H_k(z) = \dfrac{A_k}{1-e^{\alpha_k T_s} z^{-1}}$。注意到式(5-41)中 $H(e^{j\omega})$ 与 $G(j\Omega)$ 之间有一个因子 T^{-1}，为了去掉这个因子，令

$$H_k(z) = \frac{A_k}{1-e^{\alpha_k T_s} z^{-1}} \tag{5-43}$$

② $G(s)$ 的二阶子系统（共轭复极点）$G_i(s)$ 可表示为

$$G_i(s) = \frac{\beta_i}{(s-\alpha_i)^2 + \beta_i^2} \tag{5-44}$$

按①的求解思路得

$$g_i(t) = e^{\alpha_i t} \sin(\beta_i t) u(t) \tag{5-45}$$

$$H_i(z) = \frac{z e^{\alpha_i T_s} \sin(\beta_i T_s)}{z^2 - z[2e^{\alpha_i T_s} \cos(\beta_i T_s)] + e^{2\alpha_i T_s}} \tag{5-46}$$

同样，为了去掉 $H(e^{j\omega})$ 与 $G(j\Omega)$ 之间的因子 T^{-1}，令

$$H_i(z) = \frac{z T_s e^{\alpha_i T_s} \sin(\beta_i T_s)}{z^2 - z[2e^{\alpha_i T_s} \cos(\beta_i T_s)] + e^{2\alpha_i T_s}} \tag{5-47}$$

总结：利用冲激响应不变法设计 IIR 数字滤波器的过程如下：

1. 利用 $\omega = \Omega T_s$ 的关系将 ω_p 和 ω_s 转换成 Ω_p 和 Ω_s，α_p 和 α_s 不变；

2. 利用上述性能指标设计模拟低通滤波器 $G(s)$；

3. 将 $G(s)$ 转化为一阶和二阶系统并联式(5-42)式或级联形式，利用式 (5-43)和(5-47)将 $G(s)$ 转换成 $H(z)$。

【例 5-6】　试用冲激响应不变法将下图所示的 RC 低通滤波器转换成数字滤波器。

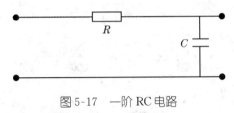

图 5-17　一阶 RC 电路

解：由图 5-17 可得模拟滤波器的系统函数为

$$G(s) = \frac{\alpha}{\alpha + s}, \quad g(t) = \alpha e^{-\alpha t}, \quad \alpha = \frac{1}{RC}$$

利用冲激响应不变法转换，由式(5-44)得数字滤波器的系统函数为

$$H(z) = \frac{T_s \alpha}{1 - e^{-\alpha T_s} z^{-1}}$$

令 $\alpha = 1000$，且采样周期分别为 $T1_s = 0.01$ s，$T2_s = 0.001$ s，画出相应的模拟和数字滤波器的幅频特性曲线如图 5-18 所示。从图中可以看出，当采样频率较小时，$|H(e^{j\omega})|$ 与 $|G(j\Omega)|$ 的差别较大，这是由于频域混叠造成的，随着采样频率的增大，近似程度越来越好，这是由于低通滤波器在高频处衰减较大，造成的频域混叠较小。

MATLAB 实现的源程序如下。

```
clc;clear all;
erfa=1000;bs=[erfa];as=[1,erfa];
T=0.0001;fs=1/T;
fk=0:fs/2;fk1=2*pi*fk;
hs=freqs(bs,as,fk1);
plot(fk1/(2*pi),10*log(abs(hs)),'k--');grid on;
bz=[T*erfa];
az=[1,-exp(-erfa*T)];
hold on;
```

```
[hz,w]=freqz(bz,az,fs,fs);
plot(w,10 * log(abs(hz)),'k-');
legend('模拟滤波器','数字滤波器');
xlabel('f/Hz'); ylabel('幅度/dB'); grid on;
```

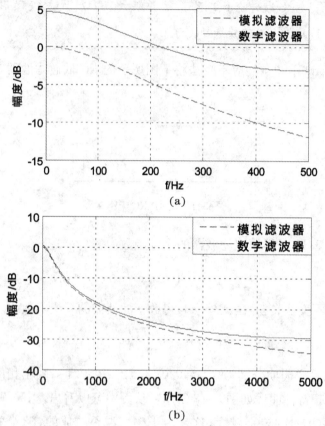

图 5-18　一阶 RC 电路的模拟与数字滤波器的幅频特性曲线

2. 性能分析

下面讨论脉冲响应不变法设计数字滤波器的相关性能。

(1) 稳定性分析。

由上面分析可知,$g(t)$ 的拉氏变换与相应的采样序列 $h(n)$ 的 z 变换之间的映射关系为 $z=e^{sT}$,设 $s=\sigma+j\Omega, z=re^{j\omega}$,可得

$$\begin{cases} r=e^{\sigma T} \\ \omega=\Omega T_s \end{cases} \tag{5-48}$$

由式 (5-48)可知:

① $\sigma=0$ 时,$r=1$,s 平面的虚轴映射为 z 平面的单位圆;

② $\sigma<0$ 时,$r<1$,s 平面的左半平面映射为 z 平面的单位圆内;

③ $\sigma>0$ 时,$r>1$,s 平面的右半平面映射为 z 平面的单位圆外。

对于模拟系统因果稳定,其系统函数 $H_a(s)$ 的所有极点位于 s 平面的左半平面,按照上述结论,这些极点全部映射到 z 平面单位圆内,因此,数字滤波器 $H(z)$ 也因果稳定。

(2) 逼近程度。

因为 $h(n)=g(nT)$,根据时域采样理论得到

$$H(e^{j\Omega T})=\frac{1}{T_s}\sum_{k=-\infty}^{\infty}G\Big[j\Big(\Omega-\frac{2\pi k}{T_s}\Big)\Big] \tag{5-49}$$

代入 $\omega=\Omega T$ 得到

$$H(e^{j\omega})=\frac{1}{T}\sum_{k=-\infty}^{\infty}G\Big(j\frac{\omega-2\pi k}{T_s}\Big) \tag{5-50}$$

上面两式说明,数字滤波器频率响应是模拟滤波器频率响应的周期延拓函数。如果模拟滤波器具有带限特性,而且 T_s 满足采样定理,则数字滤波器频率响应完全模仿了模拟滤波器频率响应。这是冲激响应不变法的最大优点。

(3) 混叠失真。

冲激响应不变法下,s 平面上每一个宽度为 $2\pi/T$ 的横带都映射到整个 z 平面,这可以想象为 s 平面虚轴上 $(-\pi/T,\pi/T)$、$(\pi/T,3\pi/T)$、$(3\pi/T,5\pi/T)\cdots$ 分别映射到 z 平面单位圆 $(-\pi,\pi)$ 段,映射如图 5-19 所示。由式(5-50)可知,数字频谱 $(-\pi,\pi)$ 段是模拟频谱各段的叠加,相当于模拟频谱周期延拓后叠加的效果。如图 5-20 所示。

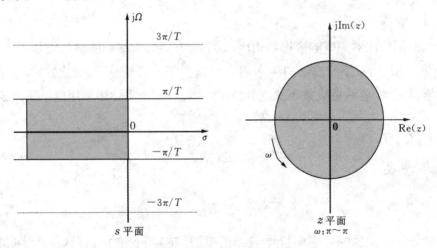

图 5-19　s 平面到 z 平面的映射关系图

如果 $H(j\Omega)$ 的频谱分量限于 $(-\pi/T,\pi/T)$ 的范围内,也就是最高频率不超过采样频率的一半,即 $G(j\Omega)=0$,$|\Omega|\geqslant\pi/T$。则周期延拓后无频谱混叠,变换得到的数字滤波器的频响才能不失真地重现模拟滤波器的频响。

实际中的任何一个模拟滤波器,其频率响应都不可能是真正严格带限的,因此不可避免地存在频谱的交叠,即混淆。这时,数字滤波器的频率响应将不同于原模拟滤波器的频响而带有一定的失真。由图 5-20 可见,频谱混叠失真会使数字滤波器在 $\omega = \pi$ 附近的频率响应偏离模拟滤波器频响特性曲线,混叠严重时可使数字滤波器不满足阻带衰减指标。这是冲激响应不变法的最大缺点。

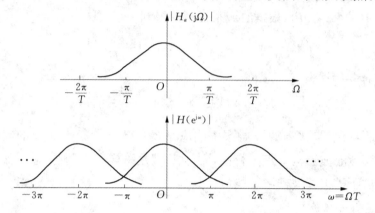

图 5-20　冲激响应不变法频谱混叠现象示意图

模拟滤波器频率响应在折叠频率以上衰减越大,导致的混叠失真越小,这时,采用脉冲响应不变法设计的数字滤波器才能得到良好的效果。显然,高通和带阻滤波器不能使用脉冲响应不变,另外,截止特性不好,且拖尾太长的低通、带通也不宜用此法。

（4）增益补偿。

与模拟滤波器频率响应增益相比,数字滤波器的频率响应增益增加了常数因子 $1/T_{\mathrm{s}}$。所以,数字滤波器的频率响应增益会随采样周期 T_{s} 变化,特别是 T_{s} 很小时增益很大,容易造成数字滤波器溢出。所以,工程实际中采用以下实用公式

$$h(n) = T_{\mathrm{h}a}(nT) \tag{5-51}$$

$$H(z) = \sum_{k=1}^{N} \frac{TA_k}{1 - \mathrm{e}^{s_k T} z^{-1}} \tag{5-52}$$

这时

$$H(\mathrm{e}^{\mathrm{j}\omega}) = \sum_{k=-\infty}^{\infty} G\left(\mathrm{j}\frac{\omega - 2\pi k}{T_{\mathrm{s}}}\right) \tag{5-53}$$

使数字滤波器的频率响应增益与模拟滤波器频响增益相同,符合实际应用要求。

【例 5-7】　二阶巴特沃斯模拟低通滤波器的系统函数为

$$G(s) = \frac{1}{s^2 + \sqrt{2}\,s + 1}$$

试用脉冲响应不变法将其转换成数字滤波器 $H(z)$,并对不同的采样周期 T,观察

频谱混叠失真现象。

解： 采用待定系数法将 $G(s)$ 部分分式展开。$G(s)$ 的极点为

$$s_1 = -\frac{\sqrt{2}}{2}(1+j), \quad s_2 = -\frac{\sqrt{2}}{2}(1-j) = s_1^*$$

因此

$$G(s) = \frac{1}{s^2 + \sqrt{2}\,s + 1} = \frac{A_1}{s - s_1} + \frac{A_2}{s - s_2}$$

解得

$$A_1 = \frac{\sqrt{2}}{2}j, \quad A_2 = -\frac{\sqrt{2}}{2}j$$

按实用公式，即式(5-52)得到数字滤波器的系统函数为

$$H(z) = \frac{T_s A_1}{1 - e^{s_1 T} z^{-1}} + \frac{T_s A_2}{1 - e^{s_2 T} z^{-1}} = \frac{bz^{-1}}{1 + a_1 z^{-1} + a_2 z^{-2}}$$

式中 $a_1 = -2e^{-\sqrt{2}T/2}\cos\frac{\sqrt{2}}{2}T_s$，$a_2 = e^{-\sqrt{2}T}$，$b = T_s\sqrt{2}\,e^{-\sqrt{2}T_s/2}\sin\frac{\sqrt{2}}{2}T_s$。

当 T_s 分别取 0.2 s，0.1 s 和 0.05 s 时，模拟滤波器和数字滤波器的幅频特性曲线如下图 5-21 所示。

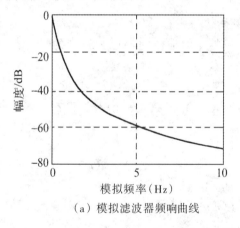
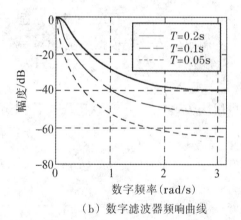

（a）模拟滤波器频响曲线　　　　　（b）数字滤波器频响曲线

图 5-21　例 5-7 的幅频特性图

显然 $|G(j\Omega)|$ 采样周期 T 越大，频谱混叠失真越严重，与 $|H(e^{j\omega})|$ 差别越大。

综上所述，冲激响应不变法设计数字滤波器具有较好时域模仿特性，但由于频谱周期延拓效应，可能产生混叠失真。

5.3.2 双线性 z 变换设计 IIR 低通滤波器

1. 基本原理

冲激响应不变法由于使用了 $z = e^{sT}$ 的映射关系使得 S 平面与 Z 平面存在多值映射，引起频域混叠，因此，希望找到一个 S 平面与 Z 平面的一一映射关系，以避免这种混叠现象。双线性 z 变换法由凯塞(Kaiser)和戈尔登(Golden)提出，其

是从频域出发,使数字滤波器的频率响应与模拟滤波器的频率响应相似的一种变换法,实现 S 平面与 Z 平面一一对应的关系,避免了冲激响应不变法的频域混叠。这种映射满足:

① S 平面的整个虚轴只映射为 Z 平面的单位圆一周,避免频域混叠;

② $G(s)$ 稳定,则 $H(z)$ 稳定,即 S 平面的左半平面映射到 Z 平面的单位圆内;

③ 映射可逆,既能从 $G(s)$ 得到 $H(z)$,也能从 $H(z)$ 得到 $G(s)$;

④ 若 $G(\mathrm{j}0)=1$,则 $H(\mathrm{e}^{\mathrm{j}0})=1$。

满足上述关系式的映射为

$$s=\frac{2}{T_\mathrm{s}}\frac{(z-1)}{(z+1)}=\frac{2}{T_\mathrm{s}}\frac{(1-z^{-1})}{(1+z^{-1})} \tag{5-54a}$$

$$z=\frac{1+sT_\mathrm{s}/2}{1-sT_\mathrm{s}/2} \tag{5-54b}$$

此关系称为双线性 z 变换,解决了冲激不变法的混叠失真问题,且是一种简单的代数关系。

这种双线性 z 变换法的背景是用表征数字滤波器 $H(z)$ 的差分方程作为模拟滤波器 $G(s)$ 所对应的微分方程的近似解获得,其变换过程是:

$$H(s)\longrightarrow 微分方程\longrightarrow 差分方程\xrightarrow{Z[\cdot]}H(z)$$

例如,对于一阶模拟系统 $G(s)=A/(s+\lambda)$,对应的时域微分方程为

$$\frac{\mathrm{d}y(t)}{\mathrm{d}t}+\lambda y(t)=Ax(t)$$

可用 $[y(n)-y(n-1)]/T_\mathrm{s}$ 代替微分,用 $[y(n)-y(n-1)]/2$ 代替 $y(t)$,$[x(n)-x(n-1)]/2$ 代替 $x(t)$,于是得到

$$\frac{1}{T_\mathrm{s}}[y(n)-y(n-1)]+\frac{\lambda}{2}[y(n)-y(n-1)]=\frac{A}{2}[x(n)-x(n-1)]$$

两边取 z 变换得 $H(z)=\dfrac{A}{\dfrac{2}{T_\mathrm{s}}\dfrac{(1-z^{-1})}{(1+z^{-1})}+\lambda}$,与 $G(s)$ 相比可得

$$H(z)=G(s)\Big|_{s=\frac{2}{T_\mathrm{s}}\frac{(1-z^{-1})}{(1+z^{-1})}} \tag{5-55}$$

这就是双线性 z 变换的关系。考虑频率变换关系,用 $\mathrm{j}\Omega$ 代替 s,$\mathrm{e}^{-\mathrm{j}\omega}$ 代替 z,由式(5-54a)得到

$$\mathrm{j}\Omega=\frac{2}{T_\mathrm{s}}\frac{(1-\mathrm{e}^{-\mathrm{j}\omega})}{(1+\mathrm{e}^{-\mathrm{j}\omega})}=\mathrm{j}\frac{2}{T_\mathrm{s}}\tan(\omega/2) \tag{5-56}$$

即

$$\begin{cases}\Omega=\dfrac{2}{T_\mathrm{s}}\tan(\omega/2)\\[2mm]\omega=2\arctan(\Omega T_\mathrm{s}/2)\end{cases} \tag{5-57}$$

这样,式(5-54)给出 s 和 z 之间的映射关系,式(5-57)给出了模拟频率 Ω 和数字频率 ω 的变换关系。在上述的双线性 z 变换法中,如果省略 $2/T_s$,不影响滤波器的设计,得

$$\begin{cases} s=\dfrac{1-z^{-1}}{1+z^{-1}}, \quad z=\dfrac{1+s}{1-s} \\ \Omega=\tan(\omega/2), \quad \omega=2\arctan\Omega \end{cases} \tag{5-58}$$

> 　　总结:上述分析可得利用双线性 z 变换法设计 IIR 数字滤波器的过程如下:
>
> 　　(1) 利用 $\Omega=\tan(\omega/2)$ 的关系将 ω_p 和 ω_s 转换成 Ω_p 和 Ω_s, α_p 和 α_s 不变;
>
> 　　(2) 利用上述性能指标设计模拟低通滤波器 $G(s)$;
>
> 　　(3) 利用双线性 z 变换 $s=\dfrac{(z-1)}{(z+1)}$ 将 $G(s)$ 转换成 $H(z)$。

【例 5-8】　试用双线性 z 变换法将例 5-6 的低通滤波器转换成数字滤波器。

解: 模拟滤波器的系统函数为

$$G(s)=\frac{\alpha}{\alpha+s}, \quad \alpha=\frac{1}{RC}$$

利用双线性 z 变换法转换的数字滤波器的系统函数为

$$H_2(z)=G(s)\Big|_{s=\frac{2}{T}\frac{1-z^{-1}}{1+z^{+1}}}=\frac{\alpha_1(1+z^{-1})}{1+a_2z^{-1}}$$

其中, $\alpha_1=\dfrac{\alpha T}{\alpha T+2}$, $\alpha_2=\dfrac{\alpha T-2}{\alpha T+2}$。

2. 性能分析

下面分析双线性 z 变换实现模拟到数字滤波器时的系统性能。

(1) 稳定性分析。

令 $s=j\Omega$,代入式(5-54b)得到 $z=\dfrac{1+jT_s\Omega/2}{1-jT_s\Omega/2}$,则 $|z|=\dfrac{\sqrt{1+(T_s\Omega/2)^2}}{\sqrt{1+(T_s\Omega/2)^2}}=1$,即 s 平面的虚轴正好映射到 z 平面的单位圆。

将 $s=\sigma+j\Omega$,代入式(5-54b)得到 $z=\dfrac{1+(\sigma+j\Omega)T_s/2}{1-(\sigma+j\Omega)T_s/2}$,则

$$|z|=\frac{\sqrt{(1+T_s\sigma/2)^2+(\Omega T_s/2)^2}}{\sqrt{(1-T_s\sigma/2)^2+(\Omega T_s/2)^2}} \tag{5-59}$$

当 $\sigma<0$ 时,式(5-59)中分母多项式将大于分子多项式,有 $|z|<1$,即 s 平面的左半平面映射到 z 平面的单位圆内;当 $\sigma>0$ 时,式(5-59)中分母多项式将小于分

子多项式，有$|z|>1$，即 s 平面的右半平面映射到 z 平面的单位圆外。如图 5-22 所示。说明如果模拟滤波器是因果稳定(极点位于左半平面)的，则利用双线性 z 变换法获得的数字滤波器亦是因果稳定(极点位于单位圆内)的。

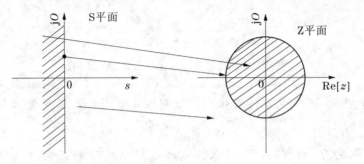

图 5-22　S 平面到 Z 平面映射关系图

(2) 非线性畸变。

由图 5-22 看出，s 平面的正(负)虚轴映射成 z 平面单位圆的上(下)半圆。由于 s 平面的整个正虚轴($\Omega=0\sim\infty$)映射成有限宽的数字频段($\omega=0\sim\pi$)，所以双线性变换引起数字频率与模拟频率之间的严重非线性畸变。正是这种频率非线性畸变，使整个模拟频率轴映射成数字频率的主值区$[-\pi,\pi]$，从而消除了频谱混叠失真。这种频率非线性畸变使数字滤波器频率响应曲线不能模仿相应的过渡模拟滤波器频率响应曲线的波形。图 5-23 给出频率非线性畸变对频率特性响应的示意图。从图中可以看出，对于模拟频率的相同长度区间，映射到数字域时，由于频率变换的非线性，对应的数字域频率区间长度不同，因此，从频率特性角度来说，模拟域的频率特性到数字域频率特性时产生了一种非线性压缩，从而导致数字滤波器频率响应曲线不能完全模仿相应的模拟滤波器频率响应曲线的波形。

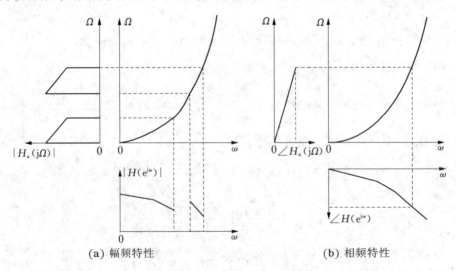

(a) 幅频特性　　　　　　　　(b) 相频特性

图 5-23　频率响应的畸变示意图

（3）预畸变校正

由图 5-23 可明显看出，由于数字频率与模拟频率之间的非线性映射关系，典型模拟滤波器幅频响应曲线经过双线性变换后，所得数字滤波器幅频响应曲线有较大的失真。但是，将数字滤波器指标转换成相应的过渡模拟滤波器指标时，如果按照非线性关系式计算模拟滤波器边界频率

$$\Omega_p = \frac{2}{T}\tan\frac{\omega_p}{2}$$

$$\Omega_s = \frac{2}{T}\tan\frac{\omega_s}{2}$$

(5-60)

则过渡模拟滤波器再经过双线性变换后，所得数字滤波器的边界频率就一定满足所要求的数字边界频率指标，幅频响应特性必然满足所给的数字域片断常数幅频响应特性指标。称式（5-60）为"预畸变校正"。

下面举例说明非线性畸变的影响。

【例 5-9】　试用双线性 z 变换法设计一个数字低通滤波器。已知通带和阻带截止频率分别为 $f_p = 100\,\text{Hz}$，$f_s = 300\,\text{Hz}$，通带最大衰减为 3 dB，阻带最小衰减 $\alpha_s = 20\,\text{dB}$，采样周期 $T = 0.001\,\text{s}$。

解：① 由题意可得数字低通滤波器的技术指标为

$$\omega_p = \Omega_p T = 0.2\pi, \quad \omega_s = \Omega_s T = 0.6\pi, \quad \alpha_p = 3\,\text{dB}, \quad \alpha_s = 20\,\text{dB},$$

② 将数字滤波器的技术指标转换为模拟滤波器的技术指标

$$\Omega_p = \tan(\omega_p/2) = 0.3249, \quad \Omega_s = \tan(\omega_s/2) = 1.3764,$$

得归一化频率为 $\lambda_p = 1$，$\lambda_s = 4.2363$。

③ 求出模拟归一化低通滤波器的系统函数。采用巴特沃斯型，有

$$N = -\frac{\lg\sqrt{\dfrac{10^{a_p,10}-1}{10^{a_s,10}-1}}}{\lg\dfrac{\Omega_s}{\Omega_p}} = 1.59$$

取 $N = 2$，得 $G(p) = \dfrac{1}{p^2 + \sqrt{2}\,p + 1}$。去归一化，获得模拟低通滤波器的系统函数。

令 $p = \dfrac{s}{\Omega_p}$ 得到

$$G(s) = \frac{0.10556}{s^2 + 0.4595s + 0.10556}$$

④ 利用双线性 z 变换法由 $G(s)$ 获得 $H(z)$。幅频特性曲线如图 5-24 所示。

$$H(z) = G(s)\Big|_{s=\frac{(1-z^{-1})}{(1+z^{-1})}} = \frac{0.6745 + 0.1349z^{-1} + 0.0675z^{-2}}{1 - 1.143z^{-1} + 0.4128z^{-2}}$$

MATLAB 实现的源程序如下。

```
clc;clear all;
fs=300;fp=100;
omigp=tan(0.2 * pi);omigs=tan(0.6 * pi);
T=0.001;fst=1000;
rp=3;rs=25;
wp=2 * pi * fp;ws=2 * pi * fs;
[n,wn]=buttord(wp,ws,rp,rs,'s');
[b,a]=butter(n,wn,'s');
fk=0:fst/2;fk1=2 * pi * fk;
h=freqs(b,a,fk1);
plot(fk,10 * log(abs(h)),'——');grid on;
hold on;
[bz,az]=bilinear(b,a,fst);
[hz,w]=freqz(bz,az,fst,fst);
plot(w,10 * log(abs(hz)),'k—');
xlabel('f/Hz'); ylabel('幅度/dB');
grid on;
```

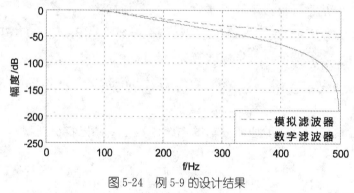

图 5-24　例 5-9 的设计结果

　　由图 5-24 数字滤波器的幅频特性完全满足技术要求,而模拟滤波器的幅频曲线没有完全达到技术要求,这正是由于模拟角频率 Ω 与数字频率 ω 是一种非线性映射关系导致的非线性畸变引起,这种数字滤波器频率响应衰减比模拟滤波器来得快,也正是我们所希望的。

　　下面我们总结利用模拟滤波器设计 IIR 数字低通滤波器的步骤。

　　(1) 确定数字低通滤波器的技术指标:通带截止频率 ω_p、通带衰减 α_p、阻带截止频率 ω_s、阻带衰减 α_s。

　　(2) 将数字低通滤波器的技术指标转换成模拟低通滤波器的技术指标。采用冲激响应不变法,频率转换关系为 $\omega=\Omega T$ 如果采用双线性 z 变换法,频率转换关系为 $\Omega=\tan\left(\dfrac{1}{2}\omega\right)$。

（3）按照模拟低通滤波器的技术指标设计模拟低通滤波器。

（4）将模拟滤波器 $G(s)$，从 s 平面转换到 z 平面,得到数字低通滤波器系统函数 $H(z)$。

5.4　数字高通、带通和带阻滤波器的设计

到目前为止,我们已经详细讨论了模拟低通、高通、带通及带阻滤波器的设计方法以及基于冲激响应不变法和双线性 z 变换方法设计数字低通滤波器。下面讨论数字高通、带通或带阻滤波器的设计方法。

如果给定数字高通、带通或带阻的技术指标,可以通过双线性 z 变换的频率变换关系得到模拟高通、带通或带阻的技术指标,设计出相应的模拟高通、带通或带阻滤波器系统函数 $H(s)$,再利用双线性 z 变换得到数字高通、带通或带阻滤波器 $H(z)$,设计步骤如图 5-25 所示。

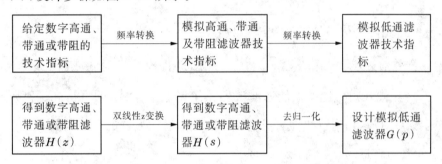

图 5-25　数字高通、带通及带阻滤波器的设计过程

综上所述,数字高通、带通及带阻滤波器的设计步骤如下。

步骤 1：将数字高通、带通及带阻滤波器的技术指标转变为模拟高通、带通及带阻滤波器的技术指标,并作归一化处理。

步骤 2：利用频率变换关系将模拟高通、带通及带阻的技术指标转换为归一化的模拟低通滤波器的技术指标。

步骤 3：设计归一化模拟低通滤波器传输函数 $G(p)$；

步骤 4：将 $G(p)$ 转换为模拟高通、带通及带阻滤波器的转移函数 $H(s)$。

步骤 5：利用双线性 z 变换将模拟高通、带通及带阻滤波器的转移函数转换成相应的数字高通、带通及带阻滤波器的转移函数。

下面通过实例说明如何设计数字高通、带通及带阻滤波器的方法。

【例 5-10】　设计一个数字高通滤波器,要求通带截止频率 $\omega_\text{p}=0.8\pi$,通带衰减不大于 3 dB,阻带截止频率 $\omega_\text{p}=0.44\pi$,阻带衰减不小于 20 dB。

解：　①　将数字高通的技术指标转换为模拟高通滤波器的技术指标,得到模

拟高通的技术指标计算如下：

$$\Omega_p = \tan \frac{1}{2}\omega_p = 3.0777 \text{ rad/s}, \quad \alpha_p = 3 \text{ dB}$$

$$\Omega_s = \tan \frac{1}{2}\omega_s = 0.8273 \text{ rad/s}, \quad \alpha_s = 20 \text{ dB}$$

$$\eta_p = 1, \quad \eta_s = \frac{\Omega_s}{\Omega_p} = 0.2688$$

② 将高通滤波器的技术指标转换为模拟低通滤波器的技术指标：

$$\lambda_p = 1, \quad \alpha_p = 3 \text{ dB}$$

$$\lambda_s = \frac{1}{\eta_s} = 3.72, \quad \alpha_s = 20 \text{ dB}$$

③ 设计归一化模拟低通滤波器系统函数 $G(p)$。模拟低通滤波器的阶数

$$N = -\frac{\lg \sqrt{\dfrac{10^{a_p/10}-1}{10^{a_s/10}-1}}}{\lg \dfrac{\Omega_s}{\Omega_p}} = -\frac{\lg \sqrt{\dfrac{10^{a_p/10}-1}{10^{a_s/10}-1}}}{\lg \dfrac{\lambda_s}{\lambda_p}} = 1.74$$

取 $N=2$，得到归一化模拟低通系统函数 $G(p) = \dfrac{1}{p^2 + \sqrt{2}\,p + 1}$。

④ 合并前述步骤 4 和步骤 5。去归一化，获得模拟高通滤波器的系统函数。

令 $p = \dfrac{\Omega_c}{s}$，并代入归一化模拟低通滤波器系统函数表达式，即可得高通滤波器的系统函数 $H_{ah}(s)$，利用双线性 z 变换得到数字高通滤波器的系统函数

$$H(z) = H(s)\Big|_{s=\frac{1+z^{-1}}{1-z^{-1}}} = G(p)\Big|_{p=\Omega_c\frac{1-z^{-1}}{1+z^{-1}}} = \frac{0.06745\,(1-z^{-1})^2}{1+1.143z^{-1}+0.4128z^{-2}}$$

MATLAB 实现的源程序如下。

```
clc;clear all;
wp=0.8 * pi;ws=0.44 * pi;
rp=3;rs=20;fs=1;
omigap=tan(wp/2);
omigas=tan(ws/2);
%wp=2 * pi * omigas;ws=2 * pi * omigas;
[n,wn]=buttord(omigap,omigas,rp,rs,'s');
[b,a]=butter(n,wn,'high','s');
[bz,az]=bilinear(b,a,fs);
[hz,w]=freqz(bz,az,256,fs);
plot(w,10 * log(abs(hz)),'k—');
legend('数字高通滤波器');
xlabel('w/rad/s');ylabel('幅度/dB');
grid on;
```

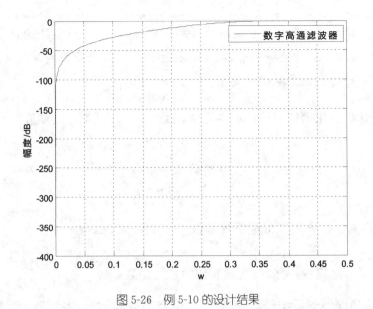

图 5-26　例 5-10 的设计结果

【例 5-11】 设计一个数字带通滤波器,通带范围为 0.3π 到 0.4π,通带内最大衰减为 3dB,阻带下限和上限截止频率分别为 0.2π 和 0.5π,阻带内最小衰减为 18dB。

解: ① 将数字带通的技术指标转换为模拟带通滤波器的技术指标,得到模拟带通的技术指标计算如下:

$$\Omega_{sl} = \tan\frac{1}{2}\omega_{sl} = \tan(0.1\pi) = 0.3249 \text{ rad/s}$$

$$\Omega_{sh} = \tan\frac{1}{2}\omega_{sh} = \tan(0.25\pi) = 1 \text{ rad/s}$$

$$\Omega_1 = \tan\frac{1}{2}\omega_1 = \tan(0.15\pi) = 0.5095 \text{ rad/s}$$

$$\Omega_3 = \tan\frac{1}{2}\omega_3 = \tan(0.2\pi) = 0.7265 \text{ rad/s}$$

$$\Omega_2^2 = \Omega_1\Omega_3 = 0.3702$$

$$\Omega_{BW} = \Omega_3 - \Omega_1 = 0.217 \text{ rad/s}$$

得到归一化频率

$$\eta_1 = \Omega_1/\Omega_{BW} = 2.35, \quad \eta_3 = \Omega_3/\Omega_{BW} = 3.348$$

$$\eta_{sl} = \Omega_{sl}/\Omega_{BW} = 1.4973, \quad \eta_{sh} = \Omega_{sh}/\Omega_{BW} = 4.6081$$

② 将带通滤波器的技术指标转换为模拟低通滤波器的技术指标:

$$\lambda_p = 1, \quad \alpha_p = 3 \text{ dB}$$

$$-\lambda_s = \frac{\eta_{sl}^2 - \eta_2^2}{\eta_{sl}} = -3.7529, \quad \lambda_s = \frac{\eta_{sh}^2 - \eta_2^2}{\eta_{sh}} = 2.9022, \quad \alpha_s = 18 \text{ dB}$$

注意：这里的 λ_s 和 $-\lambda_s$ 的绝对值差别较大，这是由于频率转换的非线性所致，实际中，取 λ_s 绝对值较小者，取 $\lambda_s=2.9022$，这样，此处衰减满足要求，则在 $\lambda_s=1.874$ 处的衰减更能满足要求。

③ 设计归一化模拟低通滤波器系统函数 $G(p)$。模拟低通滤波器的阶数

$$N=-\frac{\lg\sqrt{\frac{10^{a_p/10}-1}{10^{a_s/10}-1}}}{\lg\frac{\Omega_s}{\Omega_p}}=-\frac{\lg\sqrt{\frac{10^{a_p/10}-1}{10^{a_s/10}-1}}}{\lg\frac{\lambda_s}{\lambda_p}}=1.94$$

取 $N=2$，得到归一化模拟低通系统函数 $G(p)=\dfrac{1}{p^2+\sqrt{2}p+1}$。

④ 去归一化，获得模拟高通滤波器的系统函数。令 $p=\dfrac{s^2+\Omega_1\Omega_3}{s(\Omega_3-\Omega_1)}$，并代入归一化模拟低通滤波器系统函数表达式，即可得高通滤波器的系统函数 $H_{ah}(s)$，利用双线性 z 变换得到数字高通滤波器的系统函数。合并步骤4和步骤5，可得 p 和 z 之间转换关系为

$$p=\frac{(z-1)^2+\Omega_2^2(z+1)^2}{\Omega_{BW}(z^2-1)}$$

代入归一化模拟低通滤波器的系统函数，即得数字带通滤波器的系统函数

$$H(z)=H(s)\Big|_{s=\frac{1+z^{-1}}{1-z^{-1}}}=G(p)\Big|_{p=\frac{(z-1)^2+\Omega_2^2(z+1)^2}{\Omega_{BW}(z^2-1)}}$$
$$=\frac{0.0201(1-2z^{-1}+z^{-4})}{1-1.637z^{-1}+2.237z^{-2}-1.307z^{-3}+0.641z^{-4}}$$

本章小结

数字滤波器就是将一组输入的数字序列通过一定的运算后转变为另一组输出的数字序列。在转变的过程中消除无用分量，提取有用的分量。

数字滤波器从实现方法可分为 FIR 系统和 IIR 系统。本章主要学习了 IIR 数字滤波器的设计方法。IIR 数字滤波器的设计方法有两种，即直接法和间接法。间接法是利用模拟滤波器的设计方法进行的，也是本章重点学习的内容。

常用的模拟滤波器有巴特沃斯滤波器、切比雪夫滤波器、椭圆滤波器和贝塞尔滤波器等。其中，巴特沃斯滤波器的频率特性在整个频域是单调下降的，切比

雪夫Ⅰ型滤波器在通带内等波纹,阻带内单调下调;切比雪夫Ⅱ型滤波器在通带内单调下调,阻带内等波纹;椭圆滤波器在通带和阻带内均呈现等波纹特性,工程者在实际设计时可根据需要选择不同的滤波器类型。

在模拟滤波器的设计中,幅平方特性具有重要的地位。通过幅平方特性可以获得滤波器的系统函数,因此,经典的模拟滤波器都是通过给出幅平方特性公式而获得系统函数的。本章详细介绍了模拟巴特沃斯低通滤波器的设计方法:首先根据给定的技术指标,求出巴特沃斯滤波器需要的阶数;由阶数 N,利用幅平方特性求出滤波器的极点,获得归一化系统函数;最后去归一化,得到实际的系统函数。

如果需要设计模拟高通、带通及带阻滤波器,其设计方法是:通过频率转换关系将模拟高通、带通及带阻滤波器技术指标转换成模拟低通滤波器的技术指标;依据这些技术指标设计出低通滤波器的系统函数;然后再依据频率转换关系将设计的低通滤波器系统函数转换为所需要的模拟高通、带通及带阻滤波器的系统函数。

利用模拟滤波器设计数字滤波器常用的方法有两种:冲激响应不变法和双线性 z 变换法。

冲激响应不变法从滤波器的冲激响应出发,使数字滤波器的冲激响应序列模仿模拟滤波器的冲激响应。这种设计方法的优点是,模拟频率与数字频率之间是线性关系,时域模仿特性好;缺点是,由于使用了采样,会造成频谱周期延拓效应,可能产生混叠失真,因此,冲激响应不变法只能用来设计截止特性较好的低通和带通滤波器,对于高通和带阻滤波器不能使用冲激响应不变法,如果低通和带通滤波器截止特性不好,且拖尾太长也不宜用冲激响应不变法。

双线性 z 变换法是从频域出发,使数字滤波器的频率响应与模拟滤波器的频率响应相似的一种变换法,实现 S 平面与 Z 平面一一对应的关系,避免了冲激响应不变法的频域混叠,所以双线性 z 变换法适用于所有滤波器的设计。不过,由于变换中模拟频率与数字频率呈现的是非线性关系,导致了双线性 z 变换存在严重的非线性畸变。当然,正是这种频率非线性畸变,使得整个模拟频率映射成数字频率的主值区间,从而避免了频谱混叠失真。这种频率非线性畸变导致数字滤波器的频率响应不能模仿相应的过渡模拟滤波器频率响应波形,导致数字频率响应的非线性失真。

本章最后介绍了数字高通、带通或带阻滤波器的设计方法,具有设计步骤为:首先将数字高通、带通及带阻滤波器的技术指标转变为模拟高通、带通及带阻滤波器的技术指标,并作归一化处理;然后,利用频率变换关系将模拟高通、带通及带阻的技术指标转换为归一化的模拟低通滤波器的技术指标;利用这些指标设计出归一化模拟低通滤波器传输函数;再利用频率变换关系将低通滤波器的系统函数转换为模拟高通、带通及带阻滤波器的系统函数;最后,利用冲激响应不变法或双线性 z 变换将模拟高通、带通及带阻滤波器的系统函数转换成相应的数字高通、带通及带阻滤波器的系统函数。

习题 5

1. 设计一个模拟低通巴特沃斯滤波器,要求通带截止频率 $f_p=2000$ Hz,通带最大衰减为 $\alpha_p=3$ dB,阻带截止频率 $f_s=2500$ Hz,阻带最小衰减 $\alpha_S=20$ dB。

2. 设计一个模拟高通巴特沃斯滤波器,通带和阻带截止频率分别为 $f_p=5$ kHz,$f_s=3$ kHz,通带最大衰减为 $\alpha_p=3$ dB,阻带最小衰减 $\alpha_s=20$ dB。

3. 设计一个模拟带通巴特沃斯滤波器,要求通带带宽为 400 Hz,通带中心频率为 2000 Hz,通带内最大衰减 $\alpha_p=3$ dB,阻带下限截止频率为 1830 Hz,阻带上限截止频率为 2200 Hz,阻带最小衰减 $\alpha_s=20$ dB。

4. 设计一个模拟带阻巴特沃斯滤波器,要求 $f_1=1905$ Hz,$f_{sl}=1980$ Hz,$f_{sh}=2020$ Hz,$f_3=2105$ Hz,通带内最大衰减 $\alpha_p=3$ dB,阻带最小衰减 $\alpha_s=20$ dB。

5. 已知模拟系统函数为 $G(s)=\dfrac{s+3}{(s+2)(s+4)}$,试用脉冲响应不变法和双线性 z 变换法将该模拟滤波器的传递函数转变为数字传输函数,取采样周期 $T=0.2$ s。

6. 设有一模拟滤波器 $G(s)=1/(s^2+s+1)$,取采样周期 $T=2$ s,试采用双线性 z 变换法将它转变为数字系统函数。

7. 题图 5-1 表示一个数字滤波器的频率响应。

(1) 用冲激响应不变法,试求原型模拟滤波器的频率响应。

(2) 当采用双线性 z 变换法时,试求原型模拟滤波器的频率响应。

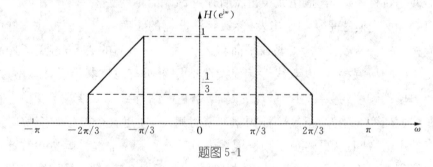

题图 5-1

8. 设计一个数字高通滤波器,要求通带截止频率 $\omega_p=0.8\pi$,通带衰减不大于 3 dB,阻带截止频率 $\omega_p=0.5\pi$,阻带衰减不小于 18 dB。采样周期 $T=1$ s。

(1) 利用双线性 z 变换法确定模拟高通滤波器的截止频率。

(2) 确定模拟低通滤波器的截止频率。

(3) 设计该巴特沃斯滤波器。

9. 用双线性 z 变换法设计一个 3 阶 Butterworth 数字带通滤波器,采样频率 $f_s=720$ Hz,上下边带截止频率分别为 $f_1 = 60$ Hz，$f_2 = 300$ Hz。

10. 试用双线性变换法设计一个一阶巴特沃斯低通数字滤波器，已经其截止频率 $\omega_c = 0.25\pi$，求其系统函数。

FIR 数字滤波系统的设计

本章要点

本章要点讨论 FIR 数字滤波器的设计方法,主要内容:

◇ 了解 FIR 数字滤波器与 IIR 数字滤波器各自的优点和缺点;

◇ 了解各种窗函数的特点和作用;

◇ 掌握 FR 数字滤波器窗函数、频率抽样法和最优化设计方法。

IIR 数字滤波器可以利用模拟滤波器设计的结果,而模拟滤波器的设计有大量图表可查,方便简单。同时,IIR 数字滤波器面对极点的设计可以获得较好的边缘特性,被广泛使用于数字系统。IIR 滤波器相位一般具有非线性,容易引起将引起频率色散,若须线性相位,则需要采用全通网络进行相位校正,使滤波器设计变得复杂,成本也高。

FIR 滤波器的系统函数为

$$H(z) = b_0 + b_1 z^{-1} + \cdots + b_M z^{-1} = \sum_{n=0}^{M} b_n z^{-n} \tag{6-1}$$

系数 b_n 即为系统的单位脉冲响应,无极点(或极点在原点),因此,FIR 滤波器的缺点是:相对于 IIR 系统,因为无极点,要获得好的过渡带特性,需以较高阶数为代价。但 FIR 滤波器具有自己的优势:① 极点全部在原点,无稳定性问题;② 在保证幅度特性满足技术要求的同时,很容易做到有严格的线性相位特性,这一特点在宽频带信号处理、数据传输等系统中非常重要;③可以设计多通带滤波器。因此,稳定性和线性相位特性是 FIR 滤波器突出的优点。

如果希望得到滤波器的理想频率响应为 $H_d(e^{j\omega})$,那么 FIR 滤波器的设计就在于寻找一个系统函数,其频率响应 $H(e^{j\omega}) = \sum_{n=0}^{N-1} h(n) e^{-jn\omega}$ 逼近 $H_d(e^{j\omega})$。常用的逼近方法有三种:窗数设计法(时域逼近)、频率采样法(频域逼近)和最优化设计(最佳一致逼近、等波纹逼近)。下面分别讨论 FIR 滤波器的三种设计方法。

6.1　FIR 滤波器设计的窗函数法

6.1.1　概述

如果希望得到的滤波器的理想频率响应为 $H_d(e^{j\omega})$，窗函数设计法是从单位冲激响应序列着手，使所设计的滤波器单位冲激响应 $h(n)$ 逼近理想的单位冲激响应序列 $h_d(n)$。

通常 $h_d(n)$ 可以从频率响应 $H_d(e^{j\omega})$ 傅里叶逆变换获得

$$h_d(n) = \frac{1}{2\pi} \int_{-\pi}^{\pi} H_d(e^{j\omega}) e^{j\omega n} \, d\omega \tag{6-2}$$

例如，一个理想低通滤波器的频率响应

$$H_d(e^{j\omega}) = \begin{cases} 1, & |\omega| \leqslant \omega_c \\ 0, & \omega_c < |\omega| < \pi \end{cases} \tag{6-3}$$

则理想低通滤波器的单位冲激响应为

$$h_d(n) = \frac{1}{2\pi} \int_{-\omega_c}^{\omega_c} H_d(e^{j\omega}) e^{j\omega n} \, d\omega = \frac{\sin \omega_c n}{\pi n} \tag{6-4}$$

如果给定一个理想低通滤波器的相频响应 $\varphi(\omega) = -N\omega/2$，即系统具有线性相位，其频率响应表示为

$$H_d(e^{j\omega}) = \begin{cases} 1 \cdot e^{-j\omega N/2}, & |\omega| \leqslant \omega_c \\ 0, & \omega_c < |\omega| \leqslant \pi \end{cases} \tag{6-5}$$

则理想低通滤波器的单位冲激响应为

$$h_d(n) = \frac{1}{2\pi} \int_{-\omega_c}^{\omega_c} H_d(e^{j\omega}) e^{j\omega n} \, d\omega$$

$$= \frac{1}{2\pi} \int_{-\omega_c}^{\omega_c} e^{-jN\omega/2} e^{j\omega n} \, d\omega = \frac{\sin(\omega_c(n-N/2))}{\pi(n-N/2)} \tag{6-6}$$

一般来说，理想频率响应是分段恒定，在边界频率处有突变点，对应的理想单位冲激响应 $h_d(n)$ 往往是无限长、非因果的序列。但 FIR 的 $h(n)$ 是有限长的，现在的问题是怎样用一个有限长因果序列 $h(n)$ 去近似无限长非因果序列 $h_d(n)$。

6.1.2　设计方法

以一个边界频率为 ω_c 的线性相位理想低通滤波器为例，讨论 FIR 滤波器的设计问题。给定理想低通滤波器的频率响应为（6-5）式，求得滤波器的单位冲激响应为式（6-6）。这是一个以 $N/2$ 为中心的偶对称的无限长非因果序列，如果截取一段 $n=0 \sim N$ 的 $h_d(n)$ 作为 $h(n)$，则序列 $h(n)$ 为有限长因果序列，同时对称性

能保证所设计的滤波器具有线性相位,理想特性的 $H_d(\omega)$ 如图 6-1 所示。

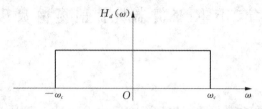

图 6-1　理想数字低通滤波器的频率特性

这种截取可想象为 $h(n)$ 是通过一个"窗口"所看到的一段 $h_d(n)$,因此,这种 FIR 滤波器的设计方法称为窗函数法。$h(n)$ 也可表达为 $h_d(n)$ 和一个"窗函数" $w(n)$ 的乘积。

最简单的窗口函数就是矩形脉冲序列 $R_N(n)$,后面我们还可看到,为了改善所设计滤波器的幅频特性,窗函数还可以有其他的形式,相当于在矩形窗内对 $h_d(n)$ 做一定的加权处理。窗函数法设计步骤:

① 给定滤波器的频率响应为 $H_d(e^{j\omega})$,求出滤波器的单位冲激响应 $h_d(n)$;

② 加窗获得 $h(n)$

$$h(n) = h_d(n)w_R(n) = \begin{cases} h_d(n), & 0 \leqslant n \leqslant N-1 \\ 0, & n \text{ 为其他值} \end{cases} \quad (6\text{-}7)$$

其中 $w_R(n) = R_N(n)$。

③ 计算系统的频率特性 $H(e^{j\omega})$,分析设计结果是否满足要求。计算方法包括:

a. 由傅里叶变换的定义求解:$H(e^{j\omega}) = \sum\limits_{n=0}^{N-1} h(n)e^{-jn\omega}$;

b. 由 DFT 求解:$h(n)$ 插值 $H(e^{j\omega})$;

c. 利用卷积求解:

$$H(e^{j\omega}) = H_d(e^{j\omega}) * W_R(e^{j\omega}) = \frac{1}{2\pi} \int_{-\pi}^{\pi} H_d(e^{j\theta}) W_R[e^{j(\omega-\theta)}]d\theta \quad (6\text{-}8)$$

【例 6-1】　设计一个 FIR 数字低通滤波器,所希望的频率响应满足

$$H_d(e^{j\omega}) = \begin{cases} e^{-jM\omega/2}, & 0 \leqslant |\omega| \leqslant 0.25\pi \\ 0, & 0.25\pi \leqslant |\omega| \leqslant \pi \end{cases}$$

分别取 $N = 10,20,40$,观察其幅频响应的特点。

解:由式(6-6)得滤波器的单位采样响应

$$h_d(n) = \frac{\sin(0.25\pi(n-N/2))}{\pi(n-N/2)} \quad (6\text{-}9)$$

截取 $n = 0 \sim N$ 的 $h_d(n)$ 作为 $h(n)$,当 $N=10$ 时有 $h(0) = h(10) = -0.045, h(1) = h(9) = 0, h(2) = h(8) = 0.075, h(3) = h(7) = 0.159, h(4) = h(6) = 0.225,$

$h(5)=0.25$。显然 $h(n)$ 满足对称关系，系统具有线性相位。但直接利用式(6-9)

求得的 $\sum\limits_{n=0}^{10} h(n)=1.079\neq1$，所得的频率响应 $H(\mathrm{e}^{j0})\neq1$。对于低通滤波器，希望

$H(\mathrm{e}^{j0})=1$，因此习惯上将 $h(n)$ 作归一化处理，即 $h(n)=h(n)\Big/\sum\limits_{n=0}^{10} h(n)$，得到

$h(0)=h(10)=-0.0417, h(1)=h(9)=0, h(2)=h(8)=0.0696, h(3)=h(7)$

$=0.1476, h(4)=h(6)=0.2087, h(5)=0.2318$。

　　MATALB 实现：基于 MATLAB 的 FIR1 函数的源程序如下。

```
clear all;
M=128;f=0:0.5/M:0.5-0.5/M;M1=M/4;
for k=1:M1
    hd(k)=1; hd(k+M1)=0; hd(k+2*M1)=0; hd(k+3*M1)=0;
end
plot(f,hd);hold on;
for i=0:2
    switch i
    case 0,N=10;
    case 1,N=20;
    case 2,N=40;
    end
b=FIR1(N,0.25,boxcar(N+1));
h1=freqz(b,1,M);
plot(f,abs(h1));
hold on;
end
text(0.125,0.8,'理想特性'); text(0.06,0.75,'N=10');
text(0.08,0.87,'N=20'); text(0.1,1.06,'N=40');
xlabel('w/2pi');ylabel('|H(ejw)|');
grid on;
```

获得的归一化单位采样响应和幅频响应如图 6-2 所示。

　　从图 6-2 可以看出，当 N 取不同值时，频率响应在不同程度上近似于理想频度响应，N 越大，过渡带越窄，近似程度越好。

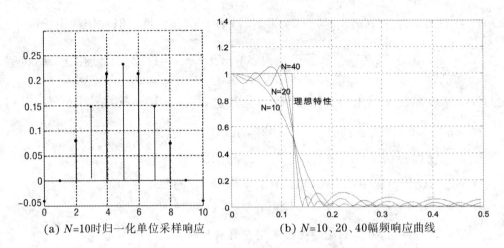

(a) $N=10$时归一化单位采样响应　　(b) $N=10$、20、40幅频响应曲线

图 6-2　例 6-1 设计结果曲线

6.1.3　窗函数对理想特性的影响

考虑利用卷积法求解 $H(e^{j\omega})$ 的过程。设 $W(e^{j\omega})$ 为窗函数的频谱

$$W(e^{j\omega}) = \sum_{n=-\infty}^{\infty} w_R(n)e^{-j\omega n} = \sum_{n=0}^{N-1} e^{-j\omega n} = \frac{1-e^{-jN\omega}}{1-e^{-j\omega}} = e^{-j\omega\left(\frac{N-1}{2}\right)} \frac{\sin(\omega N/2)}{\sin(\omega/2)}$$

$$(6\text{-}10)$$

用幅度函数和相位函数来表示,则有

$$W(e^{j\omega}) = W_R(\omega)e^{-j\omega a} \qquad (6\text{-}11)$$

幅度函数为

$$W_R(\omega) = \frac{\sin(\omega N/2)}{\sin(\omega/2)} \qquad (6\text{-}12)$$

矩形窗序列及其幅度谱如图 6-3 所示。

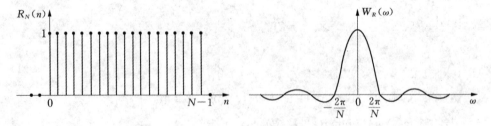

图 6-3　矩形窗序列及其幅度谱

卷积过程 $H(e^{j\omega}) = H_d(e^{j\omega}) * W_R(e^{j\omega}) = \dfrac{1}{2\pi}\displaystyle\int_{-\pi}^{\pi} H_d(e^{j\theta})W_R\left[e^{j(\omega-\theta)}\right]d\theta$ 如图 6-4 所示。

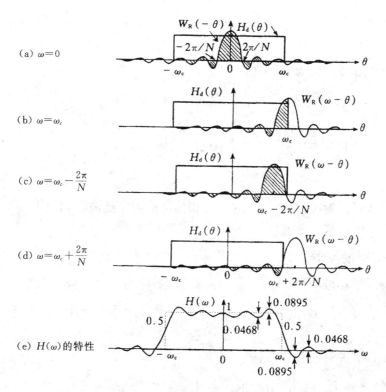

(a) $\omega=0$

(b) $\omega=\omega_c$

(c) $\omega=\omega_c-\dfrac{2\pi}{N}$

(d) $\omega=\omega_c+\dfrac{2\pi}{N}$

(e) $H(\omega)$ 的特性

图 6-4　理想数字低通滤波器频率特性与矩形窗卷积过程

根据图 6-4,窗函数对理想特性的影响:

① 改变了理想频响的边沿特性,形成过渡带,宽为 $4\pi/N$,等于 $W_R(\omega)$ 的主瓣宽度。

② 过渡带两旁产生肩峰和余振(带内、带外起伏),取决于 $W_R(\omega)$ 的旁瓣,旁瓣多,余振多;旁瓣相对值大,肩峰强,与 N 无关。

③ N 增加,过渡带宽减小,肩峰值不变。

$$W_R(\omega)=\frac{\sin(\omega N/2)}{\sin(\omega/2)}\approx N\frac{\sin(N\omega/2)}{N\omega/2}=N\frac{\sin x}{x} \tag{6-13}$$

其中 $x=\dfrac{N\omega}{2}$,所以 N 的改变不能改变主瓣与旁瓣的比例关系,只能改变 $W_R(\omega)$ 的绝对值大小和起伏的密度,当 N 增加时,幅值变大,频率轴变密,而最大肩峰永远为 8.95%,这种现象称为吉布斯(Gibbs)效应。

6.1.4　基于窗函数的高通、带通和带阻滤波器

相对于低通滤波器,高通、带通和带阻滤波器的设计只需要改变积分的上下限即可,下面分别介绍。

1. 高通滤波器

具有线性相位的理想高通滤波器的频率响应为

$$H_d(e^{j\omega}) = \begin{cases} e^{-j\omega M/2}, & w_c \leqslant |w| \leqslant \pi, \\ 0, & 0 \leqslant |w| \leqslant w_c, \end{cases} \tag{6-14}$$

对应的单位脉冲响应为

$$h_d(n) = \frac{1}{2\pi} \int_{-\pi}^{\pi} H_d(e^{j\omega}) e^{j\omega n} d\omega = \frac{1}{2\pi} \int_{-\pi}^{-\omega_c} H_d(e^{j\omega}) e^{j\omega n} d\omega + \frac{1}{2\pi} \int_{\omega_c}^{\pi} H_d(e^{j\omega}) e^{j\omega n} d\omega$$

$$= \frac{\sin\left[\pi\left(n - \dfrac{M}{2}\right)\right] - \sin\left[\omega_c\left(n - \dfrac{M}{2}\right)\right]}{\pi\left(n - \dfrac{M}{2}\right)}, \quad -\infty < n < +\infty \tag{6-15}$$

从上式可以看出,一个理想的线性相位高通数字滤波器相当于一个全通滤波器减去一个理想低通滤波器。

2. 带通滤波器

具有线性相位的理想带通滤波器的频率响应为

$$H_d(e^{j\omega}) = \begin{cases} e^{-j\omega M/2}, & \omega_l \leqslant |\omega| \leqslant \omega_h, \\ 0, & 其他, \end{cases} \tag{6-16}$$

对应的单位脉冲响应为

$$h_d(n) = \frac{1}{2\pi} \int_{-\pi}^{\pi} H_d(e^{j\omega}) e^{j\omega n} d\omega = \frac{1}{2\pi} \int_{-\omega_h}^{-\omega_l} e^{j(n-M/2)\omega} d\omega + \frac{1}{2\pi} \int_{\omega_l}^{\omega_h} e^{j(n-M/2)\omega} d\omega$$

$$= \frac{\sin[\omega_h(n-M/2)] - \sin[\omega_l(n-M/2)]}{\pi(n-M/2)}, \quad -\infty < n < +\infty \tag{6-17}$$

从上式可以看出,一个理想的线性相位带通数字滤波器相当于两个截止频率不同的理想低通滤波器之差。

3. 带阻滤波器

具有线性相位的理想带阻滤波器的频率响应为

$$H_d(e^{j\omega}) = \begin{cases} e^{-j\omega M/2}, & |\omega| \leqslant \omega_l, \omega \geqslant \omega_h, \\ 0, & 其他, \end{cases} \tag{6-18}$$

对应的单位脉冲响应为

$$h_d(n) = \frac{1}{2\pi} \int_{-\pi}^{\pi} H_d(e^{j\omega}) e^{j\omega n} d\omega$$

$$= \frac{1}{2\pi} \int_{-\pi}^{-\omega_h} e^{j(n-M/2)\omega} d\omega + \frac{1}{2\pi} \int_{-\omega_l}^{\omega_l} e^{j(n-M/2)\omega} d\omega + \frac{1}{2\pi} \int_{\omega_h}^{\pi} e^{j(n-M/2)\omega} d\omega$$

$$= \frac{\sin\left[\omega_l\left(n - \dfrac{M}{2}\right)\right] + \sin\left[\pi\left(n - \dfrac{M}{2}\right)\right] - \sin\left[\omega_h\left(n - \dfrac{M}{2}\right)\right]}{\pi\left(n - \dfrac{M}{2}\right)}, \quad -\infty < n < +\infty$$

$$\tag{6-19}$$

从上式可以看出,一个理想的线性相位带阻数字滤波器相当于一个高通滤波器加上一个低通滤波器。

【**例 6-2**】　设计一个 FIR 数字高通滤波器,所希望的频率响应满足

$$H_d(e^{j\omega})=\begin{cases}e^{-jM\omega/2}, & |\omega|\geqslant 0.25\pi,\\ 0, & 0\leqslant|\omega|\leqslant 0.25\pi,\end{cases}$$

分别取 $N=10、20、40$,观察其幅频响应的特点。

解：由式(6-6)得滤波器的单位脉冲响应

$$h_d(n)=\frac{\sin(\pi(n-N/2))-\sin(0.25\pi(n-N/2))}{\pi(n-N/2)} \tag{6-20}$$

截取 $n=0\sim N$ 的 $h_d(n)$ 作为 $h(n)$,当 $N=10$ 时基于 MATLAB 的 FIR1 函数获得的 $h(n)$ 的取值分别为 $h(0)=h(10)=0.0036,h(1)=h(9)=0,h(2)=h(8)=-0.03,h(3)=h(7)=-0.109,h(4)=h(6)=-0.2061,h(5)=0.753$。

MATALB 实现的源程序如下。

```
clear all;clc
M=128;f=0:0.5/M:0.5-0.5/M;M1=M/4;
b1=FIR1(10,0.25,'high');
t=0:10;
subplot(121);stem(t,b1,'.');grid on;
subplot(122);
for i=0:2
    switch i
    case 0,N=10;
    case 1,N=20;
    case 2,N=40;
    end
    b=FIR1(N+1,0.25,'high');
    h1=freqz(b,1,M);
    plot(f,abs(h1));hold on;
end
text(0.21,0.95,'N=10'); text(0.12,0.87,'N=20');
text(0.062,0.75,'N=40');
xlabel('w/2pi');ylabel('|H(ejw)|');
grid on;
```

所设计的高通滤波器单位脉冲响应和幅频响应如图 6-5 所示。

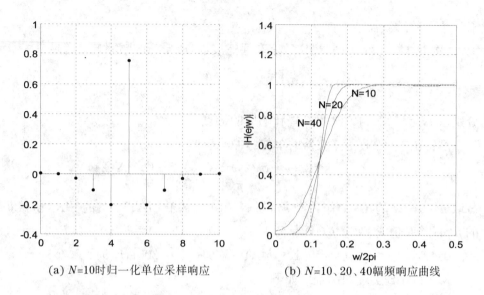

(a) $N=10$时归一化单位采样响应　　　(b) $N=10$、20、40幅频响应曲线

图 6-5　例 6-2 设计结果曲线

6.1.5　常用的窗函数

在实际信号处理过程中,不可避免地要遇到数据截短问题,即将无限长序列变成工程中能够处理的有限长序列,把无限长序列变成有限长序列就需要用到窗函数,在滤波器设计中,改变窗函数的形状,可以改善滤波器的特性,窗函数有许多种,要求满足以下两点要求:

① 窗函数谱主瓣宽度要尽量窄,以获得较陡的过渡带;

② 相对于主瓣幅度,旁瓣要尽可能小,使能量尽量集中在主瓣中,可以减小肩峰和余振,以提高阻带衰减和通带平稳性。

实际上这两点不能兼得,一般总是通过增加主瓣宽度来换取对旁瓣的抑制。下面给出了三个频域指标以定量地比较各种窗函数的性能:

① 3dB 带宽 B。它是主瓣归一化的幅度下降到 -3dB 时带宽。当数据长度为 N 时,矩形窗主瓣两个过零点之间的宽度为 $4\pi/N$。

② 最大旁瓣峰值 A（dB）。

③ 旁瓣谱峰渐近衰减速度 D（dB/oct）。

说明:一个理想的窗函数,应该具有最小的 B 和 A 及最大的 D。

1.　三角窗（Bartlett）

$$w(n)=\begin{cases} \dfrac{2n}{N}, & n=0,1,2,\cdots,N/2, \\ w(N-n), & n=N/2,\cdots,N-1, \end{cases} \tag{6-21}$$

频谱函数为

$$W(\mathrm{e}^{\mathrm{j}\omega}) = \frac{2}{N}\left[\frac{\sin\left(\dfrac{N}{4}w\right)}{\sin(w/2)}\right]^2 \mathrm{e}^{-\mathrm{j}\left(\frac{N-1}{2}w\right)} \tag{6-22}$$

$$B = 1.28\Delta\omega, \quad A = -27\mathrm{dB}, \quad D = -12\mathrm{dB/oct}。$$

2. 汉宁窗（Hanning 窗）

$$W(n) = 0.5\left[1 - \cos\left(\frac{2\pi n}{N}\right)\right], \quad 0 \leqslant n \leqslant N-1 \tag{6-23}$$

或

$$W(n) = 0.5\left[1 + \cos\left(\frac{2\pi n}{N}\right)\right], \quad n = -\frac{N}{2}, \cdots, \frac{N}{2} \tag{6-24}$$

频谱函数为

$$W(\mathrm{e}^{\mathrm{j}\omega}) = 0.5U(\omega) + 0.25\left[U\left(\omega - \frac{2\pi}{N}\right) + U\left(\omega + \frac{2\pi}{N}\right)\right] \tag{6-25}$$

式中，$U(\omega) = \mathrm{e}^{\mathrm{j}\omega/2}\sin(\omega N/2)/\sin(\omega/2)$。

$$B = 1.44\mathrm{dB}, \quad A = -32\mathrm{dB}, \quad D = -18\mathrm{dB/oct}。$$

汉宁窗的优点：由于频谱是由三个互有频移的不同幅值的矩形窗函数相加而成，这样使旁瓣大大抵消，从而能量相对有效地集中在主瓣内。

汉宁窗的缺点：主瓣加宽一倍，可达到减少肩峰，余振，提高阻带衰减。缺点：过渡带加大，$B_0 = \dfrac{8\pi}{N}$。

3. 汉明窗（Hamming 窗）

$$w(n) = \left[0.54 - 0.46\cos\left(\frac{2\pi n}{N}\right)\right], \quad n = 0, 1, 2, \cdots, N-1 \tag{6-26}$$

或

$$w(n) = \left[0.54 + 0.46\cos\left(\frac{2\pi n}{N}\right)\right], \quad n = -N/2, \cdots, N/2 \tag{6-27}$$

频谱函数为

$$W(\mathrm{e}^{\mathrm{j}\omega}) = 0.54U(\mathrm{e}^{\mathrm{j}\omega}) - 0.23U\left(w - \frac{2\pi}{N}\right) - 0.23U\left(w + \frac{2\pi}{N}\right) \tag{6-28}$$

$$B = 1.3\mathrm{dB}, \quad B_0 = 8\pi/N, \quad A = -43\mathrm{dB}, \quad D = -6\mathrm{dB/oct}.$$

4. 布莱克曼窗（Blackman 窗）

$$w(n) = \left[0.42 - 0.5\cos\frac{2\pi n}{N} + 0.08\cos\frac{4\pi n}{N}\right], \quad n = 0, 1, 2, \cdots, N-1 \tag{6-29}$$

或

$$w(n) = \left[0.42 + 0.5\cos\frac{2\pi n}{N} + 0.08\cos\frac{4\pi n}{N}\right], \quad n = -N/2, \cdots, N/2 \tag{6-30}$$

频谱函数为

$$W(e^{j\omega}) = 0.42U(\omega) + 0.25\left[U\left(w - \frac{2\pi}{N}\right) + U\left(w + \frac{2\pi}{N}\right)\right]$$

$$+ 0.04\left[U\left(w - \frac{4\pi}{N}\right) + U\left(w + \frac{4\pi}{N}\right)\right] \qquad (6\text{-}31)$$

$$B = 1.68\Delta\omega, \quad B_0 = 12\pi/N, \quad A = -58\text{dB}, \quad D = -18\text{dB/oct}.$$

图 6-6 给出了五种常用窗函数的时域波形和归一化对数幅频响应曲线,从图中可以看出矩形窗的主瓣最窄,但也同时具有最大的边瓣峰值和最慢的衰减速度;布莱克曼窗主瓣最宽,但具有最小的边瓣峰值和最快的衰减速度;汉宁窗和汉明窗相对于矩形窗主瓣稍宽,但边瓣峰值和衰减速度较快,是较为常用的窗函数。其他的窗函数有凯塞窗、高斯窗、切比雪夫窗等等,其特性读者可通过 MATLAB 工具软件自行了解。表 6-1 给出五种常用窗函数的参数对照表。在实际应用中,可根据需要选择不同的窗函数。

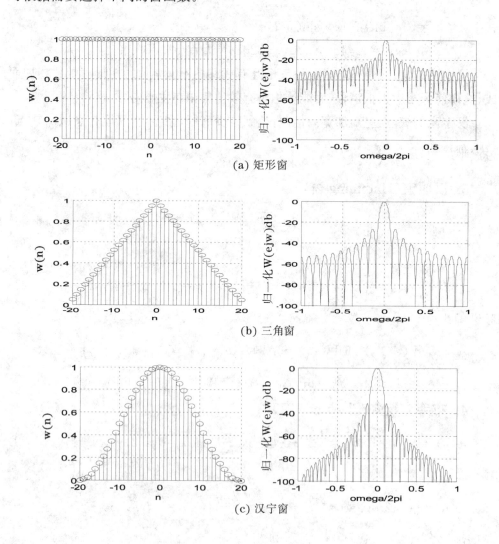

(a) 矩形窗

(b) 三角窗

(c) 汉宁窗

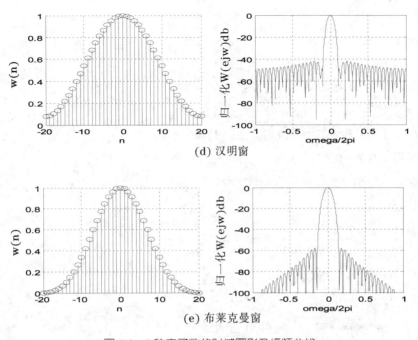

(d) 汉明窗

(e) 布莱克曼窗

图 6-6　5 种窗函数的时域图形及幅频曲线

表 6-1　五种常用窗函数的参数表

窗函数	主瓣宽度 （过渡带近似值）	过渡带宽 （精确值）	旁瓣峰值衰减 （dB）	阻带最小衰减 （dB）
矩形窗	$4\pi/N$	$1.8\pi/N$	-13	-21
三角窗	$8\pi/N$	$6.1\pi/N$	-25	-25
汉宁窗	$8\pi/N$	$6.2\pi/N$	-31	-44
海明窗	$8\pi/N$	$6.6\pi/N$	-41	-53
布莱克曼窗	$12\pi/N$	$11\pi/N$	-57	-74
凯塞窗（$\beta=7.865$）		$10\pi/N$	-57	-80

【例 6-3】　设计一个 FIR 数字低通滤波器，所希望的频率响应满足

$$H_d(e^{j\omega}) = \begin{cases} e^{-jM\omega/2}, & 0 \leqslant |\omega| \leqslant 0.25\pi, \\ 0, & 0.25\pi < |\omega| \leqslant \pi, \end{cases}$$

取 $N=10$，分别采用矩形窗、三角窗、汉宁窗、汉明窗和布莱克曼窗进行设计，观察其幅频响应的特点。

解：利用 MATLAB 数字信号处理工具箱，获得滤波器的幅频特性如图 6-7。从图中可以看出，矩形窗的过渡带最窄，但边瓣峰值和衰减速度最慢；布莱克曼窗的过渡带最宽，但边瓣峰值最小和衰减速度最快。

MATALB 实现的源程序如下。

```
clear all;clc
N=10; M=128;
b1=FIR1(N,0.25,boxcar(N+1));
b2=FIR1(N,0.25,triang(N+1));
b3=FIR1(N,0.25,hann(N+1));
b4=FIR1(N,0.25,hamming(N+1));
b5=FIR1(N,0.25,blackman(N+1));
f=0:0.5/M:0.5-0.5/M;M1=M/4;
h1=freqz(b1,1,M);
h2=freqz(b2,1,M);
h3=freqz(b3,1,M);
h4=freqz(b4,1,M);
h5=freqz(b5,1,M);
plot(f,abs(h1),'-');hold on
plot(f,abs(h2),'+-');plot(f,abs(h3),'*-');plot(f,abs(h4),'.-');
plot(f,abs(h5),'^-');
legend('矩形窗','三角窗','汉宁窗','汉明窗','布莱布曼窗');
grid on
```

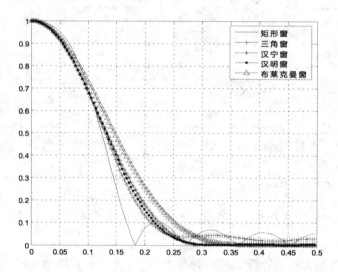

图 6-7　基于 5 种不同窗函数设计的滤波器的幅频特性曲线

6.1.6　窗函数法设计步骤

根据以上分析,在实际应用中,给定所需设计的数字滤波器性能指标时,可根据各种窗的指标选择合适的窗函数及窗长完成设计,具体步骤如下。

◇ 选择窗函数的类型和长度。根据阻带最小衰减选择窗函数的类型原则是:保证阻带衰减满足要求的情况下,尽量选择主瓣窄的窗函数。根据过渡带的宽度选择窗函数的长度;

◇ 按性能指标要求,构造希望频率响应函数

$$H_d(e^{j\omega}) = H_{dg}(\omega)e^{j\theta(\omega)}$$

◇ 确定期望滤波器的单位脉冲响应

$$h_d(n) = \text{IFT}[H_d(e^{j\omega})] = \frac{1}{2\pi}\int_{-\pi}^{\pi} H_d(e^{j\omega})e^{j\omega n}d\omega$$

◇ 加窗得到设计结果

$$h(n) = h_d(n)w(n)$$

◇ 验证设计结果

【例 6-4】 用窗函数设计一个线性相位高通数字滤波器(FIRDF),要求通带边界频率 $\omega_p = \pi/2$ rad,通带最大衰减 $\alpha_p = 1$ dB,阻带截止频率 $\omega_s = \pi/4$ rad,阻带最小衰减 $\alpha_s = 40$ dB。

解: 1) 根据性能要求,选择窗函数,计算窗函数长度。

因为阻带最小衰减 $\alpha_s = 40$ dB,可选择汉宁窗、海明窗等。这里选择汉宁窗。根据过渡带宽,因为 $\Delta B = 6.2\pi/N$,所以

$$N = \frac{6.2\pi}{\Delta B} \geqslant \frac{6.2\pi}{\omega_p - \omega_s} = \frac{6.2\pi}{\pi/4} = 24.8$$

N 为奇数,取 $N = 25$,则汉宁窗为

$$w_{hn}(n) = \frac{1}{2}\left[1 - \cos\left(\frac{2\pi n}{N-1}\right)\right]R_N(n) = \frac{1}{2}\left[1 - \cos\left(\frac{\pi n}{12}\right)\right]R_{25}(n)$$

2) 期望理想滤波器

$$H_d(e^{j\omega}) = \begin{cases} e^{-j\omega\tau}, & \omega_c < |\omega| \leqslant \pi \\ 0, & |\omega| \leqslant \omega_c \end{cases}$$

$$\tau = (N-1)/2 = 12,$$

$$\omega_c = (\omega_p + \omega_s)/2 = 3\pi/8$$

3) 确定期望滤波器的单位脉冲响应

$$h_d(n) = \text{IFT}[H_d(e^{j\omega})] = \frac{1}{2\pi}\int_{-\pi}^{\pi} H_d(e^{j\omega})e^{j\omega n}d\omega$$

$$= \frac{1}{2\pi}\left(\int_{-\pi}^{-\omega_c} e^{-j\omega\tau}e^{j\omega n}d\omega + \int_{\omega_c}^{\pi} e^{-j\omega\tau}e^{j\omega n}d\omega\right)$$

$$= \frac{\sin\pi(n-\tau)}{\pi(n-\tau)} - \frac{\sin\omega_c(n-\tau)}{\pi(n-\tau)}$$

$$h_d(n) = \delta(n-12) - \frac{\sin[3\pi(n-12)/8]}{\pi(n-12)}$$

4) 加窗

$$h(n) = h_d(n)w_{hn}(n)$$

$$= \left\{\delta(n-12) - \frac{\sin[3\pi(n-12)/8]}{\pi(n-12)}\right\}\left[0.5-0.5\cos\left(\frac{\pi n}{12}\right)\right]R_{25}(n)$$

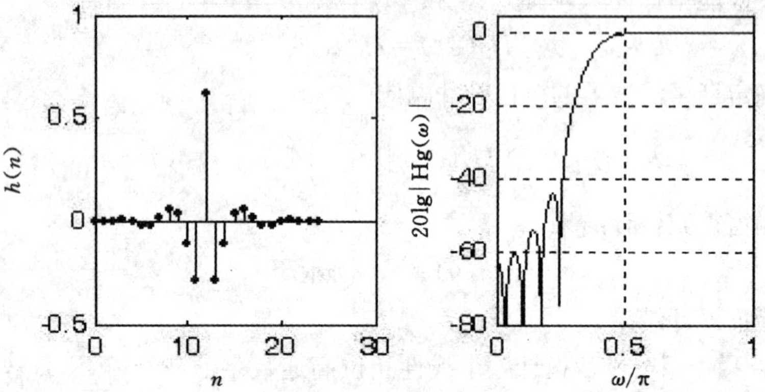

图 6-8 例 6-4 窗函数设计的滤波器的单位脉冲序列和幅频特性曲线

6.1.7 窗函数法的特点

基于窗函数法设计 FIR 数字滤波器,具有 FIR 滤波器的典型优点:(1)无稳定性问题;(2)容易做到线性相位。

该方法简单方便,可以设计一般的选频滤波器。缺点:(1)不易控制边缘频率;(2)幅频性能不理想,要获得较好的近似性,要求 $h(n)$ 较长。

6.2 FIR 数字滤波器设计的频率抽样法

6.2.1 概述

窗函数设计法是从时域出发的一种设计方法。工程上,常给定频域上的技术指标,所以采用频域设计更直接。尤其是对于那些 $H_d(e^{j\omega})$ 公式复杂,或 $H_d(e^{j\omega})$ 不能用封闭公式表示而用一些离散值表示时的情况,频率抽样设计法显得更为方便,有效。

频率抽样法就是使所设计的 FIR 数字滤波器的频率特性在某些离散频率点上值准确地等于所需滤波器在这些频率点处的值,在其他频率处的特性则有较好的逼近。

6.2.2　设计方法

采用频率抽样法设计 FIR 数字滤波器的过程可以归纳为

$$H_d(e^{j\omega}) \xrightarrow{\text{频率取样}} H_d(e^{j\frac{2\pi k}{N}}) = \underset{N\text{点}}{H(k)} \xrightarrow{\text{IDFT}} \underset{\substack{N\text{点}\\ \text{不同于} h_d(n)}}{h(n)} \rightarrow H(e^{j\omega})$$

假设所设计的滤波器的频率响应为 $H_d(e^{j\omega})$，它是连续频率 ω 的周期函数，现对其抽样，使每个周期有 N 个抽样值，有

$$H_d(k) = H_d(e^{j\omega})\Big|_{\omega=\frac{2\pi}{N}k} = H_d(e^{j\frac{2\pi}{N}k}), \quad k=0,1,2,\cdots,N-1 \qquad (6\text{-}32)$$

再对 $H_d(k)$ 实施 N 点 IDFT，得到 $h(n)$，即

$$h(n) = \frac{1}{N} \sum_{n=0}^{N-1} H_d(k) e^{j\frac{2\pi}{N}kn}, \quad n=0,1,2,\cdots,N-1 \qquad (6\text{-}33)$$

所设计系统的系统函数为

$$H(z) = \sum_{n=0}^{N-1} h(n) z^{-n} = \sum_{n=0}^{N-1} \left[\frac{1}{N} \sum_{k=0}^{N-1} H(k) e^{j2\pi nk/N} \right] z^{-n}$$

$$= \frac{1}{N} \sum_{k=0}^{N-1} H(k) \left[\sum_{n=0}^{N-1} e^{j2\pi nk/N} z^{-n} \right]$$

$$= \frac{1}{N} \sum_{k=0}^{N-1} H(k) \frac{1-z^{-N}}{1-e^{j2\pi k/N} z^{-1}} \qquad (6\text{-}34)$$

令 $W = e^{-j2\pi/N}$，有

$$H(z) = \frac{1}{N} \sum_{k=0}^{N-1} \frac{H(k)(1-z^{-N})}{1-W^{-k}z^{-1}} \qquad (6\text{-}35)$$

系统的频率响应为

$$H(e^{j\omega}) = \frac{1}{N} \sum_{k=0}^{N-1} \frac{H(k)(1-e^{-j\omega N})}{1-e^{j2\pi k/N} e^{-j\omega}}$$

$$= \frac{1}{N} \sum_{k=0}^{N-1} \frac{H(k)\sin(\omega N/2)}{\sin[(\omega-2\pi k/N)/2]} e^{-j\left(\frac{N-1}{2}\omega+\frac{k\pi}{N}\right)}$$

$$= \sum_{k=0}^{N-1} H(k)\varphi_k(e^{j\omega}) \qquad (6\text{-}36)$$

这是一个内插公式。其中 $\varphi_k(e^{j\omega}) = \frac{1}{N} \frac{\sin(\omega N/2)}{\sin[(\omega-2\pi k/N)/2]} e^{-j\left(\frac{N-1}{2}\omega+\frac{k\pi}{N}\right)}$ 为内插函数。内插公式表明：在每个采样点上，$H(e^{j\omega_k}) = H(k)$，逼近误差为零，频率响应 $H(e^{j\omega})$ 严格地与理想频率响应的采样值 $H(k)$ 相等；在采样点之间，频率响应由各采样点的内插函数延伸迭加而形成，因而有一定的逼近误差，误差大小与理想频率响应的曲线形状有关，理想特性平滑，则误差小；反之，误差大。在理想频率响应的不连续点附近，$H(e^{j\omega})$ 会产生肩峰和波纹。N 增大，则采样点变密，逼近误差减小。

综上所述,基于频率抽样法 FIR 滤波器的设计步骤为:

① 由期望设计滤波器的频率响应采样确定 H_k、θ_k

$$H(k) = H_d(e^{j\omega}) \Big|_{\omega=\frac{2k\pi}{N}} = H_k e^{j\theta_k} \tag{6-37}$$

② 由采样 $H(k)$ 通过 IDFT 计算 $h(n)$

$$h(n) = \frac{1}{N} \sum_{k=0}^{N-1} H(k) e^{j2\pi nk/N}, \quad n = 0, 1, \cdots, N-1 \tag{6-38}$$

③ 由 $h(n)$ 计算 $H(z)$

$$H(z) = \sum_{n=0}^{N-1} h(n) z^{-n} \tag{6-39}$$

6.2.3 线性相位条件

为了设计线性相位的 FIR 滤波器,采样值 $H(k)$ 要满足一定的约束条件。具有线性相位的 FIR 滤波器,其单位脉冲响应 $h(n)$ 是实序列,且满足 $h(n) = \pm h(N-1-n)$,由此得到的幅频和相频特性,就是对 $H(k)$ 的约束,其中,相频响应满足

$$\arg[H(e^{j\omega})] = -k\omega + \varphi_0 \tag{6-40}$$

1. 第一类线性相位 FIR 系统

设计第一类线性相位 FIR 滤波器,即 N 为奇数,$h(n)$ 偶对称,则

$$H(e^{j\omega}) = |H(e^{j\omega})| e^{-j\omega\left(\frac{N-1}{2}\right)} \tag{6-41}$$

线性相位特性为 $\arg[H(e^{j\omega})] = -\frac{N-1}{2}\omega$,幅度函数 $H(\omega)$ 应具有偶对称性为 $H(\omega) = H(2\pi-\omega)$,令 $H(k) = H_k e^{j\theta_k}$,幅度函数 H_k 满足偶对称性为

$$H_k = H_{N-k} \quad k = 0, 1, \cdots, N-1 \tag{6-42}$$

相位函数 θ_k 必须取为

$$\theta_k = -\omega\left(\frac{N-1}{2}\right) \Big|_{\omega=\frac{2\pi}{N}k} = -\frac{(N-1)k\pi}{N} \quad k = 0, 1, \cdots, N-1 \tag{6-43}$$

2. 第二类线性相位 FIR 系统

设计第二类线性相位 FIR 滤波器,即 N 为偶数,$h(n)$ 偶对称,则

$$H(e^{j\omega}) = |H(e^{j\omega})| e^{-j\omega\left(\frac{N-1}{2}\right)} \tag{6-44}$$

线性相位特性为 $\arg[H(e^{j\omega})] = -\frac{N-1}{2}\omega$,幅度函数 $H(\omega)$ 具有奇对称性 $H(\omega) = -H(2\pi-\omega)$,令 $H(k) = H_k e^{j\theta_k}$,则 H_k 必须满足偶对称性:

$$H_k = -H_{N-k} \quad k = 0, 1, \cdots, N-1 \tag{6-45}$$

相位函数 θ_k 必须取为

$$\theta_k = -\omega\left(\frac{N-1}{2}\right)\Big|_{\omega=\frac{2\pi}{N}k} = -\frac{(N-1)k\pi}{N} \quad k=0,1,\cdots,N-1 \tag{6-46}$$

3. 第三类线性相位 FIR 系统

设计第三类线性相位 FIR 滤波器,即 N 为奇数,$h(n)$ 奇对称,则

$$H(e^{j\omega}) = |H(e^{j\omega})| e^{j\left(\frac{\pi}{2} - \omega\left(\frac{N-1}{2}\right)\right)} \tag{6-47}$$

线性相位特性为 $\arg[H(e^{j\omega})] = \frac{\pi}{2} - \frac{N-1}{2}\omega$,幅度函数 $H(\omega)$ 应具有奇对称性

$H(\omega) = -H(2\pi - \omega)$,令 $H(k) = H_k e^{j\theta_k}$,则 H_k 必须满足偶对称性:

$$H_k = -H_{N-k} \quad k=0,1,\cdots,N-1 \tag{6-48}$$

相位函数 θ_k 必须取为

$$\theta_k = \frac{\pi}{2} - \omega\left(\frac{N-1}{2}\right)\Big|_{\omega=\frac{2\pi}{N}k} = \frac{\pi}{2} - \frac{(N-1)k\pi}{N} \quad k=0,1,\cdots,N-1 \tag{6-49}$$

4. 第四类线性相位 FIR 系统

设计第四类线性相位 FIR 滤波器,即 N 为偶数,$h(n)$ 奇对称,则

$$H(e^{j\omega}) = |H(e^{j\omega})| e^{-j\omega\left(\frac{N-1}{2}\right)} \tag{6-50}$$

线性相位特性为 $\arg[H(e^{j\omega})] = \frac{\pi}{2} - \frac{N-1}{2}\omega$,幅度函数 $H(\omega)$ 应具有偶对称性

$H(\omega) = H(2\pi - \omega)$,令 $H(k) = H_k e^{j\theta_k}$,则 H_k 必须满足偶对称性为

$$H_k = H_{N-k} \quad k=0,1,\cdots,N-1 \tag{6-51}$$

相位函数 θ_k 必须取为

$$\theta_k = \frac{\pi}{2} - \omega\left(\frac{N-1}{2}\right)\Big|_{\omega=\frac{2\pi}{N}k} = \frac{\pi}{2} - \frac{(N-1)k\pi}{N} \quad k=0,1,\cdots,N-1 \tag{6-52}$$

【例 6-5】 用频率采样法设计一个线性相位 FIR 带通滤波器,设 $N=32$,理想频率特性为

$$|H_d(e^{j\omega})| = \begin{cases} 1, & 0.2\pi \leqslant |\omega| \leqslant 0.6\pi, \\ 0, & 其他。 \end{cases}$$

解: $N=32$ 为偶数,按第二种线性相位 FIR 滤波器设计。频率间隔

为 $\Delta\omega = \frac{2\pi}{32} = \frac{\pi}{16}$。

由 $3 \times \frac{2\pi}{32} < 0.2\pi = 3.2 \times \frac{2\pi}{32} < 4 \times \frac{2\pi}{32}$,$9 \times \frac{2\pi}{32} < 0.6\pi = 9.6 \times \frac{2\pi}{32} < 10 \times \frac{2\pi}{32}$,

可得,上边界点 k 在 9 和 10 之间;下边界点 k 在 3 和 4 之间。则幅度函数满足

$$H_k \begin{cases} 1, & 4 \leqslant k \leqslant 9, \\ -1, & 23 \leqslant k \leqslant 28, \\ 0, & 其他。 \end{cases}$$

对于第二种线性相位 FIR 滤波器,相位条件满足

$$\theta_k = -\frac{32-1}{2}\frac{\pi}{16}k = -\frac{31\pi}{32}k$$

得到具有线性相位 FIR 数字带通滤波器的频率响应为 $H(k) = H_k e^{j\theta_k}$，系统的幅频特性如图 6-9 所示。

MATALB 实现的源程序如下。

```
N=32;
Hk=[zeros(1,4) ones(1,6) zeros(1,13) -ones(1,6) zeros(1,3)];
k=0:N-1;
hn=real(ifft(Hk.*exp(-j*pi*(N-1)*k/N)));
[H w]=freqz(hn, 1);
plot(w/pi, 20*log10(abs(H)));
axis([0 1 -60 10]);
grid on;
xlabel('\pi');ylabel('幅度/dB');
```

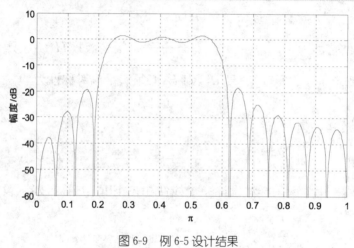

图 6-9　例 6-5 设计结果

【例 6-6】　　设计一个线性相位 FIR 数字低通滤波器，理想特性为

$$|H_d(e^{j\omega})| = \begin{cases} 1, & 0 \leqslant \omega \leqslant 0.5\pi, \\ 0, & 0.5\pi < \omega \leqslant \pi, \end{cases}$$

设采样点数 $N=33$。

解： 能设计线性相位低通数字滤波器的只有 1、2 两种，因为 $N=33$ 为奇数，所以只能选择第一种。即 $h(n) = +h(N-1-n)$，因此，该系统幅频特性关于 π 偶对称，即 H_K 偶对称。

利用 H_k 的对称性，求 $\pi - 2\pi$ 区间的频响采样值。根据指标要求，在 $0 \sim 2\pi$ 内有 33 个取样点，所以第 k 点对应频率为 $\omega_k = \frac{2\pi}{33}k$，截止频率 0.5π 位于 $\frac{2\pi}{33} \times 8$ 和

$\dfrac{2\pi}{33}\times 9$ 之间，所以，$k=0\sim8$ 时，采样值为 1。根据对称性：

$$H_0=H_{33},\ \ H_1=H_{32},\ \cdots,\ H_8=H_{25}$$

故 $k=25\sim32$ 时，采样值也为 1，因为 $k=33$ 为下一周期，所以 $0\sim\pi$ 区间有 9 个值为 1 的采样点，$\pi\sim2\pi$ 区间有 8 个值为 1 的采样点，得到

$$\begin{cases} H_k=\begin{cases} 1 & k=0\sim8;\ 25\sim32,\\ 0, & k=9\sim24, \end{cases}\\ \theta_k=-\omega\left(\dfrac{N-1}{2}\right)\Big|_{\omega=\frac{2\pi}{N}k}=-\dfrac{32}{33}k\pi,\ \ 0\leqslant k\leqslant32. \end{cases}$$

得到具有线性相位 FIR 数字低通滤波器的频率响应为 $H(k)=H_k\mathrm{e}^{\mathrm{j}\theta_k}$，系统的幅频特性如图 6-10(a)所示。

MATALB 实现的源程序如下。

```
clear all;clc
N1=33;k1=0:(N1−1)/2;
Wm1=2 * pi * k1. /N1;
Ad1(1:(N1+1)/2)=1;
Ad1(10:17)=0;
Hd1=Ad1. * exp(−j * 0.5 * (N1−1) * Wm1);
Hd1=[Hd1 conj(fliplr( Hd1(2:(N1+1)/2) ) )];
h1=real(ifft(Hd1));
w1=linspace(0,pi−0.1,1000);
H1=freqz(h1,[1],w1);
plot(w1/pi,20 * log10(abs(H1)));grid;
axis([0 1 −100 20]);
xlabel('\pi');ylabel('幅度/db');
```

从图上可以看出，所设计滤波过渡带宽为一个频率采样间隔 $2\pi/33$，而最大阻带衰减略大于-20dB。对大多数应用场合，阻带衰减如此小的滤波器是不能令人满意的。考虑增大阻带衰减方法。

(1) 加宽过渡带宽，以牺牲过渡带换取阻带衰减的增加

在窗函数的设计方法中，可以通过加大过渡带的宽度，频率采样法同样满足这一规律。可以通过在频率间断点附近插入一个或几个过渡采样点，加宽过渡带，使不连续点变成缓慢过渡带，这样，虽然加大了过渡带，但阻带中相邻内插函数的旁瓣正负对消，明显增大了阻带衰减。

在本例中可在 $k=9$ 和 $k=24$ 处各增加一个过渡带采样点 $H_9=H_{24}=0.5$，使过渡带宽增加到二个频率采样间隔 $4\pi/33$，重新计算的 $H(\mathrm{e}^{\mathrm{j}\omega})$，如图 6-10(b)所

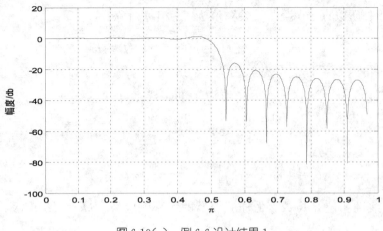

图 6-10(a) 例 6-6 设计结果 1

示,其阻带衰减增加到约－40dB。

　　MATALB 实现的源程序如下。

```
N1=33；k1=0:(N1−1)/2；
Wm1=2 * pi * k1. /N1；
Ad1(1:(N1+1)/2)=1；
Ad1(11:17)=0；Ad1(10)=0.5；
Hd2=Ad1. * exp(−j * 0.5 * (N1−1) * Wm1)；
Hd2=[Hd2 conj(fliplr( Hd2(2:(N1+1)/2) ) )]；
h2=real(ifft(Hd2))；
w1=linspace(0,pi−0.1,1000)；
H2=freqz(h2,[1],w1)；
plot(w1/pi,20 * log10(abs(H2)));grid；
axis([0 1 −100 20])；
xlabel('\pi'); ylabel('幅度/dB');
```

（2）过渡带的优化设计

　　根据 $H(e^{j\omega})$ 的表达式,$H(e^{j\omega})$ 是 H_k 的线性函数,因此,可以利用线性最优化的方法确定过渡带采样点的值,得到要求的滤波器的最佳逼近(而不是盲目地设定一个过渡带值)。例如,本例中可以用简单的梯度搜索法来选择 H_9、H_{24},使通带或阻带内的最大绝对误差最小化。要求使阻带内最大绝对误差达到最小(也即最小衰减达到最大),计算得 $H_9=0.3904$。对应的 $H(e^{j\omega})$ 的幅频特性,比 $H_9=0.5$ 时的阻带衰减大大改善,衰减超过 40dB,如图 6-10(c)所示。如果还要进一步改善阻带衰减,可以进一步加宽过渡区,添上第二个甚至第三个不等于 0 的频率取样值,当然也可用线性最优化求取这些取样值。

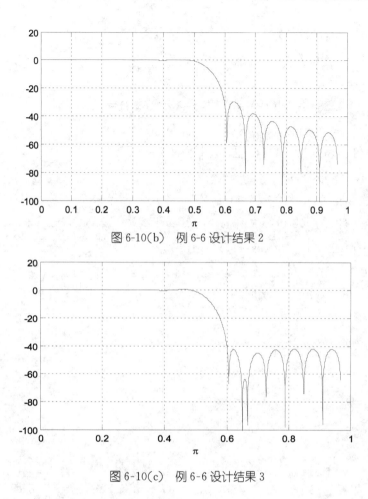

图 6-10(b)　例 6-6 设计结果 2

图 6-10(c)　例 6-6 设计结果 3

　　将过渡带采样点 m 与滤波器阻带最小衰减经验数据列于表 6-2 中,在滤波器设计中,可以根据阻带最小衰减选择过渡带采样点数 m。

表 6-2　过渡带采样点数与滤波器最小阻带衰减的经验数据

m	1	2	3
α_s	44~54dB	65~75dB	85~95dB

　　(3) 增大 N。

　　如果要进一步增加阻带衰减,但又不增加过渡带宽,可增加采样点数 N。例如,同样边界频率 $\omega_c=0.5\pi$,以 $N=65$ 采样,并在 $k=17$ 和 $k=48$ 插入由阻带衰减最优化计算得到的采样值 $H_{17}=H_{48}=0.5886$,在 $k=18$、47 处插入经阻带衰减最优化计算获得的采样值 $H_{18}=H_{47}=0.1065$,这时得到的 $H(e^{j\omega})$,过渡带为 $6\pi/65$,而阻带衰减增加了 20 多分贝,达 -60dB 以上,如图 6-10(d)。代价是滤波器阶数增加,运算量增加。

　　MATALB 实现的源程序如下。

```
N=65;k=0;(N-1)/2;
Wm=2*pi*k./N;
Ad(1;(N+1)/2)=1;
Ad(18)=0.5886;Ad(19)=0.1065;Ad(20;33)=0;
Hd=Ad.*exp(-j*0.5*(N-1)*Wm);
Hd=[Hd conj(fliplr(Hd(2;(N+1)/2)))];
h=real(ifft(Hd));
w=linspace(0,pi-0.1,1000);
H=freqz(h,[1],w);
plot(w/pi,20*log10(abs(H)));grid;
axis([0 1 -100 20]);
xlabel('\pi');ylabel('幅度/dB');
```

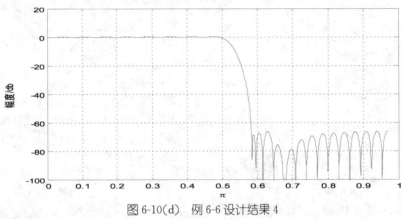

图 6-10(d) 例 6-6 设计结果 4

如果增加 m 个过渡点,则过渡带的宽度近似为 $(m+1)2\pi/N$。当 N 确定时,m 越大,过渡带越宽。如果给定过渡带的宽度 ΔB,则要求 $(m+1)2\pi/N \leqslant \Delta B$,即滤波器的长度必须满足如下的估算公式

$$N \geqslant (m+1)2\pi/\Delta B$$

6.2.4 频率采样法的设计步骤

综上所述,可归纳出频率采样法的设计步骤:

(1) 根据阻带最小衰减 α_s 选择过渡带采样点的个数 m。

(2) 确定过渡带宽度 ΔB,按照式 $N \geqslant (m+1)2\pi/\Delta B$ 估算滤波器长度 N。

(3) 根据所需要设计滤波器的类型及 N 长度构造一个希望逼近的频率响应函数

$$H_d(e^{j\omega})=H_{dg}(\omega)e^{j\theta(\omega)}$$

(4) 进行频域采样:

$$H(k) = H_d(e^{j\omega})_{\omega=\frac{2\pi}{N}k} = H_k e^{j\theta_k}, \quad k = 0, 1, 2, \cdots, N-1$$

$$H_k = H_{dg}\left(\frac{2\pi}{N}k\right), \quad k = 0, 1, 2, \cdots, N-1$$

(5) 对 $H(k)$ 进行 N 点 IDFT 得到线性相位 FIRDF 的单位脉冲响应为

$$h(n) = \text{IDFT}[H(k)] = \frac{1}{N} \sum_{k=0}^{N-1} H(k) W_N^{kn}, \quad n = 0, 1, 2, \cdots, 14$$

(6) 检验设计结果。如果阻带最小衰减未达到指标要求,则要改变过渡带采样值,直到满足指标要求为止。如果滤波器边界频率未达到指标要求,则要微调 $H_{dg}(\omega)$ 的边界频率。

【例 6-7】 用频率采样法设计一个线性相位 FIR 低通滤波器,要求通带截止频率 $\omega_p = \pi/3$,阻带最小衰减大于 40 dB,过渡带宽 $\Delta B \leqslant \pi/16$。

解: 由表 6-2 可知过渡带为 1 个点

$$N \geqslant (m+1)2\pi/\Delta B = 64,$$

选择第一类线性相位 FIR 系统,即取 $N = 65$。构造长度为 N 希望逼近的频率响应函数

$$H_d(e^{j\omega}) = H_{dg}(\omega)e^{j\omega(N-1)/2}$$

根据通带截止频率寻找通带截止频率的采样值。由

$$10 \times \frac{2\pi}{65} < \frac{\pi}{3} < 11 \times \frac{2\pi}{65}$$

可知,上边界点 k 在 0 和 10 之间。设置一个过渡点

$$H_k = \begin{cases} 1, & 0 \leqslant k \leqslant 10, \ 55 \leqslant k \leqslant 64, \\ 0.5, & k = 11, 54, \\ 0, & \text{其他}, \end{cases}$$

$$\theta_k = -\omega\left(\frac{N-1}{2}\right)\Big|_{\omega=\frac{2\pi}{N}k} = -\frac{64k\pi}{65}, \quad k = 0, 1, \cdots, 64$$

则 $H(k) = H_k e^{j\theta_k}$, $k = 0, 1, 2, \cdots, N-1$。

系统的单位脉冲响应为

$$h(n) = \text{IDFT}[H(k)] = \frac{1}{65} \sum_{k=0}^{64} H(k) W_{65}^{kn}, \quad k = 0, 1, 2, \cdots, 64$$

6.2.5 频率采样法的特点

频率采样设计法优点:直接从频域进行设计,物理概念清楚,直观方便;适合于窄带滤波器设计,这时频率响应只有少数几个非零值。频率采样设计法缺点:截止频率难以控制。因为频率取样点都局限在 $2\pi/N$ 的整数倍点上,所以在指定通带和阻带截止频率时,这种方法受到限制,比较死板。充分加大 N,可以接近任何给定的频率,但计算量和复杂性增加。

6.3 FIR 数字滤波器的最优化设计

6.3.1 概述

前面介绍了 FIR 数字滤波器的两种逼近设计方法,即窗口法(时域逼近法)和频率采样法(频域逼近法),用这两种方法设计出的滤波器的频率特性都是在不同意义上对给定理想频率特性 $H_d(e^{j\omega})$ 的逼近。说到逼近,就有一个逼近得好坏的问题,对"好""坏"的恒量标准不同,也会得出不同的结论。窗口法和频率采样法都是先给出逼近方法,所需变量,然后再讨论其逼近特性。如果反过来要求在某种准则下设计滤波器各参数,以获取最优的结果,这就引出了最优化设计的概念,最优化设计一般需要大量的计算,所以一般需要依靠计算机进行辅助设计。最优化设计的前提是最优准则的确定,在 FIR 滤波器最优化设计中,常用的准则有:最小均方误差准则和最大误差最小化准则。

若以 $E(e^{j\omega})$ 表示逼近误差,则

$$E(e^{j\omega})=H_d(e^{j\omega})-H(e^{j\omega}) \tag{6-53}$$

那么均方误差为

$$\varepsilon^2=\frac{1}{2\pi}\int_{-\pi}^{\pi}|H_d(e^{j\omega})-H(e^{j\omega})|^2\mathrm{d}\omega=\frac{1}{2\pi}\int_{-\pi}^{\pi}|E(e^{j\omega})|^2\mathrm{d}\omega \tag{6-54}$$

均方误差最小准则就是选择一组时域采样值,以使均方误差 $\varepsilon^2=\min$,这一方法注重的是在整个 $-\pi\sim\pi$ 频率区间内总误差的全局最小,不能保证局部频率点的性能,有些频率点可能会有较大的误差。

对于窗口法 FIR 滤波器设计,因采用有限项的 $h(n)$ 逼近理想的 $h_d(n)$,所以其逼近误差为:$\varepsilon^2=\sum\limits_{n=-\infty}^{\infty}|h_d(n)-h(n)|^2$,如果采用矩形窗

$$h(n)=\begin{cases}h_d(n), & 0\leqslant n\leqslant N-1,\\ 0, & 其他,\end{cases} \tag{6-55}$$

则有

$$\varepsilon^2=\sum\limits_{n=-\infty}^{-1}|h_d(n)-h(n)|^2+\sum\limits_{n=N}^{\infty}|h_d(n)-h(n)|^2 \tag{6-56}$$

可以证明,这是一个最小均方误差。其优点是过渡带较窄,缺点是局部点误差大,或者说误差分布不均匀。

6.3.2 最佳逼近的基本思想

最佳逼近基于切比雪夫逼近，又称为等波纹逼近，其使用的最佳逼近准则为最大误差最小化准则。

最大误差最小化准则表示为

$$\max_{\omega \in F} |E(e^{j\omega})| = \min \tag{6-57}$$

其中，$E(e^{j\omega})$ 表示加权误差函数，F 是根据要求预先给定的一个频率取值范围，可以是通带，也可以是阻带。最大误差最小化准则即选择 N 个频率采样值（或时域 $h(n)$ 值），在给定频带范围内使频响的最大逼近误差达到最小。这种设计方法的优点是可以保证局部频率点的性能也是最优的，误差分布均匀，相同指标下，可用最少的阶数达到最佳化。

定义加权误差函数为

$$E(\omega) = W(\omega)[H_d(\omega) - H_g(\omega)] \tag{6-58}$$

其中 $W(\omega)$ 误差加权函数，$H_d(\omega)$ 表示希望逼近的数字滤波器的幅度函数，$H_g(\omega)$ 表示实际设计的数字滤波器的幅度函数。最佳逼近就是使用设计的滤波器在通带和阻带内使 $E(\omega)$ 的最大值最小化，通常使用 Remez 多重交换迭代算法求解滤波器的单位采样响应 $h(n)$。等波动逼近的低通滤波器幅频特性曲线和技术参数如图 6-11 所示。

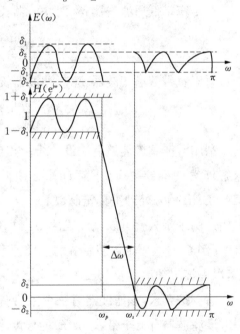

图 6-11　等波动逼近的低通滤波器
幅频特性曲线和技术参数

用等波动逼近法设计滤波器需要确定五个参数：滤波器的阶数 N、通带截止频率 ω_p、阻带截止频率 ω_s、通带振荡波纹 δ_1 以及阻带振荡波纹 δ_2。按上图所示的误差容限设计低通滤波器，就是说要在通带 $0 \leqslant \omega \leqslant \omega_p$ 内以最大误差 δ_1 逼近零，在阻带 $\omega_s \leqslant \omega \leqslant \pi$ 内以最大误差 δ_2 逼近零。同时确定上述五个参数较困难。常用的逼近方法有两种：

（1）给定 N、δ_1、δ_2，以 ω_p 和 ω_s、为变量。其缺点是边界频率不能精确确定。

（2）给定 N、ω_p 和 ω_s，以 δ_1 和 δ_2 为变量，通过迭代运算，使逼近误差 δ_1 和 δ_2 最小，并确定 $h(n)$。特点是能准确地指定通带和阻带边界频率。切比雪夫最佳一致逼近一般采用此方法。其中 δ_1 和 δ_2 与通带衰减 α_p 和阻带衰减 α_s 的关系如下

$$\alpha_p = -20\lg\left|\frac{1-\delta_1}{1+\delta_1}\right| = 20\lg\left|\frac{1+\delta_1}{1-\delta_1}\right| \tag{6-60}$$

$$\alpha_s = -20\lg\left|\frac{\delta_2}{1+\delta_1}\right| \approx -20\lg(\delta_2) \tag{6-61}$$

由式（6-60）和式（6-61)得到

$$\delta_1 = \frac{10^{\alpha_p/20}-1}{10^{\alpha_p/20}+1} \tag{6-62}$$

$$\delta_2 = 10^{-\alpha_s/20} \tag{6-63}$$

我们知道,不同的滤波器阶数 N,其通带和阻带的衰减不同,且过渡带宽度也不同,显然,通带越平、阻带衰减越大以及过渡带越窄,那么 N 就必然越大,反之, N 越小。 N 估算方法有

$$N \approx \frac{-20\lg\sqrt{\delta_1\delta_2}-13}{14.6(\omega_r-\omega_c)/2\pi}+1 \tag{6-64}$$

对于窄带低通滤波器, δ_2 对滤波器长度 N 起主要作用：

$$N \approx \frac{-20\lg\delta_2+0.22}{(\omega_r-\omega_c)/2\pi}+1 \tag{6-65}$$

对于宽带低通滤波器, δ_1 对滤波器长度 N 起主要作用：

$$N \approx \frac{-20\lg\delta_1+5.94}{27(\omega_r-\omega_c)/2\pi}+1 \tag{6-66}$$

利用等波纹最佳逼近法设计线性相位 FIR 数字滤波器的数字模型的建立和求解算法的推导复杂,求解计算必须借助计算机,在实际的应用中,可以采用 MATLAB 信号处理工具箱函数 remez 和 remezord 实现滤波器的设计,只要简单调用这两个函数就可以完成线性相位 FIR 数字滤波器的最佳逼近设计。

【例 6-8】 一个数字系统的抽样频率为 500 Hz,现希望设计一个多阻带滤波器,以去掉工频信号及其二次、三次谐波的干扰。

解: 按要求,该滤波器有三个阻带分别对应归一化中心频率为 0.1、0.2 和 0.3,该滤波器有七个带,取 $h(n)$ 的长度 $N=65$,利用 MATLAB 信号处理工具箱函数 remez 函数获得该系统的单位冲激响应和幅频特性如图 6-12 所示。

MATALB 实现的源程序如下。

```
clear all;
f=[0.14.18.22.26.34.38.42.46.54.58.62.66 1];
A=[1 1 0 0 1 1 0 0 1 1 0 0 1 1];
weigh=[8 1 8 1 8 1 8];
b=remez(64,f,A,weigh);
```

```
[h,w]=freqz(b,1,256,1);
h=abs(h);
h=20*log10(h);
subplot(211);stem(b,'.');grid on;
subplot(212);plot(w,h);xlabel('\pi');
ylabel('幅度/dB');grid on;
```

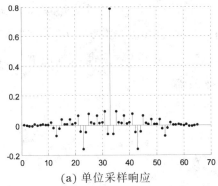
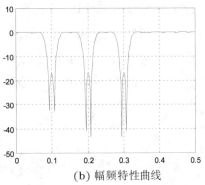

(a) 单位采样响应　　　　　　　　(b) 幅频特性曲线

图 6-12　例 6-8 设计结果

6.4　IIR 滤波器与 FIR 滤波器的比较

本书在第五章和第六章分别讨论了 IIR 与 FIR 两种滤波器的设计问题。在实际运用时如何选择相应的滤波器及其设计方法，下面通过对两种滤波器作一些简单比较，以期让读者获得答案。

从性能上来说，IIR 滤波器的极点可以位于单位圆内的任何地方，因此，可用较低的阶数获得较好的选择性，所用的存储单元少，运算量小，所以经济高效。但 IIR 滤波器相位具有非线性。FIR 滤波器的极点位于原点，所以只能用较高的阶数达到高的选择性，对应相同的滤波器的幅频响应指标，FIR 滤波器要求的阶数可以比 IIR 滤波器高 5~10 倍，成本较高，运算量大，但 FIR 滤波器可以做到严格的线性相位。如果 IIR 滤波器要求线性相位，必须加全通滤波网络进行校正，同样要大大增加滤波器的阶数和复杂性。

从结构上看，IIR 滤波器必须采用递归结构，极点位置必须在单位圆内，否则系统不稳定。FIR 滤波器主要采用非递归结构，不论在理论上还是在实际的有限数度运算中都不存在稳定性问题。

从设计方法看 IIR 滤波器主要借助模拟滤波器的成果，因此，一般都提供有效的封闭形式的设计公式进行准确计算，计算量比较小，对计算工具要求不高。

FIR 滤波器一般没有封闭形式的设计公式,只有计算程序可循,因此对计算工具要求较高。当然,由于计算机已经非常普及,并且业已开发出各种滤波器的设计程序,所以工程上的设计计算比较简单。

另外,FIR 滤波器除了可以设计一般的经典滤波器,如低通、高通、带通和带阻,还可以用来设计一些特殊的滤波器,如多通带滤波器,希尔伯特变换器等,因此,FIR 滤波器具有更大的应用范围。

综上所述,IIR 和 FIR 滤波器各有所长,所以在实际应用时应根据需要认真选择。例如,对相位要求不敏感的场合,如语音通信等,可以选择 IIR 滤波器,这样可以充分发挥其经济高效的特点;对于图像信号处理、数据通信等以波形携带信息的系统,对相位要求较高,可采用 FIR 滤波器更好。

本章小结

本章讨论了 FIR 数字滤波器的设计方法。即根据给定的设计指标,求解出满足技术指标的离散时间系统 $h(n)$ 或 $H(z)$。

首先讨论了窗数设计法(时域逼近法)。窗函数设计法是从单位采样响应序列着手,使所设计的滤波器单位采样响应 $h(n)$ 逼近理想的单位采样响应序列 $h_d(n)$。设计过程中根据过渡带宽度和阻带衰减要求可以选择不同的窗函数。窗函数设计法简单,主要问题是不易控制边缘频率。

频率抽样法是直接利用频域要求来设计滤波器,使所设计的 FIR 数字滤波器的频率特性在某些离散频率点上的值准确地等于所需滤波器在这些频率点处的值,在其他频率处的特性则有较好的逼近,在频率采样法中可以通过设计过渡点和滤波器的长度达到阻带衰减要求。其物理概念清楚,直观方便;适合于窄带滤波器设计。

最优化设计法的基本思路是确定一个最优准则,在此最优化准则下采用计算机进行辅助设计寻找满足这一准则 FIR 滤波器参数。本章讨论了最大误差最小化准则,并在此准则下给出 FIR 滤波器参数逼近的常用两种方法。

本章最后对 FIR 滤波器和 IIR 滤波器作了一个简单的比较,期望读者能根据实际要求选择不同类型滤波器的不同实现方法完成实际问题的处理。

习 题 6

1. 试证明：如果一个离散时间系统是线性相位的，则它不可能是最小相位的。

2. 用矩形窗设计线性相位数字低通滤波器，逼近滤波器的频率响应函数 $H_d(e^{j\omega})$ 为

$$H_d(e^{j\omega}) = \begin{cases} e^{-j\omega\alpha}, & 0 \leqslant |\omega| \leqslant \omega_c, \\ 0, & \omega_c < |\omega| \leqslant \pi, \end{cases}$$

求出相应的理想低通滤波器的单位冲激响应 $h_d(n)$。

3. 矩形窗设计线性相位 FIR 滤波器，要求过渡带宽度不超过 $\pi/10$，希望逼近的理想低通滤波器 $H_d(e^{j\omega})$ 为

$$H_d(e^{j\omega}) = \begin{cases} e^{-j\omega\alpha} & 0 \leqslant |\omega| \leqslant \omega_c \\ 0 & \omega_c < |\omega| \leqslant \pi \end{cases}$$

(1) 求单位脉冲响应 $h_d(n)$；

(2) 求出加矩形窗设计的 FIR 低通滤波器的单位脉冲响应 $h(n)$，确定 α 与 N 的关系。

4. 下图所示，两个长度为 8 的有限长序列 $h_1(n)$ 和 $h_2(n)$ 是循环位移关系。试问：

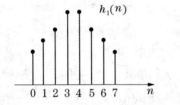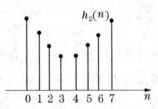

(1) 它们的 8 点离散傅里叶变换的幅度是否相等？

(2) 做一个低通 FIR 数字滤波器，要求 $h_1(n)$ 或 $h_2(n)$ 之一作为其冲激响应，说明下列哪种说法正确？为什么？

① 用 $h_1(n)$ 比 $h_2(n)$ 好；　② 用 $h_2(n)$ 比 $h_1(n)$ 好；　③ 两者相同。

5. 某 FIR 数字滤波器的系统函数为 $H(z) = (1 + 3z^{-1} + 5z^{-2} + 3z^{-3} + z^{-4})$，试求

(1) 该滤波器的单位取样响应 $h(n)$ 的表示式，并判断是否具有线性相位；

(2) $H(e^{j\omega})$ 的幅频响应和相频响应的表示式；

(3) 画出该滤波器流图的直接型结构和线性相位型结构图，比较两种结构，指出线性相位型结构的优点。

6. 用频率采样法设计一线性相位带通滤波器的采样值 $H(k)$，设 $N = 32$，理想频率特性为

$$H_d(e^{j\omega}) = \begin{cases} 1 & 0.2\pi \leqslant \omega \leqslant 0.6\pi \\ 0 & 其他 \end{cases}$$

7. 频率采样法设计一线性相位高通滤波器，通带边界频率 $\omega_c = \dfrac{3\pi}{4}$，边沿上设置一点过渡采样点 $|H(k)| = 0.39$，求在 (1) $N = 33$ 及 (2) $N = 34$ 时的采样值 $H(k)$。

数字信号处理的实现

本章要点

> 本章主要讨论各种量化误差的分析和计算以及数字系统的软硬件实现方法。主要内容：
>
> ◇ 了解各种量化误差的产生原因及分析计算方法；
> ◇ 撑握差分方程表示数字系统的软件实现方法；
> ◇ 了解 DSP 结构及硬件实现的方法和步骤。

数字信号处理系统的实现方法有软件实现和硬件实现。软件实现指按照系统的运算结构设计软件在通用计算机上运行实现。硬件实现指按照设计的运算结构，利用专用计算机或专用硬件，完成相应的信号处理算法。一个数字系统实现的过程包括：根据实际要求设计出数字信号处理系统函数、单位采样响应或差分方程，然后选择一种适当的网络结构形式，即一种具体的实现算法，根据这些具体算法利用软件或硬件实现特定的数字系统。

在数字系统实现时存在一个所谓"实时（Real-Time）实现"问题，其是指一个实际的系统在人们听觉，视觉或按任务要求所允许的时间范围内能及时地完成对输入信号的处理并将其输出。例如，我们每天使用的手机，将要普及的数字电视等，都是实时的数字信号处理系统。要想在极短的时间内完成对信号的处理，一方面需要快速的算法、高效的编程，另一方面，则需要高性能的硬件支持。数字信号处理器（DSP）即是为实时实现数字信号处理任务而特殊设计的高性能的一类 CPU。

严格地说，"实时实现"是指，一个系统在每一个抽样间隔内都能完成全部所需要的计算任务。例如，阶次 $N=100$ 的 FIR 滤波器，其输入输出关系是 $y(n)=\sum_{k=0}^{99} x(k)h(n-k)$，假定要处理的信号的抽样频率为 200 kHz，那么，该系统要在 50 μs 内，至少要完成 100 次乘法，99 次加法，才谈得上"实时实现"。

数字信号是通过采样和转换得到的，而转换的位数是有限的（一般 6、8、10、

12、16 位），所以存在量化误差，计算机中的数的表示也总是有限的，经此表示的滤波器的系数同样存在量化误差，在计算过程中因有限字长也会造成误差。量化误差主要有三种误差：① A/D 转换量化效应；② 系数的量化效应；③ 数字运算的有限字长效应。

本章首先学习各种量化误差，然后介绍数字系统的软硬件实现方法。

7.1　数字信号处理中的量化效应

数字信号处理系统对信号处理的方法是数值计算，信号均用二进制编码表示，将数值表示成有限位二进制数的过程称为量化编码。由于存放量化编码的寄存器均为有限位，因此，所有信号的值、系统的参数、运算中的中间变量以及运算结果均需要有有限位的二进制编码表示，这样就带来了许多的误差，可能使结果偏离原来的设计效果，甚至使理论上稳定的系统变成不稳定的系统，这些误差均是由数值量化造成的，因此称为量化误差。一般来说，误差源包括①对采样信号的量化误差（受 A/D 的精度或位数的影响）②系统中各系数的量化误差（受计算机中存贮器的字长影响）；③运算误差，如溢出，舍入及误差累积等（受计算机的运算精度影响）。

7.1.1　量化及量化误差

假设现在用 $b+1$ 位二进制数表示一个定点数，其中一位符号位，b 位数值位，能表示的最小单位称为量化阶，用 q 表示，$q=2^{-b}$。如果二进制编码的尾数长于 b，必须进行尾数处理，变成 b 位，一般的方法包括：①截尾处理：保留 b 位，抛弃余下的尾数；②舍入处理：按最接近的值取 b 位码。考虑定点舍入处理，则原码、补码和反码的量化误差范围均为 $-q/2 < e_i < q/2$。设一般处理的信号 $x(n)$ 是随机序列，量化后用 $Q[x(n)]$ 表示，随机量化误差用 $e(n)$ 为

$$e(n) = Q[x(n)] - x(n) \tag{7-1}$$

为了进行统计分析，假设①$e(n)$ 是平稳随机序列；② $e(n)$ 与信号 $x(n)$ 不相关；③ $e(n)$ 任意两个值之间不相关，即为白噪声；④ $e(n)$ 具有均匀等概率分布。则对于舍入法来说，$e(n)$ 的统计平均和方差分别为

$$m_e = \int_{-\infty}^{\infty} e p(e) \mathrm{d}e = \int_{-\frac{q}{2}}^{\frac{q}{2}} \frac{1}{q} e \mathrm{d}e = 0 \tag{7-2}$$

$$\sigma_e^2 = \int_{-\infty}^{\infty} (e - m_e)^2 p(e) \mathrm{d}e = \int_{-\frac{q}{2}}^{\frac{q}{2}} e^2 \frac{1}{q} \mathrm{d}e = \frac{q^2}{12} \tag{7-3}$$

一般量化误差也称为量化噪声，从上式可以看出，要减小量化噪声的功率，可通过增加量化位数来实现。

7.1.2 A/D 转换的量化效应

A/D 变换器分为两部分:采样(时间离散,幅度连续)和量化编码,原理如图 7-1(a)所示。量化编码对采样序列作舍入或截尾处理,得有限字长数字信号 $\hat{x}(n)$,如果用 $x(n)$ 表示未量化的二进制编码,则 A/D 变换器的量化误差

$$e(n) = \hat{x}(n) - x(n) \tag{7-4}$$

上两式给出了量化误差的范围,要精确知道误差的大小很困难。一般,我们总是通过分析量化噪声的统计特性来描述量化误差。可以用统计模型来表示 A/D 的量化过程,其统计模型如 7-1 所示。

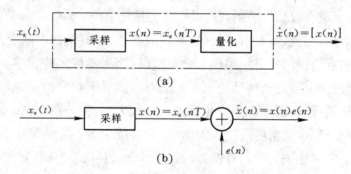

(a)

(b)

图 7-1　A/D 转换器功能原理图及统计模型

假设 A/D 转换器输入信号 $x_a(t)$ 不含噪声,输出 $\hat{x}(n)$ 中仅考虑量化噪声 $e(n)$,信号 $x_a(t)$ 的平均功率用 σ_x^2 表示,$e(n)$ 的平均功率用 σ_e^2 表示,输出信噪比用 S/N 表示

$$\frac{S}{N} = \frac{\sigma_x^2}{\sigma_e^2} \tag{7-5}$$

用 dB 数表示为

$$\left.\frac{S}{N}\right|_{dB} = 10\lg\frac{\sigma_x^2}{\sigma_e^2}\ dB \tag{7-6}$$

假设 A/D 转换器采用定点舍入法,$e(n)$ 的统计平均值为零,方差为 $\sigma_e^2 = \frac{1}{12}q^2 = \frac{1}{12}2^{-2b}$,将其代入式(7-6)式,得到

$$\frac{S}{N} = 6.02b + 10.79 + 10\lg\sigma_x^2 \tag{7-7}$$

上式表明 A/D 转换器输出的量化信噪比和 A/D 的字长 b 及输入信号的平均功率有关。字长每增加一位,信噪比增加约 6 dB,输入信号越大输出信噪比越高。

7.1.3　滤波器系数的量化效应

数字网络或者数字滤波器的系统函数用下式表示：

$$H(z) = \frac{\sum_{r=0}^{M} b(r) z^{-r}}{1 + \sum_{k=1}^{N} a(k) z^{-k}} \tag{7-8}$$

式中的系数 $b(r)$ 和 $a(k)$ 必须用有限位二进制数进行量化，存贮在有限长的寄存器中，假设经过量化后的系数用 $\hat{b}(r)$ 和 $\hat{a}(k)$ 表示，量化误差用 $\Delta b(r)$ 和 $\Delta a(k)$ 表示，则

$$\hat{a}(k) = a(k) + \Delta a(k), \quad \hat{b}(k) = b(r) + \Delta b(r), \tag{7-9}$$

实际的系统函数 $\hat{H}(z)$ 表示为

$$\hat{H}(z) = \frac{\sum_{r=0}^{M} \hat{b}(r) z^{-r}}{1 + \sum_{k=1}^{N} \hat{a}(k) z^{-k}} \tag{7-10}$$

显然，系数量化后的系统函数和频率响应将不同于理论上设计的系统函数和频率响应。

下面分析系统量化误差对零、极点位置的影响，当然，如果零、极点位置改变，其频率响应就会发生变化。尤其是极点位置的改变，不仅仅影响频率特性，严重时会引起系统不稳定，因此研究极点位置改变更为重要。

对于 N 阶系统函数的 N 个系数 $a(k)$，都会产生量化误差 $\Delta a(k)$，每一个系数的量化误差都会影响第 i 个极点 P_i 的偏移。系统量化后的极点用 $\hat{P}_i$ 表示，有

$$\hat{P}_i = P_i + \Delta P_i \tag{7-11}$$

式中 ΔP_i 表示第 i 个极点的偏移，可以证明其服从下面公式

$$\Delta P_i = \sum_{k=1}^{N} \frac{P_i^{N-k}}{\prod_{\substack{l=1 \\ l \neq 1}} (P_i - P_l)} \Delta a(k) \tag{7-12}$$

上式表明极点偏移的大小与以下因素有关：①与系数量化误差大小有关，量化误差愈大，极点偏移愈大；②与系统极点的密集程度有关，如果极点密集在一起，即极点间距离短，那么极点位置灵敏度高，相应的极点偏差就大；③与滤波器阶数 N 有关，阶数愈高，系数量化效应的影响愈大，因而极点偏移愈大。

考虑到以上因素，系统结构最好不要采用高阶的直接型结构，而使用一阶或二阶系统的级联或并联，这样可以避免较多零、极点集中在一起，使得极点偏移大。

7.1.4 数字网络中的运算量化效应

数字信号处理的运算包括加法和乘法。在定点制的运算中,乘法运算会使位数增多,如超出计算机的寄存器长度,就需要进行尾部处理,包括截尾或舍入两种,但不管哪一种方法都会引起误差,称为运算量化误差。在浮点制运算中,无论加法还是乘法都会引起尾数增长,同样需要进行尾数处理,引起运算量化误差。

由于输入信号是随机信号,产生的运算量化误差同样是随机的,需要进行统计分析。运算量化误差在系统中起噪声的作用,会使系统输出信噪比降低。为了分析计算简单,假设运算量化误差具有以下统计特性:①运算量化噪声是平衡的白噪声;②运算量化噪声之间及与信号之间不相关;③概率密度为均匀分布。

假设定点乘法运算按 b 位量化,量化误差用 $e(n)$ 表示。对于一个乘法运算, $v_2(n) = av_1(n)$,乘后产生舍入误差,相当于引一个噪声源,量化模型如图 7-2 所示。 $v_2(n)$ 经量化后用 $\hat{v}_2(n)$ 表示,有

$$\hat{v}_2(n) = v_2(n) + e(n) \tag{7-13}$$

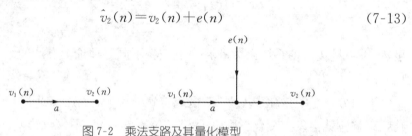

图 7-2　乘法支路及其量化模型

下面考虑有两个乘法支路,采用定点制时共引入两个噪声源,即 $e_1(n)$ 和 $e_2(n)$,噪声 $e_2(n)$ 直接输出,噪声 $e_1(n)$ 经过网络 $h(n)$ 输出,输出噪声 $e_f(n)$ 为

$$e_f(n) = e_1(n) * h(n) + e_2(n) \tag{7-14}$$

如果尾数处理采用定点舍入法,由于 $e_1(n)$ 和 $e_2(n)$ 互不相关,求输出端噪声方差时,可分别求其在输出端的方差,再相加。这里,每个噪声源的方差均为 $\sigma_e^2 = \dfrac{1}{12}q^2$, $q = 2^{-b}$。输出端的噪声 $e_f(n)$ 的方差为

$$\sigma_f^2 = E[(e_f(n) - m_f)^2] = E[e_f^2(n)] = E[e_{f1}^2(n)] + E[e_{f2}^2(n)] \tag{7-15}$$

式中, $e_{f1}^2(n)$ 和 $e_{f2}^2(n)$ 分别表示 $e_1(n)$ 和 $e_2(n)$ 在输出端的输出; m_f 表示均值,其取值为零。因

$$E[e_{f2}^2(n)] = \sigma_e^2$$

$$E[e_{f1}^2(n)] = E\Big[\sum_{m=0}^{\infty} h(m)e_1(n-m) \sum_{l=0}^{\infty} h(l)e_1(n-l)\Big]$$

$$= \sum_{m=0}^{\infty} \sum_{l=0}^{\infty} h(m)h(l)E[e_1(n-m)e_1(n-l)]$$

$$= \sum_{m=0}^{\infty} \sum_{l=0}^{\infty} h(m)h(l)\sigma_e^2 \delta(m-l)$$

$$= \sigma_e^2 \sum_{m=0}^{\infty} h^2(m) \tag{7-16}$$

有

$$\sigma_f^2 = \sigma_e^2 \sum_{m=0}^{\infty} h^2(m) + \sigma_e^2 \tag{7-17}$$

根据帕斯维尔定理,也可以用下式计算:

$$\sigma_f^2 = \sigma_e^2 \frac{1}{2\pi j} \oint H(z)H(z^{-1})\frac{\mathrm{d}z}{z} + \sigma_e^2 \tag{7-18}$$

式中 $H(z) = \dfrac{1+bz^{-1}}{1-az^{-1}}$。

7.2　数字信号处理的软件实现

数字信号处理系统的实现方法有软件实现和硬件实现。人们习惯把在以 PC 为代表的通用机上执行信号处理的程序视为"软件实现"。软件实现最大的优点是灵活,开发的周期短,缺点是处理速度慢,信号处理的实时性能较差。

7.2.1　按照差分方程求解系统输出的软件流程

一个数字网络或数字滤波器设计完毕,可以获得描述一个线性移不变数字系统的线性常系数差分方程,其具有递推求解的特点,知道差分方程,可根据差分方程直接编写其程序实现相应的数字系统。

下面通过实例说明按照差分方程求解系统输出的软件流程图。

【例 7-1】　假设两个二阶级联网络结构如图 7-3 所示。图中 $a_1 - a_4$ 和 $b_0 - b_5$ 是已知参数;$x(n)$ 是输入信号,从 $n=0$ 开始输入,其中 $x(-1)=0$, $x(-2)=0$,初始条件 $w(-1)=0$, $w(-2)=0$, $y(-1)=0$, $y(-2)=0$,试给出输出响应的软件实现流程图。

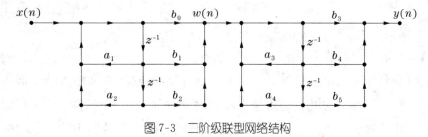

图 7-3　二阶级联型网络结构

解: 描述此级联系统的两个二阶系统的差方方程分别为

$$w(n) = a_1 w(n-1) + a_2 w(n-2) + b_0 x(n) + b_1 x(n-1) + b_2 x(n-2)$$
$$y(n) = a_3 y(n-1) + a_4 y(n-2) + b_3 w(n) + b_4 w(n-1) + b_5 w(n-2)$$

其软件设计流程图如图 7-4 所示。

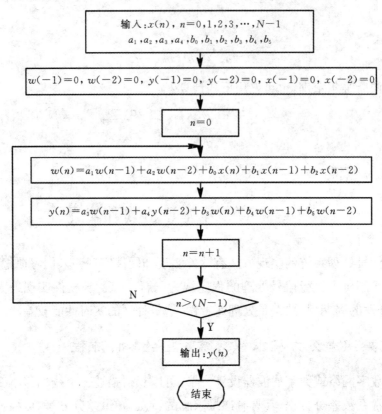

图 7-4　级联系统的软件实现流程图

7.2.2　按照网络结构编写程序的方法

已知差分方程及输入信号和初始条件,可用递推法求出输出,这时没有考虑具体的网络结构,不能利用网络结构实现系统的优点,可能存在延时较大,误差积累大,也要求存储量大的特点。下面讨论如何根据设计好的网络结构,设计运算程序,实现相应的系统。其方法如下:

(1) 首先将网络结构中的结点进行排序。

延时支路的输出结点变量是前一时刻已存储的数据,它和输入结点都作为起始结点,结点变量是已知的,输入结点和延时支路的输出结点都排序为 $k=0$。如果延时支路的输出结点还有一输入支路,应该给延时支路的输出结点专门分配一个节点,如图 7-5 所示。

(2) 由 $k=0$ 的结点开始。

凡是能用 $k=0$ 结点计算出的结点都排序为 $k=1$；由 $k=0,k=1$ 的结点可以计算出的结点排序为 $k=2$；依次类推，直到全部结点排完。

(3)根据由低到高的次序，写出运算和操作步骤，注意写出的运算都是简单的一次方程。

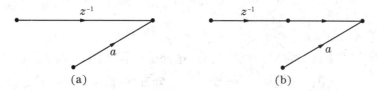

图 7-5　延时支路分配结点

【例 7-2】 已知网络系统函数为

$$H(z)=\frac{(2-0.379z^{-1})(4-1.24z^{-1}+5.264z^{-2})}{(1-0.25z^{-1})(1-z^{-1}+0.5z^{-2})}$$

画出它的级联型结构流图，并设计运算次序。

解： 先画出 $H(z)$ 的直接型流图结构如图 7-6 所示，节点排序如图 7-7 所示。

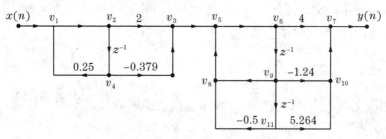

图 7-6　例 7-2 的直接型流图

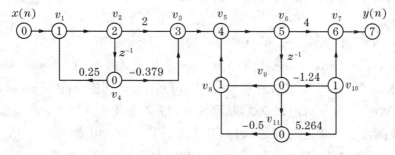

图 7-7　例 7-2 的节点排序图

根据上面结点排序图，写出运算次序如下：

起始数据：$x(n)$，$v_4=v_9=v_{11}=0$

$$(1)\begin{cases}v_1=x(n)+0.25v_4, \\ v_8=v_9-0.5v_{11}, \\ v_{10}=5.264v_{11}-1.24v_9。\end{cases}$$

(2) $v_2 = v_1$。

(3) $v_3 = 2v_2$。

(4) $v_5 = v_3 + v_8$，$v_6 = v_5$。

(5) $v_7 = v_6 + v_{10}$。

(6) $y(n) = v_7$。

(7) 数据更新：$v_4 = v_2$，$v_{11} = v_9$，$v_9 = v_6$，返回(1)。

循环执行以上步骤可完成网络运算，这种编写程序的方法充分考虑了不同结构的特点；只要知道网络结构，不需要写出差分方程，就可编写程序。

7.3 数字信号处理的硬件实现简介

人们通常把使用一些通用或专用芯片构成的能完成某种信号处理功能的方式称为"硬件实现"。信号处理的硬件实现指的是根据自己实际任务的需要，选用合适的数字信号处理器芯片，配上适合该芯片语言，设计并完成信号处理系统。信号处理的硬件实现又可分为专业硬件实现和数字信号处理器实现。前者属于硬件实现，后者称为软硬结合实现。

7.3.1 DSP 芯片简介

DSP 芯片是一种对数字信号处理进行高速实时处理的专业单片处理器，DSP芯片最早出现在 20 世纪 80 年代初。

世界上第一个单片 DSP 芯片是 1978 年 AMI 公司发布的 S2811，1979 年美国 Intel 公司发布的商用可编程器件 2920 是 DSP 芯片的一个主要里程碑。这两种芯片内部都没有现代 DSP 芯片所必须有的单周期乘法器。1980 年，日本 NEC 公司推出的 μPD7720 是第一个具有乘法器的商用 DSP 芯片。

第一个采用 CMOS 工艺生产浮点 DSP 芯片的是日本的 Hitachi 公司，它于1982 年推出了浮点 DSP 芯片。1983 年日本 Fujitsu 公司推出的 MB8764，其指令周期为 120ns，且具有双内部总线，从而使处理吞吐量发生了一个大的飞跃。而第一个高性能浮点 DSP 芯片应是 AT&T 公司于 1984 年推出的 DSP32。

与其他公司相比，Motorola 公司在推出 DSP 芯片方面相对较晚。1986 年，该公司推出了定点处理器 MC56001。1990 年，推出了与 IEEE 浮点格式兼容的浮点 DSP 芯片 MC96002。

美国模拟器件公司（Analog Devices，简称 AD）在 DSP 芯片市场上也占有一定的份额，相继推出了一系列具有自己特点的 DSP 芯片，其定点 DSP 芯片有 ADSP2101/2103/2105、ASDP2111/2115、ADSP2161/2162/2164 以及 ADSP2171/2181，浮点 DSP 芯片有 ADSP21000/21020、ADSP21060/21062 等。

最成功的 DSP 芯片公司当数美国德州仪器公司。公司在 1982 年成功推出其第一代 DSP 芯片 TMS32010 及其系列产品 TMS32011、TMS320C10/C14/C15/C16/C17 等，之后，目前已发展到两大类 9 个分支系列产品，两大类为浮点和定点，9 个分支系列分别满足不同的需要。TI 公司的 DSP 芯片包括TMS320C1X、TMS320C25、TMS320C3X/4X、TMS320C5 X、TMS320C8X 等。目前主流系列包括：TMS320C2000 系列适合于控制应用，主要用于数字化控制领域；TMS320C5000 系列适合于低功耗应用，主要用于通信、便携式应用领域；TMS320C6000 系列则主要针对需要高性能运算的应用，主要用于音视频技术、通信基站。

自 1980 年以来，DSP 芯片得到了突飞猛进的发展，DSP 芯片的应用越来越广泛。从运算速度来看，MAC（一次乘法和一次加法）时间已经从 20 世纪 80 年代初的 400 ns（如 TMS32010）降低到 10 ns 以下（如 TMS320C54X、TMS320C62X/67X 等），处理能力提高了几十倍。DSP 芯片内部要害的乘法器部件从 1980 年的占模片区（diearea）的 40% 左右下降到 5% 以下，片内 RAM 数量增加一个数量级以上。从制造工艺来看，1980 年采用 4 μm 的 N 沟道 MOS（NMOS）工艺，而现在则普遍采用亚微米（Micron）CMOS 工艺。DSP 芯片的引脚数量从 1980 年的最多 64 个增加到现在的 200 个以上，引脚数量的增加，意味着结构灵活性的增加，如外部存储器的扩展和处理器间的通信等。此外，DSP 芯片的发展使 DSP 系统的成本、体积、重量和功耗都有很大程度的下降。

DSP 处理器一般采用哈佛结构。哈佛结构的最大特点是具有独立的数据存储空间和程序存储空间，因此有着独立的数据总线和程序总线，可以同时对数据与程序寻址，即对数据读写的同时也可对程序进行读写，从而大大提高了运算的速度。缺点是机器的结构变得复杂。

1) 采用哈佛（Harvard）总线结构。与哈佛结构相关，DSP 芯片广泛采用流水线操作以减少指令执行时间。

2) 具有高速阵列乘法器等专用硬件。精度至少为 16×16 位定点，一些 DSP 的片内已含有 40×40 位的浮点乘法器。

3) 具有高速的片内数据存储器和程序存储器。对于一些简单、单一的操作，例如卷积、相关等，可以在片内完成，避免与外部的低速存储器打交道。新近的 DSP 产品均为双端口片内 RAM。

4) 具有满足信号处理应用要求的一些特殊指令。

5) 具有高速的 I/O 接口。

7.3.2 TMS320C54x 的硬件结构

TMS320C54x 是 TI 公司为实现低功耗、高速实时信号处理而专门设计的 16

位数字信号处理器,采用改进的哈佛结构,具有高度的操作灵活性和运行速度,适应于远程通信等实时嵌入式应用的需要,现已广泛地应用于无线电通信系统中。

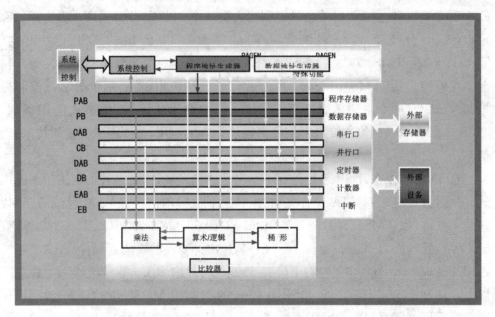

图 7-8　TMS320C54x 的硬件结构

1. CPU

采用先进的多总线结构,通过 1 组程序总线、3 组数据总线和 4 组地址总线来实现。40 位算术逻辑运算单元 ALU,包括 1 个 40 位桶形移位寄存器和 2 个独立的 40 位累加器。17×17 位并行乘法器,与 40 位专用加法器相连,可用于进行非流水线的单周期乘法－累加运算。比较、选择、存储单元(CSSU),可用于 Viterbi 译码器的加法－比较－选择运算。指数编码器,是一个支持单周期指令 EXP (P60)的专用硬件。可以在一个周期内计算 40 位累加器数值的指数。配有两个地址生成器,包括 8 个辅助寄存器和 2 个辅助寄存器算术运算单元(ARAU)。

2. 存储器

可访问的最大存储空间为 $192K \times 16$ 位,即 64K 字的程序存储器、64K 字的数据存储器以及 64K 字的 I/O 空间。片内 ROM,可配置为程序存储器和数据存储器。片内 RAM 有两种类型,即双寻址 RAM(DARAM)和单寻址 RAM (SARAM)。

3. 指令系统

支持单指令重复和块指令重复操作,支持存储器块传送指令,支持 32 位长操作数指令,具有支持 2 操作数或 3 个操作数的读指令,具有能并行存储和并行加载的算术指令,支持条件存储指令及中断快速返回指令。

4. 在片外围电路

具有软件可编程等待状态发生器,设有可编程分区转换逻辑电路,带有内部振荡器或外部时钟源的片内锁相环(PLL)发生器,支持全双工操作的串行口,可进行 8 位或 16 位串行通信,16 位可编程定时器,设有与主机通信的 8 位并行接口(HPI),具有外部总线判断控制,以断开外部的数据总线、地址总线和控制信号,数据总线具有总线保持器特性。

5. 电源

具有多种节电模式。可用 IDLE1、IDLE2 和 IDLE3 指令来控制芯片功耗,使 CPU 工作在省电方式。可在软件控制下,禁止 CLKOUT 输出信号。

6. 片内仿真接口

具有符合 IEEE1149.1 标准的片内仿真接口。TMS320C54x 的结构是以 8 组 16 位总线为核心,形成了支持高速指令执行的硬件基础。1 组程序总线 PB,3 组数据总线 CB、DB、EB,4 组地址总线 PAB、CAB、DAB、EAB,主要用来传送取自程序存储器的指令代码和立即操作数。

PB 总线既可以将程序空间的操作数据(如系数表)送至数据空间的目标地址中,以实现数据移动,也可以将程序空间的操作数据传送乘法器和加法器中,以便执行乘法-累加操作。

数据总线 CB 、DB 和 EB : 3 条数据总线分别与不同功能内部单元相连接。如:CPU、程序地址产生逻辑 PAGEN、数据地址产生逻辑 DAGEN、片内外设和数据存储器等。

CB 和 DB 用来传送从数据存储器读出的数据;EB 用来传送写入存储器的数据。地址总线 PAB、CAB、DAB 和 EAB :用来提供执行指令所需的地址。

读/写方式	地址总线				程序总线	数据总线		
	PAB	CAB	DAB	EAB	PB	CB	DB	EB
程序读	√				√			
程序写	√							√
单数据读			√				√	
双数据读		√	√			√	√	
32 位长数据读		√(hw)	√(lw)			√(hw)	√(lw)	
单数据写				√				√
数据读/数据写			√	√			√	√
双数据读/系数读	√	√	√		√	√	√	
外设读			√				√	
外设写			√					√

图 7-9　TMS320C54x 总线读写

7.3.3　DSP 集成开发环境 CCS

1. CCS 的简介

CCS 是一种针对 TMS320 系列 DSP 的集成开发环境,在 Windows 操作系统下,采用图形接口界面,提供有环境配置、源文件编辑、程序调试、跟踪和分析等工具。CCS 有两种工作模式,即软件仿真器模式:可以脱离 DSP 芯片,在 PC 机上模拟 DSP 的指令集和工作机制,主要用于前期算法实现和调试。硬件在线编程模式:可以实时运行在 DSP 芯片上,与硬件开发板相结合在线编程和调试应用程序。

CCS 的开发系统主要由以下组件构成:

① TMS320C54x 集成代码产生工具。用来对 C 语言、汇编语言编程的 DSP 源程序进行编译汇编,并链接成为可执行的 DSP 程序。主要包括汇编器、链接器、C/C++编译器和建库工具等。

② CCS 集成开发环境。集编辑、编译、链接、软件仿真、硬件调试和实时跟踪等功能于一体。包括编辑工具、工程管理工具和调试工具等。

③ DSP/BIOS 实时内核插件及其应用程序接口 API。主要为实时信号处理应用而设计。包括 DSP/BIOS 的配置工具、实时分析工具等。

④ 实时数据交换的 RTDX 插件以及相应的程序接口 API。可对目标系统数据进行实时监视,实现 DSP 与其他应用程序的数据交换。

⑤ 由 TI 公司以外的第三方提供的各种应用模块插件。CCS 的功能十分强大,它集成了代码的编辑、编译、链接和调试等诸多功能,而且支持 C/C++和汇编的混合编程

2. CCS 的主要功能

① 具有集成可视化代码编辑界面,用户可通过其界面直接编写 C、汇编、.cmd 文件等。

② 含有集成代码生成工具,包括汇编器、优化 C 编译器、链接器等,将代码的编辑、编译、链接和调试等诸多功能集成到一个软件环境中。

③ 高性能编辑器支持汇编文件的动态语法加亮显示,使用户很容易阅读代码,发现语法错误。

④ 工程项目管理工具可对用户程序实行项目管理。在生成目标程序和程序库的过程中,建立不同程序的跟踪信息,通过跟踪信息对不同的程序进行分类

管理。

⑤ 基本调试工具具有装入执行代码、查看寄存器、存储器、反汇编、变量窗口等功能,并支持 C 源代码级调试。

⑥ 断点工具,能在调试程序的过程中,完成硬件断点、软件断点和条件断点的设置。

⑦ 探测点工具,可用于算法的仿真,数据的实时监视等。

⑧ 分析工具,包括模拟器和仿真器分析,可用于模拟和监视硬件的功能、评价代码执行的时钟。

⑨ 数据的图形显示工具,可以将运算结果用图形显示,包括显示时域/频域波形、眼图、星座图、图像等,并能进行自动刷新。

⑩ 提供 GEL 工具。利用 GEL 扩展语言,用户可以编写自己的控制面板/菜单,设置 GEL 菜单选项,方便直观地修改变量,配置参数等。

⑪ 支持多 DSP 的调试。

⑫ 支持 RTDX 技术,可在不中断目标系统运行的情况下,实现 DSP 与其他应用程序的数据交换。

⑬ 提供 DSP/BIOS 工具,增强对代码的实时分析能力。

3. CCS 的安装及设置

系统配置要求 :① 机器类型:IBM PC 及兼容机;② 操作系统:Microsoft Windows 95/98/2000 或 Windows NT4.0。

在使用 CCS 之前,必须首先按照 CCS 的产品说明安装 CCS 软件;其次创建 CCS 系统配置,进行环境设置;最后,按照具体使用的仿真器,安装目标板和驱动程序。当 CCS 软件安装到计算机后,将在桌面上出现两个快捷方式图标。

图 7-10　CS 图标

使用 CCS 软件所要用到的文件类型:

*.cmd —— 链接命令文件;

*.obj —— 由源文件编译或汇编后所生成的目标文件;

*.out —— 完成编译、汇编、链接后所形成的可执行文件,可在 CCS 监控下

调试和执行；

 *.wks — 工作空间文件,可用来记录工作环境的设置信息；

 *.cdb — CCS 的配置数据库文件,是使用 DSP/BIOS API 模块所必须的。当保存配置文件时,将产生链接器命令文件(*cfg. cmd)、头文件(*cfg. h54)和汇编语言源文件(*cfg. s54)。

4. 使用 CCS 开发应用程序的一般步骤

CCS 的可视界面设计十分友好,允许用户对编辑窗口以外的其他所有窗口和工具条进行随意设置。双击桌面"CCS C5000 1.20"图标,就可以进入 CCS 的主界面。如图 7-11 所示。

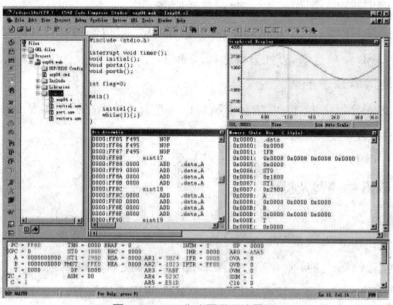

图 7-11　CCS 集成开发环境界面

利用 CCS 集成开发软件,用户可以在一个开发环境下完成工程项目创建、程序编辑、编译、链接、调试和数据分析等工作环节。

① 打开或创建一个工程项目文件。CCS 开发环境对用户系统采用工程项目的集成管理,使用户系统的开发和调试变得简单明了。在开发过程中,CCS 会在开发平台中建立不同独立程序的跟踪信息,通过这些跟踪信息对不同的文件进行分类管理,建立相应的文件库和目标文件。

一个工程项目包括源程序、库文件、链接命令文件和头文件等,它们按照目录树的结构组织在工程项目中。工程项目构建(编译链接)完成后生成可执行文件。

② 编辑各类文件。可以使用 CCS 提供的集成编辑环境,对头文件、链接命令文件和源程序进行编辑。

③ 对工程项目进行编译。可以使用 CCS 提供的集成编辑环境,对头文件、链接命令文件和源程序进行编辑。

④ 对结果和数据进行分析和算法评估。用户可以利用 CCS 提供的探测点、图形显示、性能评价等工具,对运行结果、输出数据进行分析,评估算法性能。

在进行程序运行之前,需将目标文件装入目标系统。CCS 开发环境为用户提供了多种装载文件的方法。使用 CCS 提供的装载程序命令,可装载构建后所生成的目标文件。操作方法如下:

① 选择"File"菜单中的"Load Program(装载程序)"命令,弹出"Load Program(装载程序)"对话框。

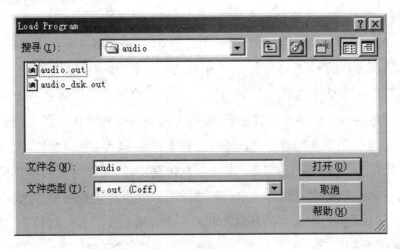

图 7-12　CS 目标文件装载界面

7.3.4　硬件集成和调试工具

所谓的硬件集成指设计者根据实际任务需要,设计出一个以 DSP 为核心的目标系统。在 DSP 系统开发的不同阶段需要不同的开发系统,如供初学者使用的学习系统,供对所选用的 DSP 及其他器件进行评估的评估系统,供最后调试的开发系统。TI 公司根据不同的应用和不同的对象推出了不同类型和价位的硬件开发系统,它们包括

◇　DSP 初学者工具包 DSK;

◇　评估模件 EVM;

◇　系统仿真器 XDS。

下面分别简单介绍。

DSP 初学者工具包 DSK。DSK 是 TI 公司特地为初学者(或初次设计者)提

供了一个低价的且性能较为优良的 DSP 开发工具。DSK 开发板的不同系列上提供不同的 TMS320 芯片，同时板上集成有 A/D，D/A，有扩展的 RAM，有时钟、电源、各种插件。它通过串行或并行方式和 PC 机连接，因此，在 PC 机端可实现对 DSK 的加载、调试与运行。DSK 可通过 A/D 实现对模拟信号的采集、处理并输出到 PC 机上。可见该开发工具对学习、研发 DSP 是非常方便的。

评估模件 EVM。EVM 是一种较为低价的开发扳，功能强于 DSK，可用来评估所选用的 DSP 和其它芯片是否能满足实际任务的需要，可在上面连续或单步运行所编写的 DSP 汇编软件，它具有有限的系统调试功能。其工作主机也是 PC 机。TI 有不同型号的 EVM 以适用于各代的 DSP 芯片。

系统仿真器 XDS。系统仿真器又称扩展的开发系统（extended Developme 以 Systems，XDS），这是一个强有力的、全速的仿真器，可用以在系统水平的高度（即非局部）对所设计的 DSP 系统作集成和调试。一个实际的 XDS510 开发系统包含两个部件，一个是插入 PC 机的插件板，一个是控制盒。控制盒两边分别有带有 JTAG 插头的电缆，一边和目标板相连，一边和插件板相连。硬件仿真器的主机是 PC 或工作站。主机通过仿真器与目标系统的 JTAG 接口相连，控制目标板上的 DSP 器件。目标板上的 DSP 本身带有仿真功能，硬件仿真器本身只是一个控制器，它通过 DSP 芯片内部的串行扫描路径对处理器进行控制，完成实时测试和调试。仿真器与目标系统的接口是利用一个标准的 14 针接口（JTAG 接口）来实现的（JTAG-IEEE1149.1 标准）。仿真器与主机的接口有多种形式：PCI 接口：仿真器作为一个插卡插在主机中。早期的 DSP 仿真器多采用这种接口方式，但这种仿真器使用不方便，现在已经很少见了；并口：仿真器通过打印机接口与主机连接。由于计算机并口采用 39 针连接器进行连接，并口仿真器体积相对也较大；USB 接口：目前越来越多的计算机外设采用 USB 作为总线接口，其高速数传和热插拔的特性使得外部设备可以方便地与计算机连接，并且具有很好的连通性能。DSP 硬件仿真器也出现了 USB 接口的产品，而且发展迅速，USB 接口仿真器已经成为目前最常见的 DSP 硬件仿真器。

本章小结

　　本章主要讨论了数字信号处理实现过程中各种量化误差的分析和计算以及数字系统的软硬件实现方法。

　　首先讨论了 A/D 转换的量化效应、滤波器系数的量化效应和数字网络中的运算量化效应，并给出了它们的分析计算方法。

　　然后讨论了数字信号处理的软件实现。通过前面章节讨论知道，设计一个数字网络或数字滤波器后，可以获得描述一个线性移不变数字系统的线性常系数差分方程，其具有递推求解的特点，知道差分方程，可根据差分方程直接在 PC 机上编写执行信号处理程序实现相应的数字系统。

　　最后讨论了数字信号处理的硬件实现，包括 DSP 芯片的结构、CCS 集成开发环境以及硬件实现的方法和步骤。

附　录

8.1　MATLAB 简介

MATLAB 是 MATrix LABoratory 的缩写。由 MathWorks 公司于 1984 年推出，1993 年推出了其微机版，在 Windows 环境下使用。其最初由美国的 Cleve Moler 博士所研制，目的是为线性代数等课程中的矩阵运算提供一种方便可行的实验手段。经过十几年的市场竞争和发展，MATLAB 已发展成为在自动控制、生物医学工程、信号分析处理、语言处理、图像信号处理、雷达工程、统计分析、计算机技术、金融界和数学界等各行各业中都有极其广泛应用的软件，同时也成为理工科学生必须掌握的一项基本技能。

MATLAB 强大的扩展功能为各个领域的应用提供了有力的工具，与信号处理直接有关的工具箱(Toolbox)有 Signal Processing(信号处理工具箱)、Wavelet(小波工具箱)、Image Processing(图象处理工具箱)、Higher-Order Spectral Analysis(高阶谱分析工具箱)、Communication(通信)等。

在信号处理中，MATLAB 提供了滤波器分析、滤波器实现、FIR 数字滤波器设计、IIR 数字滤波器设计、IIR 滤波器阶次的估计、模拟低通滤波器的原理设计、模拟滤波器的设计、线性变换等方面的函数命令，这些函数命令放在 signal/signal 目录中，可通过 help signal/signal 来获取。可以利用 MALTAB 软件对数字信号处理中的基本理论和方法进行初步实验，帮助同学们更好掌握数字信号处理的方法和了解 MATLAB 的实际应用。

为了帮助学生熟悉 MATLAB，进行数字信号处理，本节把 MATLAB 介绍给大家。

8.1.1　MATLAB 初步

1. MATLAB 的主要功能

(1) 数值计算。MATLAB 以矩阵作(或数组)为数据操作的基本单位，提供了十分丰富的数值计算函数,是进行数值分析的高效软件包。

（2）编程语言。MATLAB 与其它高级语言一样,有编程功能,具有程序结构控制、函数调用、数据结构、输入输出、面向对象等程序语言特征,而且简单易学、编程效率高。

（3）MATLAB 工具箱。MATLAB 包含两部分内容:基本部分和各种可选的工具箱。

（4）绘图功能。MATLAB 提供了两个层次的绘图操作:一种是对图形句柄进行的低层绘图操作,另一种是建立在低层绘图操作之上的高层绘图操作。

> 温馨提示:绘图功能在我们学习数字信号处理过程中的主要作用是帮助大家直观了解处理的结果,加深对理论的理解,其应用方式多样、灵活。

2. 启动 MATLAB 及界面简介

点击桌面上 MATLAB 图标,可进入到 MATLAB 命令窗(MATLAB Command Window),其命令提示符为≫。用户可在命令窗内输入命令、编程、进行计算。

MATLAB 6.5 环境包括 MATLAB 主窗口、命令窗口(Command Window)、工作空间窗口(Workspace)、命令历史窗口(Command History)、当前目录窗口(Current Directory)、图形窗口(Figure)和文本编辑窗口(Editor)等组成。观看其默认窗口分布情况可以如下操作:

Desktop-desktop layout-defaut

主窗口

MATLAB 主窗口是 MATLAB 的主要工作界面。主窗口除了嵌入一些子窗(Command Window、Workspace、Command History、Current Directory)外,还主要包括菜单栏和工具栏。菜单栏,共包含 File、Edit、View、Web、Window 和 Help 6 个菜单项,与其它 Windows 应用软件相似,大家可以自己点击观看。工具栏,MATLAB 6.5 主窗口的工具栏共提供了 10 个命令按钮。这些命令按钮均有对应的菜单命令,但比菜单命令使用起来更快捷、方便。下面重点介绍一下命令窗口(Command Window)。

命令窗口

命令窗口是 MATLAB 的主要交互窗口,用于输入命令并显示除图形以外的所有执行结果。MATLAB 命令窗口中的"≫"为命令提示符,表示 MATLAB 正在处于准备状态。在命令提示符后键入命令并按下回车键后,MATLAB 就会解释执行所输入的命令,并在命令后面给出计算结果。例如

≫x=10;y=15;

≫z=x+y

　z=15

说明：① 语句后输入分号表示不在主窗口显示结果，但可以从变量窗口看到；

② 如果一个命令行很长，或编程时一个语句很长，需要用两行来书写，可以在第一个物理行之后加上 3 个小黑点并按下回车键，然后接着下一个行继续写命令的其他部分。3 个小黑点称为续行符，即把下面的物理行看作该行的逻辑继续。

温馨提示：命令窗口是 MATLAB 与用户之间的主要交互式运算窗口。

3. MATLAB 的常用命令

（1）help 命令。在命令窗内输入 help 命令，再敲回车键，在屏幕上出现了在线帮助总览。（注意：MATLAB 命令被输入后，必需敲回车键才能执行。为行文方便，以后不再每次提醒"敲回车键"）学会使用 help 命令，是学习 MATLAB 的有效方法。

如果要了解相关函数的使用方法及参数意义可输入

≫help xcorr

（2）demo 命令。在命令窗内输入 demo 命令，再敲回车，键屏幕上将出现演示窗口。（MATLAB Demo Window）一共有三个窗口，左边的窗口显示欲演示内容的大标题，选定其中一项，右下方的小窗口显示欲演示的具体内容，选中其中一栏，再点击 run 按扭，屏幕上将演示选定的演示程序。右上方的窗口显示关于大标题的一些说明。

（3）Type 命令。在命令窗内输入 type 文件名，则 MATLAB 将在主窗口显示程序的 M 文件内容，帮助大家了解 M 文件编程方法，通过对其语句的分析，不仅可以提高理论认识，也是学习 MATLAB 函数（function）编写方法的有效途径。

≫type xcorr

（4）其他常用的命令与函数。

Addpath：增加 MATLAB 的工作目录。MATLAB 通常只能对其工作路径下的文件运行，如果你的文件不在其默认的目录下，可以通过 addpath 命令来添加你的目录，例

≫path

结果显示当前的所有默认目录。

≫addpath c:\

结果将 C 盘根目录作为一个默认目录,即在 C 盘根目录下文件均可以直接在 MATLAB 下执行。

clear:清除内存空间变量。

whos 变量名:查看此变量的具体情况。如

≫whos x

Name	Size	Bytes	Class
x	1x2	16	double array

Grand total is 2 elements using 16 bytes

clc:清屏命令,清除当前主窗口内所有显示。

dir:查看当前目录。

length():计算向量的长度。如

≫length(x)

ans =

　　2

size():计算矩阵或数组的维数。例

≫size(y)

ans =

　　3　　6

> 温馨提示:这些命令和函数是大家学习 MATLAB 时用的最多的,需要大家牢记。

4. 基本运算

在 MATLAB 本身是为了进行数值计算而创出的,因此其数值计算功能非常强,且是其重要的功能之一。计算方法非常简单,其进行基本数学运算,只需将运算式直接打入提示号(≫)之后,并按入 Enter 键即可。例如计算$(5*2+1.3-0.8)*10/25$ 的值:

用键盘在 MATLAB 指令窗中输入以下内容

≫$(5*2+1.3-0.8)*10/25$

在上述表达式输入完成后,按【Enter】键,该指令被执行。在指令执行后,MATLAB 指令窗中将显示以下结果。

ans =

　　4.2000

MATLAB 会将运算结果直接存入一变量 ans,代表 MATLAB 运算后的答案(Answer),并显示其数值于屏幕上。

由上例可知,MATLAB 认识所有一般常用到的加(＋)、减(－)、乘(＊)、除(/)的数学运算符号,以及幂次运算(ˆ)。

我们也可将上述运算式的结果设定给另一个变数 x 如下:

$\gg$x $=$ (5＊2＋1.3－0.8)＊10ˆ2/25

x＝

　42

此时 MATLAB 会直接显示 x 的值。MATLAB 基本算术运算符见表 8-1。

表 8-1　MATLAB 基本算术运算符

符号	符号用途说明
＋	加　此符号与以下五行符号详细说明可使用 help arith
－	减
.＊	数组乘法
＊	矩阵相乘
ˆ	矩阵求幂
.ˆ	点幂
\	左除　此符号与以下三行符号详细说明可使用 help slash
/	右除
.\	点左除
./	点右除

温馨提示:由于 MATLAB 没有中文版,因此其自带的帮助均为英文,因此,希望大家不要有惧怕心理,应该当作帮助大家又提高了英语,一举两得!!

5. 退出

在工具栏中点击 File 按钮,在下拉式菜单中单击 Exit MATLAB 项即可。

8.1.2　变量与函数、语句、矩阵及其运算

1. 变量与函数

在 MATLAB 中变量由字母、数和下划线组成,第一个字符必须是字母。一个变量最多由 63 个字符组成,并区分大小写。表 8-2 是 MATLAB 中表示特殊量

的字符。

表 8-2　MATLAB 中表示特殊量的字符

特殊变量	取　值
ans	用于结果的缺省变量名
pi	圆周率
eps	计算机的最小数,当和 1 相加就产生一个比 1 大的数
flops	浮点运算数
inf	无穷大,如 $1/0$
NaN	不定量,如 $0/0$
i,j	虚数单位 $i=j=\sqrt{-1}$,在程序中可以用作其他用途。
nargin	所用函数的输入变量数目
nargout	所用函数的输出变量数目
realmin	最小可用正实数
realmax	最大可用正实数

MATLAB 提供了大量的函数,可以通过 help function 查询。表 8-3 列出部分基本数学函数。

表 8-3　MATLAB 基本数学函数

函数	名　称	函数	名　称
$\sin(x)$	正弦函数	$\operatorname{asin}(x)$	反正弦函数
$\cos(x)$	余弦函数	$\operatorname{acos}(x)$	反余弦函数
$\tan(x)$	正切函数	$\operatorname{atan}(x)$	反正切函数
$\operatorname{abs}(x)$	绝对值或复数模	$\max(x)$	最大值
$\min(x)$	最小值	$\operatorname{sum}(x)$	元素的总和
$\operatorname{sqrt}(x)$	开平方	$\exp(x)$	以 e 为底的指数
$\log(x)$	自然对数	$\log_{10}(x)$	以 10 为底的对数
$\operatorname{sign}(x)$	符号函数	$\operatorname{fix}(x)$	取整
$\operatorname{imag}(x)$	复数的虚部	$\operatorname{real}(x)$	复数的实部
$\operatorname{conj}(x)$	共轭复数	$\operatorname{angle}(x)$	复数 x 的幅角

2. 语句与 M 文件

MATLAB 语句的一般形式为:变量=表达式。当某一语句的输入完成后,按回车键,计算机就执行该命令。如果该语句末没输入其它符号或输入了逗号,将显示结果;如果句末输入了分号,将不显示结果。如果语句中省略了变量和等号,那么计算机将结果赋值给变量 ans(结果的缺省变量)。

MATLAB 的内部函数是有限的,有时为了研究某一个函数的各种性态,需要为 MATLAB 定义新函数,为此必须编写函数文件。函数文件是文件名后缀为

M 的文件,这类文件的第一行必须是一特殊字符 function 开始,格式为:

function   [因变量名]=函数名(自变量名)

函数值的获得必须通过具体的运算实现,并赋给因变量。

M 文件建立方法:

1) 在 Matlab 中,点:File—>New—>M-file。

2) 在编辑窗口中输入程序内容。

3) 点:File—>Save,存盘,M 文件名必须与函数名一致,M 文件的文件名首字不能为数字。

Matlab 的应用程序也以 M 文件保存,称为脚本文件(直接使用 MATLAB 中语句编写的 M 文件)。即 M 文件包括脚本文件和函数两种。

4) 在 MATLAB 中,为了说明语句的功能使用的注释语句用%开头。

3. 矩阵及其运算

MATLAB 中矩阵 A 的输入方法如下:

A=[a11,…,a1n;…;am1,…,amn]。其中逗号(或用空格)是数之间的分隔符,';'分号(或 Enter)是换行符,输入矩阵时严格要求所有行有相同列,即符合矩阵的形式。

① a=0:0.1:1 可产生个向量,即元素为 0,0.1,0.2,…,1。B=[2,2,2;3,5,6]或 b=[2 2 2;3 5 6]是一样的。

② 一些特殊矩阵的产生方法:$linspace(x,y,n)$,魔方矩阵 $magic(x)$,单位矩阵 $eye(x)$,随机函数 $rand(x)$,零矩阵 $zeros(x,y)$,1 矩阵 $ones(x,y)$ 等等。

> 温馨提示:冒号在 MATLAB 中的用法很灵活,一定要多试,多用。例如有一个矩阵 X 为 3 行 3 列的魔方矩阵,通过观看粗体来体会其用法。

```
≫X=magic(3)
X =
        8        1        6
        3        5        7
        4        9        2
≫X(2,:)
ans =
        3        5        7
≫X(2,:)=[1 2 3]
```

X =

8	1	6
1	2	3
4	9	2

关于矩阵的运算的一些基本指令：

运算命令	功　　能
A′	矩阵 **A** 的共轭转置
A±B	矩阵相加减
s * A	数乘矩阵,s 是一个数值
inv(A)	求逆运算
A^n	矩阵 **A** 的 n 次幂
det(A)	矩阵 **A** 的行列式值
[L,U]=lu(A)	矩阵 **A** 的 **L**,**U** 分解
[Q,R]=qr(A)	矩阵 **A** 的 **Q**,**R** 解
rank(A)	矩阵 **A** 秩
[X,D]=eig(A)	**X** 为 **A** 的特征向量,D 为特征值
poly(A)	求 **A** 的特征多项式
size(A)	返回 **A** 的大小

矩阵中元素或块的常用操作,其中 **A** 表示一个矩阵。

表达式	功　　能
A(r,c)	**A** 中第 r 行第 c 列元素
A(r,:)	**A** 中第 r 行构成的行向量
A(:,c)	**A** 中第 c 列构成的列向量
A(:)	对 **A** 按列看作一个列向量
A(i)	表示列向量 **A**(:)中第 i 个元素

3)MATLAB 中的数学函数有一个共同的特点:若自变量 X 为一个矩阵,则函数值也为 X 的同阶矩阵,即对每一个元素分别求函数值。

即对于

$$A = \begin{bmatrix} a_{11} & \cdots & a_{1n} \\ \vdots & \vdots & \vdots \\ a_{m1} & \cdots & a_{mn} \end{bmatrix}$$

经过函数 f 作用后得:

$$f(\mathbf{A})=\begin{bmatrix} f(a_{11}) & \cdots & f(a_{1n}) \\ \vdots & \vdots & \vdots \\ f(a_{m1}) & \cdots & f(a_{mn}) \end{bmatrix}$$

比如

≫ K＝[0,0.25,0.5,0.75]

K＝

   0 0.2500 0.5000 0.7500

≫ sin(2 * pi * K)

ans＝

   0 1.0000 0.0000 −1.0000

相信同学们已经明白,这也是我们经常使用的产生各种抽样信号的方法。

8.1.3 MATLAB 支持的数据结构

1. 矩阵:略

2. 多维数组

多维数组是 MATLAB 在其 5.0 版本开始提供的。假设有 2 个 3×3 矩阵 A1，A2,则可以由下面的命令建立起一个 3×3×2 的数组:A＝cat(3,A1,A2)。试验 A1＝cat(2,A1,A2) 和 A2＝cat(1,A1A2) 将得到什么结果。

对矩阵或多维数组 A 可以使用 size(A) 来测其大小,也可以使用 reshape() 函数重新按列排列。对向量来说,还可以用 length(A) 来测其长度。

不论原数组 A 是多少维的,A(:) 将返回列向量。

3. 字符串与字符串矩阵

MATLAB 的字符串是由单引号括起来的。如可以使用下面的命令赋值

≫ strA＝'This is a string.'

4. 单元数据结构

用类似矩阵的记号将给复杂的数据结构纳入一个变量之下。和矩阵中的圆括号表示下标类似,单元数组由大括号表示下标。

≫ B＝{1,'Alan Shearer',180,[100,80,75;77,60,92;67,28,90;100,89,78]}

B ＝

   [1] 'Alan Shearer' [180] [4x3 double]

访问单元数组应该由大括号进行,如第 4 单元中的元素可以由下面的语句

得出

　≫ B{4}

8.1.4　MATLAB 绘图

1. 绘制二维图形

（1）曲线图。绘制二维图形的基本命令是 plot(X,Y,S)，其中 X,Y 是向量，分别表示点集的横坐标和纵坐标，S 指线型、颜色。plot(X,Y)——画实线，plot(X,Y1,S1,X,Y2,S2,…,X,Yn,Sn)——将多条线画在一起。以上三种格式中的 x、y 都可以是表达式，但表达式的运算结果必须符合上述格式要求，MATLAB 的图形功能还提供了颜色和线型的控制符，如下表：

控制符	线型或标记	控制符	颜色	控制符	标记
—	实　　线	g	绿　色	.	点
:	点　　线	m	品红色	o	圆　圈
—.	点画线	b	蓝　色	x	叉　号
— —	虚　　线	c	青　色	+	加　号
h	六角形	w	白　色	*	星　号
∨	倒三角	r	红　色	s	正方形
∧	正三角	k	黑　色	d	菱　形
>	左三角	y	黄　色	p	五角星
<	右三角				

MATLAB 提供的特殊二维图形函数如下表：

表 8-4　MATLAB 提供的特殊二维曲线绘制函数

函 数 名	意　　义	常用调用格式	函 数 名	意　　义	常用调用格式
bar()	二维条形图	bar(x,y)	loglog()	对数图	loglog(x,y)
comet()	彗星状轨迹图	comet(x,y)	polar()	极坐标图	polar(x,y)
compass()	罗盘图	compass(x,y)	quiver()	磁力线图	quiver(x,y)
errorbar()	误差限图形	errorbar(x,y,1,u)	stairs()	阶梯图形	stairs(x,y)
feather()	羽毛状图	feather(x,y)	stem()	火柴杆图	stem(x,y)
fill()	二维填充函数	fill(x,y,c)	semilogx()	半对数图	semilogx(x,y),
hist()	直方图	hist(y,n)			semilogy(x,y)

（2）符号函数（显函数、隐函数和参数方程）画图。

符号函数画图可以通过函数 ezplot 或 fplot 来实现。

函数 ezplot 调用格式：

ezplot($'f(x)'$,[a,b])　表示在 a＜x＜b 绘制显函数 f＝f(x)的函数图；

ezplot($'f(X,Y)'$,[Xmin,Xmax,Ymin,Ymax])表示在区间 Xmin＜X＜Xmax 和 Ymin＜Y＜Ymax 绘制隐函数 f(x,y)＝0 的函数图；

ezplot($'x(T)'$,$'y(T)'$,[Tmin,Tmax])　表示在区间 Tmin＜T＜Tmax 绘制参数方程 x＝x(T),y＝y(T)的函数图。

函数 fplot 调用格式：

fplot($'fun'$,lims)　表示绘制字符串 fun 指定的函数在 lims＝[Xmin,Xmax]的图形。

> 注意：
> ① fun 必须是 M 文件的函数名或是独立变量为 x 的字符串。
> ② fplot 函数不能画参数方程和隐函数图形,但在一个图上可以画多个图形。

(3) 对数坐标图。在很多工程问题中,通过对数据进行对数转换可以更清晰地看出数据的某些特征,在对数坐标系中描绘数据点的曲线,可以直接地表现对数转换。对数转换有双对数坐标转换和单轴对数坐标转换两种。用 loglog 函数可以实现双对数坐标转换,用 semilogx 和 semilogy 函数可以实现单轴对数坐标转换。

loglog(Y)　　表示 x、y 坐标都是对数坐标系；

semilogx(Y)　表示 x 坐标轴是对数坐标系；

semilogy(…)　表示 y 坐标轴是对数坐标系；

plotyy　　　　有两个 y 坐标轴,一个在左边,一个在右边。

2. 绘制三维图形

(1)空间曲线的绘制。绘制空间曲线的基本命令为：

plot3(x,y,z);plot3(x,y,z,$'s'$)或 plot3(x1,y1,z1,$'s1'$,x2,y2,z2,$'s2'$,…)

其中 x,y,z 是同维的向量或矩阵。当它们是矩阵时,以它们的列对应元素为空间曲线上点的坐标。s 指线型、颜色,这一点与二维曲线时的情形相同。

(2) 空间曲面的绘制。绘制空间曲面的基本命令为 mesh(x,y,z)。

如果 x、y 是向量,则要求 x 的长度＝矩阵 z 的列维；y 的长度＝矩阵 z 的行维。以 zij 为竖坐标,x 的第 i 个分量为横坐标,y 的第 j 个分量为纵坐标绘网格图。如果是同维矩阵,则数据点的坐标分别取自这三个矩阵。

meshc(x,y,z)　　　等高线的网格图,

waterfall(x,y,z)　瀑布水线图，

surf(x,y,z,'c')　可着色的曲面图，

surfc(x,y,z)　　带等高线的可着色的曲面图。

以上这些命令都可用来绘制曲面图，用法与 mesh 完全一样。

例　$x=\cos(t)$，$y=\sin(t)$ 和 $z=t$ 的数学关系可以由下面语句绘制出来：

```
t=0: pi/50: 2 * pi;%定义一个向量从 0 到 2π,间隔为 pi/50
x=sin(t);
y=cos(t);
z=t;
h=plot3(x, y, z, 'g-');%画出一个三维图形,同时将图形句柄定义为 h
set(h,'LineWidth',4 * get(h,'LineWidth'));%设置图形的线宽
```

3. 多幅图形的创建

有时同一曲面或曲线需要从不同的角度去观察，或用不同的表现方式去表现，这时，为了便于比较，往往在一个窗口内画多幅图形。MATLAB 用 subplot 命令实现这一目的。具体格式为：subplot(mnp)。使用此命令后，把窗口分为 m×n 个图形区域，p 表示当前区域号。

例

subplot(311);画图命令 1

subplot(312);画图命令 2

subplot(313);画图命令 3

此例是将一个图形窗口分成 3 行 1 列共三个小窗口，其中，画图命令 1、2、3 分别画在第 1、2、3 个小窗口上。

```
clear all;
clc;
t=0: pi/50: 2 * pi;
x=sin(t);
y=cos(t);
z=x+y;
subplot(311);plot(t,x);title('第一个小窗口');
subplot(312);plot(t,y); title('第二个小窗口');
subplot(313); plot(t,z); title('第三个小窗口');
```

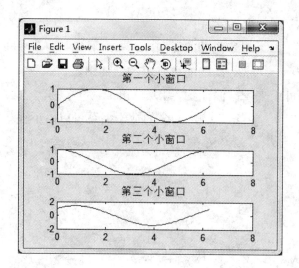

8.1.5 MATLAB 编程

1. 关系运算和逻辑运算

(1) 关系运算符。

< 小于	<= 小于等于	> 大于
>= 大于等于	== 等于	~= 不等于

运算法则:如果两个比较量 a、b 是标量,那么,当 a、b 之间的关系成立时输出值为 1;否则输出值为 0。

如果两个比较量 a、b 是相同维数的数组,那么就按标量的运算法则,对 a、b 的对应元素进行运算,最后的输出结果为一个与 a(或 b)同维的 0—1 数组。

如果 a 是标量,b 是数组,那么按标量的运算法则将 a 与 b 的每个元素逐一比较,最后的输出结果为一个与 b 同维的 0—1 数组。

在算术运算、关系运算中,算术运算优先。

(2) 逻辑运算符。

& 与	| 或	~ 非

运算法则:参与逻辑运算的量称为逻辑量,非零逻辑量为"真",用 1 表示;零逻辑量为"假",用 0 表示。

如果参与逻辑运算的两个量 a、b 都是标量,那么:

a&b　　　当 a 与 b 全为非零时,运算结果为"1";否则为"0"

a|b　　　a 与 b 中只要有一个非零,运算结果为"1"

~a　　　当 a 是零时,运算结果为"1";否则为"0"

如果参与逻辑运算的两个量 a、b 是相同维数的数组,那么就按标量的运算法则,对 a、b 的对应元素进行运算,最后的输出结果为一个与 a(或 b)同维的 0—1 数组。

如果参与逻辑运算的 a 是标量、b 是数组,那么就按标量的运算法则,将 a 与 b 的每个元素进行运算,最后的输出结果为一个与 b 同维的 0—1 数组。

逻辑"非"是一个一元运算符,也服从数组运算规则。

在算术、关系、逻辑运算中,算术运算的最优先,其次是关系运算,再其次是逻辑运算。

2. 控制语句

作为一种常用的编程语言,MATLAB 支持各种流程控制结构:循环结构、条件转移结构、客观结构、试探结构。

(1) 循环结构。

循环语句有两种结构:for…end 结构和 while…end 结构。这两种语句结构不完全相同,各有各的特色。

for…end　语句通常的调用格式为:

```
for   循环变量＝s1:s3:s2
循环体语句组
end
```

while 循环语句用来控制一个或一组语句在某逻辑条件下重复预先确定或不确定的次数。while 循环语句的一般表达形式为:

```
while   表达式
      循环体语句
End
```

例　如果用户想由 MATLAB 求出 $1+2+\cdots+100$ 的值,可以作下列的循环:

mysum＝0; for i＝1:1:100,mysum＝mysum＋i; end;

在上面的式子中,可以看到 for 循环语句中 s3 的值为 1。在 MATLAB 实际编程中,如果 s3 的值为 1,则可以在该语句中省略,故该语句可以简化成 for i＝1:100。在实际编程中,在 MATLAB 下采用循环语句会降低其执行速度,所以前面的程序可以由下面的命令来代替:i＝1:100; mysum＝sum(i)。在这一语句中,首先生成了一个向量 i,然后用内部函数 sum() 求出 i 向量的各个元素之和,或更简单地,该语句还可以写成 sum(1:100)。如果前面的 100 改成 10000,再运行这一程序,则可以明显地看出,后一种方法编写的程序比前一种方法快得多。

MATLAB 并不要求循环点等间距,假设 V 为任意一个向量,则可以用 for i＝V 来表示循环。同样的问题在 while 循环结构下可以表示为

mysum ＝ 0; i＝1; while (i<＝100), mysum＝mysum＋i; i＝i+1; end

(2) 条件转移结构。

条件转移语句:

```
    if 条件式 1
    条件块语句组 1
elseif 条件式 2
    条件块语句组 2
…
else
    条件块语句组 n+1
end
```

（3）开关结构。

MATLAB 从 5.0 版开始提供了开关语句结构，其基本语句结构为：

```
    switch 开关表达式
case 表达式 1
    语句段 1
case {表达式 2,表达式 3,…, 表达式 m}
    语句段 2
…
otherwise
    语句段 n
end
```

MATLAB 开关语句与 C 有区别：

当开关表达式的值等于表达式 1 时，将执行语句段 1，执行完语句段 1 后将转出开关体，无需像 C 语言那样在下一个 case 语句前加 break 语句，所以本结构在这点上和 C 语言是不同的。

在 case 语句引导的各个表达式中，不要用重复的表达式，否则列在后面的开关通路将永远也不能执行。

程序的执行结果和各个 case 语句的次序是无关的。

（4）试探结构。

MATLAB 从 5.2 版本开始提供了一种新的试探式语句结构，其一般的形式为：

```
    try
    语句段 1
catch
  语句段 2
end
```

本语句结构首先试探性地执行语句段 1，如果在此段语句执行过程中出现错误，则将错误信息赋给保留的 lasterr 变量，并放弃这段语句，转而执行语句段 2 中的语句。这种新的语句结构是 C 等语言中所没有的。

3. 函数编写方法与应用

所谓 MATLAB 程序，大致分为两类：M 脚本文件（M-Script）和 M 函数（M-function），它们均是普通的 ASCII 码构成的文件。M 脚本文件中包含一族由 MATLAB 语言所支持的语句，它类似于 DOS 下的批处理文件，它的执行方式很简单，用户只需在 MATLAB 的提示符 ≫ 下键入该 M 文件的文件名，这样 MATLAB 就会自动执行该 M 文件中的各条语句，并将结果直接返回到 MATLAB 的工作空间。M 函数格式是 MATLAB 程序设计的主流，一般情况下，不建议使用 M 脚本文件格式编程。

MATLAB 的 M 函数是由 function 语句引导的，其基本格式如下：

function［返回变量列表］= 函数名（输入变量列表）

注释说明语句段，由 % 引导

输入、返回变量格式的检测

函数体语句

这里输入和返回变量的实际个数分别由 nargin 和 nargout 两个 MATLAB 保留变量来给出，只要进入该函数，MATLAB 就将自动生成这两个变量，不论您是否直接使用这两个变量。返回变量如果多于 1 个，则应该用方括号将它们括起来，否则可以省去方括号。输入变量和返回变量之间用逗号来分割。注释语句段的每行语句都应该由百分号 % 引导，百分号后面的内容不执行，只起注释作用。用户采用 help 命令则可以显示出来注释语句段的内容。此外，正规的变量个数检测也是必要的。如果输入或返回变量格式不正确，则应该给出相应的提示。我们将通过下面的例子来演示函数编程的格式与方法。

例　假设我们想生成一个 nxm 阶的 Hilbert 矩阵，它的第 i 行第 j 列的元素值为 $1/(i+j-1)$。我们想在编写的函数中实现下面几点：

如果只给出一个输入参数，则会自动生成一个方阵，即令 m＝n。在函数中给出合适的帮助信息，包括基本功能、调用方式和参数说明检测输入和返回变量的个数，如果有错误则给出错误信息。

8.2 《数字信号处理》的 MATLAB 实验

实验总体要求

　　预习实验指导书和教材,并根据实验内容编好程序,在实验课上调试,分析。

实验 **1** 离散时间系统及响应(**2** 学时)

[实验目的]

(1) 掌握时域离散系统的时域特性及分析方法。

(2) 掌握时域离散系统的频域特性及分析方法。

(3) 掌握时域离散系统稳定性的判别方法。

(4) 掌握利用 MATLAB 求解线性卷积、差分方程和频率响应的方法。

[实验仪器]

计算机、Matlab6.5(或更高版本)软件

[实验参考书]

自编实验指导书

[实验原理]

　　在对系统的时域表达中,描写系统的方法有差分方程和单位脉冲响应两种,在对系统的频域表达中,描述系统的方法有频率响应和系统函数。

　　已知输入信号可以由差分方程、单位脉冲响应或系统函数求出系统对于该输入信号的响应,本实验仅在时域求解,即线性卷积和差分方程。在计算机上适合用递推法求差分方程的解,最简单的方法是采用 MATLAB 语言的工具箱函数 filter 函数求出系统的响应;对于离散线性卷积,可以利用 MATLAB 语言的工具箱函数 conv 求解。

　　系统的时域特性指的是系统的线性、时不变性、因果性和稳定性等。系统的稳定性是指对任意有界的输入信号,系统都能得到有界的系统响应。或者系统的单位脉冲响应满足绝对可和的条件。系统的稳定性由其差分方程的系数决定。

　　本实验重点分析实验系统的稳定性,可以通过系统的响应或系统的极点分布来判断。实际中检查系统是否稳定,方法之一使用稳定判据 2:即一个因果系统稳定的充要条件是极点在单位圆内;方法之二使用系统响应,当然实际中,不可能

检查系统对所有有界的输入信号,输出是否都是有界输出,或者检查系统的单位脉冲响应满足绝对可和的条件。可行的方法是在系统的输入端加入单位阶跃序列,如果系统的输出趋近一个常数(包括零),就可以断定系统是稳定的。

系统的稳态输出是指当 $n \to \infty$ 时,系统的输出。如果系统稳定,信号加入系统后,系统输出的开始一段称为暂态效应,随着 n 的加大,幅度趋于稳定,达到稳态输出。

注意在以下实验中均假设系统的初始状态为零。

与本实验有关的 MATLAB 函数:

(1) conv.m 用来实现两个离散序列的线性卷积。其调用格式是:
$$y = conv(x, h)$$

(2) filter.m 求离散系统的输出 $y(n)$。若系统的 $h(n)$ 已知,可用 conv.m 文件求出 $y(n)$;若系统的 $H(z)$ 已知,可用 filter 求出 $y(n)$,调用格式是:
$$y = filter(b, a, x); \% 其中 x, y, a 和 b 都是向量。$$

(3) impz.m 在 $H(z)$ 已知情况下,求系统的单位冲激响应 $h(n)$。调用格式是:
$$h = impz(b, a, N)$$
或
$$[h,t] = impz(b,a,N)$$
N 是所需的的长度。前者绘图时 n 从 1 开始,而后者从 0 开始。

(4) freqz.m 在 $H(z)$ 已知情况下,求系统的频率响应。基本的调用格式是:
$$[H,w] = freqz(b,a,N,'whole',Fs)$$
N 是频率轴的分点数,建议 N 为 2 的整次幂;w 是返回频率轴坐标向量,绘图用;Fs 是抽样频率,若 Fs=1,频率轴给出归一化频率;'whole'指定计算的频率范围是从 0～FS,缺省时是从 0～FS/2。

(5) zplane.m 文件可用来显示离散系统的零—极图。其调用格式是:
$$zplane(z,p), \quad 或 \quad zplane(b,a),$$
前者是在已知系统零点的列向量 z 和极点的列向量 p 的情况下画出零—极图,后者是在仅已知 H(Z) 的 A(z)、B(z) 的情况下画出零—极图。

[实验内容]

(1) 给定两个序列 $x(n) = e^{-0.05n}, n=0,1,2,\cdots,49$, $h(n)=[6,5,4,3,2,1]$,利用 MATLAB 计算两者的卷积,并画出图形。

(2) 已知描述两个系统的系统函数分别为
$$H_1(z) = \frac{0.001836 + 0.007344z^{-1} + 0.011016z^{-2} + 0.007374z^{-3} + 0.001836z^{-4}}{1 - 3.0544z^{-1} + 3.8291z^{-2} - 2.2925z^{-3} + 0.55075z^{-4}}$$

$$H_2(z) = \frac{0.001836 + 0.007344z^{-1} + 0.011016z^{-2} + 0.007374z^{-3} + 0.001836z^{-4}}{0.4 - 3.0544z^{-1} + 3.8291z^{-2} - 2.2925z^{-3} + 0.55075z^{-4}}$$

a. 确定系统的稳定性

> 提示:零极点是分析系统频率响应的有力工具之一,在 MALAB 中用 zplane( )函数画出零极点图,对于本例,利用零极点图分析系统是否稳定(分别画出两个系统的零极点图,说明其是否稳定)。

b. 假定输入为长度为 $R_{100}(n)$ 的矩形序列,试求出其对两系统的输出,绘出相应的图形。进一步说明输入有界,输出是否有界。

> 提示:对于系统求解,在 MATLAB 中可以调用 filter( )函数完成。

(3) 一个特定的线性时不变系统,描述它的差分方程如下:

$$y(n) = 1.8237y(n-1) - 0.9801y(n-2) + b_0x(n) - b_0x(n-2)$$
$$b_0 = 1/100.49$$

a. 用实验的方法检查系统是否稳定,求系统的单位脉冲响应和单位阶跃响应,$0 \leqslant n \leqslant 100$,画出相应的波形。

b. 图示系统的频率特性。

c. 如果此系统的输入为 $x(n) = \sin(0.014n) + \sin(0.4n)$。在 $0 \leqslant n \leqslant 100$ 间求出 $y(n)$ 的响应,画出相应的波形。

> 提示:使用 freqz( )函数求解系统的频率特性,幅度响应 A=abs(H),相位响应 P=angle(H)。

[思考题]

1. 表达时域离散系统的方法有哪些? 求解一个时域离散系统的响应有哪些基本方法?

2. 对于一个时域离散系统,如何利用零极点图分析系统是否稳定? 实验 2 中通过单位阶跃序列判断稳定性的结果是什么?

3. 从实验 3 的频率特性中,你观察该系统具有什么特征? 对输入信号产生了什么作用?

实验 2　时域采样和频域采样(2 学时)

[实验目的]

(1) 掌握模拟信号采样的时域采样定理,观察时域采样前后频谱的变化,加深对采样频率的理解。

(2) 掌握频域采样定理和频域采样导致时域周期化概念。

(3) 掌握工频信号采样时必须遵循的一些基本原则。

[实验仪器]

计算机、Matlab6.5(或更高版本)软件

[实验参考书]

自编实验指导书

[实验原理]

(1) 时域采样定理

对模拟信号 $x_a(t)$ 以间隔 T 进行时域等间隔采样,形成的采样信号的频谱 $\hat{X}(j\Omega)$ 是原模拟信号频谱 $X_a(j\Omega)$ 以采样角频率 $\Omega_s(\Omega_s = 2\pi/T)$ 为周期进行周期延拓。公式为:

$$\hat{X}_a(j\Omega) = FT[\hat{x}_a(t)] = \frac{1}{T}\sum_{n=-\infty}^{\infty} X_a(j\Omega - jn\Omega_s)$$

采样频率 Ω_s 必须大于等于模拟信号最高频率的两倍以上,才能使采样信号的频谱不产生频谱混叠。下面通过采样信号的傅里叶变换获得采样信号频谱和序列谱的关系。

理想采样信号 $\hat{x}_a(t)$ 和模拟信号 $x_a(t)$ 之间的关系为:

$$\hat{x}_a = x_a(t)\sum_{n=-\infty}^{\infty} \delta(t-nT)$$

对上式进行傅里叶变换,得到:

$$\hat{X}_a(j\Omega) = \int_{-\infty}^{\infty}\left[x_a(t)\sum_{-\infty}^{\infty}\delta(t-nT)\right]e^{j\Omega t}\,dt$$
$$= \sum_{-\infty}^{\infty}\int_{-\infty}^{\infty} x_a(t)\delta(t-nT)e^{j\Omega t}\,dt$$

在上式的积分号内只有当 $t=nT$ 时,才有非零值,因此:

$$\hat{X}_a(j\Omega) = \sum_{-\infty}^{\infty} x_a(nT)e^{j\Omega t}\,dt$$

式中,在数值上 $x_a(nT) = x(n)$,再将 $\omega = \Omega T$ 代入,得到:

$$\hat{X}_a(j\Omega) = \sum_{-\infty}^{\infty} x(n)e^{-j\omega n}$$

上式的右边就是序列的傅里叶变换 $X(e^{j\omega})$,即

$$\hat{X}_a(j\Omega) = X(e^{j\omega})\big|_{\omega=\Omega T}$$

上式说明:理想采样信号的傅里叶变换可用相应的采样序列的傅里叶变换得到,只要将自变量 ω 用 ΩT 代替即可。

(2) 频域采样定理

对信号 $x(n)$ 的频谱函数 $X(e^{j\omega})$ 在 $[0,2\pi]$ 上等间隔采样 N 点,得到

$$X_N(k) = X(e^{j\omega})|_{\omega = 2\pi k/N}, \quad k = 0, 1, 2, \cdots, N-1$$

则 N 点 IDFT$[X_N(k)]$ 得到的序列就是原序列 $x(n)$ 以 N 为周期进行周期延拓后的主值区序列，公式为：

$$x_N(n) = \text{IDFT}[X_N(k)]_N = \left[\sum_{-\infty}^{\infty} x(n+iN) \right] R_N(n)$$

由上式可知，频域采样点数 N 必须大于等于时域离散信号的长度 M（即 $N \geqslant M$），才能使时域不产生混叠，则 N 点 IDFT$[X_N(k)]$ 得到的序列 $x_N(n)$ 就是原序列 $x(n)$，即 $x_N(n) = x(n)$。如果 $N > M$，$x_N(n)$ 比原序列尾部多 $N-M$ 个零点；如果 $N < M$，则 $x_N(n) = \text{IDFT}[X_N(k)]$ 发生了时域混叠失真，而且 $x_N(n)$ 的长度 N 也比 $x(n)$ 的长度 M 短，因此，$x_N(n)$ 与 $x(n)$ 不相同。

在数字信号处理的应用中，只要涉及时域或者频域采样，都必须服从这两个采样理论的要点。

对比上面叙述的时域采样原理和频域采样原理，得到一个有用的结论，这两个采样理论具有对偶性："时域采样频谱周期延拓，频域采样时域信号周期延拓"。因此放在一起进行实验。

（3）工频信号的采样

由于正弦信号是一类特殊的信号（特殊在它是单频率信号，带宽为零），采样需要单独考虑。正弦信号的采样应遵循以下原则：

1）采样频率应为正弦频率的整数倍；

2）采样点数应包含整周期，数据长度最好是 2 的整次幂；

3）每个周期最好是三个点或更多；

按以上原则，对离散正弦信号做 DFT 得到的线谱与连续正弦信号的线谱完全相同。

与本实验有关的 MATLAB 函数：

① fft 快速傅里叶变换函数

② ifft 快速傅里叶逆变换

注：了解函数使用方法：help 函数名。例如　help sound

［实验内容］

（1）时域采样

给定模拟信号，$x_a(t) = Ae^{-\alpha t} \sin(\Omega_0 t) u(t)$，式中 $A = 444.128$，$\alpha = 50\sqrt{2}\pi$，$\Omega_0 = 50\sqrt{2}\pi$ rad/s，观测时间选 $T_p = 50$ ms。选取三种采样频率，$F_s = 1$ kHz，300 Hz，200 Hz。编写实验程序，计算 $x_1(n)$、$x_2(n)$、$x_3(n)$ 的幅度特性，并绘图显示。观察分析频谱混叠失真，验证时域采样定理，回答思考题 1。

（2）频域采样

给定以下时域离散信号

$$x(n)=\begin{cases} n+1, & 0\leqslant n\leqslant 13 \\ 27-n, & 14\leqslant n\leqslant 26 \\ 0, & \text{其他} \end{cases}$$

编写程序对频谱函数 $X(\mathrm{e}^{j\omega})$ 在 $0\sim 2\pi$ 上等间隔采样 16 点 132 点，得到相应的 $X_{16}(k)$，$X_{32}(k)$，再对其进行 IFFT 得到 $x_{16}(n)$，$x_{32}(n)$，绘图比较 $x(n)$，$x_{16}(n)$，$x_{32}(n)$ 的波形，回答思考题 2。

（3）工频信号的采样

① 根据抽样定理，对于一限频信号，如果采用高于其二倍的频率进行采样，则其离散值可完全表征连续信号，即 $x(n)=x(t)|t=nTs$，但对于工频信号却不然，下面通过实验说明。

例 现有工频信号 $x(t)=A\sin(2\pi f_0 t)$，$A=2$，$f_0=50\ \mathrm{Hz}$，试选择三种采样频率（100 Hz，200 Hz，300 Hz），分别采集 $N=40,40,42$ 个点，观察时域采样信号的图形。利用 FFT 获得并观察时域采样信号的线谱，获得对工频信号采样规律的认识（采样频率和采样点数与信号频率及同期的关系），回答思考题 3。

[思考题]

1. 为什么要对模拟信号进行采样，如何保证采样信号能够完成确定模拟信号？分析实验 1 中各种采样频率下的频谱混叠现象。

2. 如何对频域信号进行采样，才能保证恢复的时域信号与原信号一致？分析实验 2 中各种采样间隔下的时域混叠现象。

3. 对工频信号的采样应遵循哪些基本原则？试通过实验 3 中不同采样频率下工频信号频谱的变化进行说明。

实验 3 利用 FFT 对信号进行频谱分析（2 学时）

[实验目的]

（1）加深对离散傅里叶变换（DFT）原理和性质的理解。

（2）掌握离散傅里叶变换 DFT 的 MATLAB 实现和 FFT 对典型信号进行频谱分析的方法。

（3）理解用 DFT 对模拟信号进行谱分析的误差来源。

（4）掌握物理分辨率与计算分辨率，高分辨率谱和高密度谱的概念和区别。

[实验仪器]

计算机、Matlab6.5（或更高版本）软件

[实验参考书]

自编实验指导书

[实验原理]

本实验是对信号的频谱或功率谱进行分析。为了了解信号的特点和频谱分布,可以通过对信号进行谱分析,计算出信号的幅度谱、相位谱和功率谱来实现。信号的谱分析可以用 DFT(FFT)来实现。

(1) 在运用 DFT 进行频谱分析的过程中可能产生三种误差:

① 混叠。序列的频谱是被采样信号的周期延拓,当采样频率不满足 Nyquist 定理时,就会发生频谱混叠,使得采样后的信号序列频谱不能真实的反映原信号的频谱。

避免混叠现象的唯一方法是保证采样速率足够高,使频谱混叠现象不致出现,即在确定采样频率之前,必须对频谱的性质有所了解,在一般情况下,为了保证高于折叠频率的分量不会出现,在采样前,先用低通模拟滤波器对信号进行滤波。

谱分析中的参数选择;

A. 若已知信号的最高频率 f_c,为防止混叠,选定采样频率 f_s:

$$f_s \geqslant 2f_c$$

B. 根据实际需要,选定频率分辨 Δf,一但选定后,即可确定 FFT 所需的点数 N

$$N = f_s / \Delta f$$

我们希望 Δf 越小越好,但 Δf 越小,N 越大,计算量、存储量也随之增大。一般取 N 为 2 的整次幂,以便用 FFT 计算,若已给定 N,可用补零方法变 N 为 2 的整次幂。

C. f_s 和 N 确定后,即可确定所需相应模拟信号 $x(t)$ 的长度

$$T = N/f_s = NT_s$$

分辨率 Δf 反比于 T,而不是 N,在给定 T 的情况下,靠减小 T_s 来增加 N 是不能提高分辨率的,因为 $T = NT_s$ 为常数。

② 泄漏。实际中我们往往用截短的序列来近似很长的甚至是无限长的序列,这样可以使用较短的 DFT 来对信号进行频谱分析,这种截短等价于给原信号序列乘以一个矩形窗函数,也相当于在频域将信号的频谱和矩形窗函数的频谱卷积,所得的频谱是原序列频谱的扩展。泄漏不能与混叠完全分开,因为泄漏导致频谱的扩展,从而造成混叠。为了减少泄漏的影响,可以选择适当的窗函数使频谱的扩散减至最小。

③ 栅栏效应。DFT 是对单位圆上 Z 变换的均匀采样,所以它不可能将频谱视为一个连续函数,就一定意义上看,用 DFT 来观察频谱就好像通过一个栅栏来观看一个图景一样,只能在离散点上看到真实的频谱,这样就有可能发生一些频

谱的峰点或谷点被"尖桩的栅栏"所拦住,不能被观察到。减小栅栏效应的一个方法就是借助于在原序列的末端填补一些零值,从而变动 DFT 的点数,这一方法实际上是人为地改变了对真实频谱采样的点数和位置,相当于搬动了每一根"尖桩栅栏"的位置,从而使得频谱的峰点或谷点暴露出来。

离散傅里叶变换的 MATLAB 基本实现。

方法一:利用定义实现

％给出输入序列 xn,计算输入序列的长度 N

```
for k＝0:N－1
   for n＝0:N－1
      X(k＋1)＝X(k＋1)＋xn(n＋1)＊exp(－j＊2＊pi＊n＊k/N);％按定
式计算序列傅里叶变换
   end;
end;
```

方法二:利用矩阵形式实现

％给出输入序列 xn(以列向量形式出现),计算输入序列的长度 N

```
n＝0:N－1;
k＝n;
nk＝n'＊k;
WN＝ exp(－j＊2＊pi/N).^nk;
Xk＝ WN＊ xn;
```

在实际的工程实现中,由于输入序列相对较长,为了减小计算量,通常使用快速算法实现,MATLAB 中快速算法的函数为 fft 和 ifft。

实验中用到的信号序列

a. 衰减正弦序列

$$x_a(n) = \begin{cases} \mathrm{e}^{-an}\sin(2\pi fn), & 0 \leqslant n \leqslant 15 \\ 0 \end{cases}$$

b. 三角波序列

$$x_b(n) = \begin{cases} n+1, & 0 \leqslant n \leqslant 3 \\ 8-n, & 4 \leqslant n \leqslant 7 \\ 0 \end{cases}$$

c. 反三角波序列

$$x_c(n) = \begin{cases} 4-n, & 0 \leqslant n \leqslant 3 \\ n-3, & 4 \leqslant n \leqslant 7 \\ 0 \end{cases}$$

d. 余弦序列和

$$x_d(n) = \cos(0.48\pi n) + \cos(0.52\pi n)$$

e. 正弦和信号

$$x_e(t) = \sum_{i=1}^{3} \sin(2\pi f_i, t)$$

与本实验有关的 MATLAB 函数：

(1) fft 快速傅里叶变换函数

(2) ifft 快速傅里叶逆变换

[实验内容]

(1) 混叠和泄漏

观察衰减正弦序列 $x_b(n)$ 的时域和幅频特性，$a = 0.1$，$f = 0.0625$，检查谱峰出现位置是否正确，注意频谱的形状，绘出幅频特性曲线，改变 f，使 f 分别等于 0.4375 和 0.5625，观察这两种情况下，频谱的形状和谱峰出现位置，有无混叠和泄漏现象？说明产生现象的原因。

(2) DFT 隐含周期性研究

观察三角波和反三角波序列的时域和幅频特性。用 $N=8$ 点 FFT 分析信号序列 $x_c(n)$ 和 $x_d(n)$ 的幅频特性，观察两者的序列形状和频谱曲线有什么异同？绘出两序列及其幅频特性曲线。在 $x_c(n)$ 和 $x_d(n)$ 末尾补零，用 $N=16$ 点 FFT 分析这两个信号的幅频特性，观察幅频特性发生了什么变化？

要求：将 $N=8$ 和 16 时两个序列的幅度谱分别画在两个窗口中，以对比其谱的异同，进一步理解 DFS 与 DFT 的关系。

(3) 分辨率研究

① 考虑序列 $x_d(n)$，求出它基于有限个样本的频谱。

a. 当 $0 \leqslant n \leqslant 9$ 时，确定并画出 $x(n)$ 的离散谱。

b. 当 $0 \leqslant n \leqslant 49$ 时，确定并画出 $x(n)$ 的离散谱。

说明两者谱线的差别。

② 考虑信号 $x_e(t)$，假设 $f_1 = 10.8$ Hz，$f_2 = 11.75$ Hz，$f_3 = 12.25$ Hz，令 $f_s = 40$ Hz，对 $x(t)$ 抽样后得 $x(n)$。

a. 当 $N_1 = 32$ 时，确定并画出 $x(n)$ 的谱。

b. 当 $N_2 = 256$ 时，确定并画出 $x(n)$ 的谱。

c. 按 $N_1 = 32$ 采样信号，并对采样后信号补零使得 $N_3 = 256$，确定并画出 $x(n)$ 的离散谱。

说明三者谱的差别。

[思考题]

1. 结合实验 1 所得的给定序列的幅频特性曲线，并分析泄漏现象和混叠现象产生的原因，说明用 FFT 作谱分析时有关参数的选择的正确方法。

2. 实验 2 中两序列在 $N=8$ 时的幅频特性是否相同,为什么?$N=16$ 呢?这些变化说明了什么?

3. 用 FFT 作频谱分析时,分辨率主要由哪些因素决定?通过试验 3 结果说明高密度频谱与高分辨率频谱之间的区别。

实验 4　FFT 的实现两序列的卷积(2 学时)

[实验目的]

(1) 理解线性卷积和圆卷积的区别和联系;

(2) 掌握利用 FFT 计算两个序列的线性卷积和相关函数;

(3) 掌握重叠相加法和重叠保留法计算长卷积的方法。

[实验仪器]

计算机、Matlab6.5(或更高版本)软件

[实验参考书]

自编实验指导书

[实验原理]

(1) 用 FFT 计算两序列的线性卷积。

用 FFT 可以实现两个序列的圆周卷积。在一定的条件下,可以使圆周卷积等于线性卷积。一般情况,设两个序列的长度分别为 N_1 和 N_2,要使圆周卷积等于线性卷积的充要条件是 FFT 的长度:$N \geqslant N_1 + N_2 - 1$。对于长度不足 N 的两个序列,分别将他们补零延长到 N。

设 $x(n)$ 长为 N_1,$h(n)$ 长为 N_2,利用 FFT 求两个有限长序列线性卷积的步骤:

(1) 为了使两个有限长序列的线性卷积可用圆卷积代替而不产生混淆,选择 $N \geqslant N_1 + N_2 - 1$,将 $x(n)$,$h(n)$ 补零至长为 N。

(2) 用 FFT 计算 $X(k)$,$H(k)$ $(k=0,1,\cdots,N-1)$

(3) $Y(k)=X(k)H(k)$

(4) 对 $Y(k)$ 作 $y(n)=\mathrm{IFFT}(Y(k))$ $(n=0,1,\cdots,N-1)$。

当两个序列中有一个序列比较长的时候,我们可以采用分段卷积的方法。具体有两种实现方法:重叠相加法和重叠保留法。设 $x(n)$ 为长序列,$h(n)$ 为短序列,长度为 M。

➢ **重叠相加法**。将长序列分成与短序列相仿的片段,分别用 FFT 对它们作线性卷积,再将分段卷积各段重叠的部分相加构成总的卷积输出。

重叠相加法的 FFT 实现的计算步骤:

① 将长序列分段,每段长度为 N,将短序列 $h(n)$ 补零成为长度为 L 的序列,计算并保存 $H(k)=\mathrm{DFT}[h(n)]_L$,$L=N+M-1$,令 $i=0$;

② 读入 $x_i(n)$ 并计算 $X_k(k)=\mathrm{DFT}[x_i(n)]_L$;

③ $Y_i(k)=H(k)X_i(k)$;

④ $y_i(n)=\mathrm{IDFT}[Y_i(k)]_L$,$n=0,1,2,\cdots,L-1$;

⑤ 计算

$$y(iM+n)=\begin{cases} y_{i-1}(M+n)+y_i(n), & 0\leqslant n\leqslant M-2 \\ y_i(n), & M-1\leqslant n\leqslant N-1 \end{cases}$$

⑥ $i=i+1$,返回②。

> 说明:一般 $x(n)$ 是因果序列,假设初始条件 $y_{-1}(n)=0$。

➤ **重叠保留法。**这种方法在长序列分段时,段与段之间保留有互相重叠的部分,在构成总的卷积输出时只需将各段线性卷积部分直接连接起来,省掉了输出段的直接相加。

重叠保留法的 FFT 实现的计算步骤:

① 在序列 $x(n)$ 前补 $M-1$ 个 0,对补 0 后的序列进行重叠分段,每段的长度为 L,与上一分段重叠 $M-1$ 点。

② 将 M 点 $h(n)$ 补零为 L 点 $h'(n)$,计算 $H(k)=\mathrm{DFT}[h'(n)]_L$;

③ 计算 $X_i(k)=\mathrm{DFT}[x_i(k)]_L$,$Y_i'(k)=X_i(k)\otimes H'(k)$,$y_i'(k)=\mathrm{IFFT}(Y_i(k))$

④ 循环卷积输出去掉前面 $M-1$ 点只保留后面 N 点;

$$y_i(n)=y_i'(n+M-1), \quad n=0,\cdots,N-1$$

⑤ $i=i+1$,返回③。

⑥ 将每段 N 点输出拼接构成最终的线性卷积。

$$y(n+iN)=\sum_{i=0}^{\infty} y_i(n), \quad n=0,\cdots,N-1$$

(2) 用 FFT 计算两序列的相关函数。

相关概念很重要,互相关运算广泛应用于信号分析与统计分析,如通过相关函数峰值的检测测量两个信号的时延差等。

两个长为 N 的实离散时间序列 $x(n)$ 与 $y(n)$ 的互相关函数定义为

$$r_{xy}(m)=\sum_{n=-\infty}^{+\infty} x(n)y(n+m)$$

$r_{xy}(m)$ 的离散付里叶变换为

$$R_{xy}(k)=X^*(k)Y(k) \quad 0\leqslant k\leqslant N-1$$

其中 $X(k)=\mathrm{DFT}[x(n)]$,$Y(k)=\mathrm{DFT}[y(n)]$,$R_{xy}(k)=\mathrm{DFT}[r_{xy}(\tau)]$。

利用 FFT 求长度为 N 的两个序列相关函数的步骤：

① 将两序列补零成为长度为 $2N$ 的序列，用 FFT 计算 $X(k)$，$H(k)$ $(k=0,1,\cdots,2N-1)$；

② $R(k)=X*(k)H(k)$；

③ $r_{xy}(m)=\text{IFFT}(R(k))$。

与本实验有关的 MATLAB 函数：

(1) fft 快速傅里叶变换函数

(2) ifft 快速傅里叶逆变换

(3) rand 或 randn 产生随机序列。rand 产生 $0-1$ 之间均匀分布随机数，randn 产生均值为 0，方差为 1 的正态分布随机数。

(4) fftfilt 用 fft 实现重叠相加法计算线性卷积。

实验中用到的信号序列

a. 高斯(Gaussian)序列

$$x_a(n)=\begin{cases} \mathrm{e}^{-\frac{(n-p)^2}{q}}, & 0\leqslant n\leqslant 15 \\ 0 \end{cases}$$

b. 衰减正弦序列

$$x_b(n)=\begin{cases} \mathrm{e}^{an}\sin(2\pi fn), & 0\leqslant n\leqslant 15 \\ 0 \end{cases}$$

c. 反三角波序列

$$x_c(n)=\begin{cases} 4-n, & 0\leqslant n\leqslant 3 \\ n-3 & 4\leqslant n\leqslant 7 \\ 0 \end{cases}$$

[实验内容]

(1) 已知序列 $x_a(n)$ 用 FFT 分别实现 $(p=8,q=2)$ 与 $x_b(n)$ $(a=0.1,f=0.0625)$ 的 16 点圆周卷积和线性卷积。

(2) 产生一个 512 点的随机序列，将其分成 8 段，分别用重叠保留法和重叠相加法实现与 $x_c(n)$ 作线性卷积。

(3) 用 FFT 分别实现 $x_a(n)$ $(p=8,q=2)$ 的自相关函数。

[思考题]

1. 简述用 FFT 实现线性卷积的过程。

2. 为什么要对长序列采用分段卷积的方法来实现？

3. 举例说明相关函数在信号分析与统计分析中的应用。

实验 5　间接法设计 IIR 数字滤波器(2 学时)

〔**实验目的**〕

（1）熟悉用模拟滤波器原型设计 IIR 滤波器的原理与方法，熟悉模拟滤波器的频率特性。

（2）熟悉 Butterworth 滤波器、Chebyshev 滤波器和椭圆滤波器的频率特性。

（3）熟悉用冲激响应不变法和双线性变换法设计 IIR 数字滤波器的原理与方法，以及用双线性变换法设计低通、高通和带通 IIR 数字滤波器的计算机编程。

〔**实验仪器**〕

计算机、Matlab6.5（或更高版本）软件

〔**实验参考书**〕

自编实验指导书

〔**实验原理**〕

IIR 数字滤波器的设计方法有直接法和间接法两种，间接法是利用模拟滤波器的设计方法进行的，直接法指直接在频域或时域中设计数字滤波器，通常使用计算机辅助设计的方法实现，本实验利用间接法完成 IIR 滤波器设计。

（1）间接法：利用模拟滤波器的设计方法设计数字滤波器。

由于模拟滤波器设计理论已经发展得很成熟，并且模拟滤波器有简单而严格的设计公式，设计起来方便、准确、可将这些理论推广到数字域，作为设计数字滤波器的工具。具体步骤如下：

① 按一定的规则将数字滤波器的技术指标转换成模拟滤波器的技术指标。

② 根据转化后的技术指标设计模拟滤波器 $G(s)$。

③ 再按一定规则将 $G(s)$ 转换成 $H(z)$。若为低通则可以结束。若为其他，则进入步骤 4。

④ 将高通、带通或带阻数字滤波器的技术指标转化为低通模拟滤波器的技术指标，然后按上述步骤 2 设计出低通 $G(s)$，再将其转化为所需要的 $H(z)$。

目前常用的变换方法有两种：冲激响应不变法和双线性 z 变换法。

➤ **冲激响应不变法**。从滤波器的冲激响应出发，使数字滤波器的冲激响应序列上 $h(n)$ 模仿模拟滤波器的冲激响应 $h_a(t)$，即对 $h_a(t)$ 进行抽样，让 $h(n)$ 正好等于 $h_a(t)$ 的采样值，从而实现从模拟到数字的转换。

冲激响应不变法特别适用于可用部分分式表达系统函数，模拟滤波器的系统函数若只有单阶极点，且分母的阶数高于分子阶数 $N>M$，则可表达为部分分式形式。设计过程如下：。

$$H_a(s) \xrightarrow{L^{-1}[\cdot]} h_a(t) \xrightarrow{\text{抽样}} h_a(nT_s)=h(n) \xrightarrow{z[\cdot]} H(z)。$$

利用冲激响应不变法设计 IIR 数字滤波器的步骤如下：

◇ 利用 $\omega=\Omega T_s$ 的关系将 ω_p 和 ω_s 转换成 Ω_p 和 Ω_s，α 和 α_s 不变；

◇ 利用上述性能指标设计模拟低通滤波器 $H_a(s)$；

◇ 将 $H_a(s)$ 转化为一阶和二阶系统并联形式，利用 冲激响应不变法将 $H_a(s)$ 转换成 $H(z)$。

➤ **双线性变换法。** s 平面与 z 平面之间满足以下映射关系：

$$s=\frac{2}{T}\frac{1-z^{-1}}{1+z^{-1}}, \quad z=\frac{1+\dfrac{T}{2}s}{1-\dfrac{T}{2}s}$$

s 平面的虚轴单值地映射于 z 平面的单位圆上，s 平面的左半平面完全映射到 z 平面的单位圆内。双线性变换不存在混叠问题。

双线性变换的频率变换关系是：$\Omega=\dfrac{2}{T}\tan\dfrac{\omega}{2}$，这是一种非线性变换，这种非线性引起的幅频特性畸变可通过预畸变校正。

利用双线性变换法设计 IIR 数字滤波器设计步骤如下：

◇ 经过预畸变校正将 ω_p 和 ω_s 转换成 Ω_p 和 Ω_s，即模拟低通原型的频率：

$$\Omega_p=\frac{2}{T}\tan\frac{\omega_p}{2}, \quad \Omega_s=\frac{2}{T}\tan\frac{\omega_s}{2};$$

◇ 根据 Ω_p 和 Ω_s 计算模拟低通原型滤波器的阶数 N，并求得低通原型的传递函数 $H_a(s)$；

◇ 用上面的双线性变换公式代入 $H_a(s)$，求出所设计的系统函数 $H(z)$；分析滤波器特性，检查其指标是否满足要求。

➤ **数字高通、带通或带阻滤波器的设计。**

如果给定数字高通、带通或带阻的技术指标，可以通过双线性 z 变换的频率变换关系得到模拟高通、带通或带阻的技术指标，设计出相应的模拟高通、带通或带阻滤波器系统函数 $H(s)$，再利用双线性 z 变换得到数字高通、带通或带阻滤波器 $H(z)$，设计步骤如附图 1 所示。

数字高通、带通及带阻滤波器的设计步骤如下。

步骤 1：将数字高通、带通及带阻滤波器的技术指标转变为模拟高通、带通及带阻滤波器的技术指标，并作归一化处理。

步骤 2：利用频率变换关系将模拟高通、带通及带阻的技术指标转换为归一

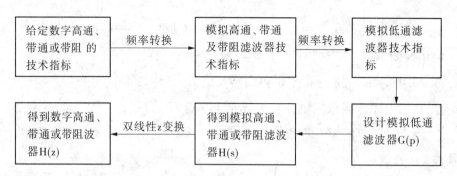

图 8-1　数字高通、带通及带阻滤波器的设计过程

化的模拟低通滤波器的技术指标。

步骤 3：设计归一化模拟低通滤波器系统函数 $G(p)$；

步骤 4：将 $G(p)$ 转换为模拟高通、带通及带阻滤波器的系统函数 $H(s)$。

步骤 5：利用双线性 z 变换将模拟高通、带通及带阻滤波器的系统函数转换成相应的数字高通、带通及带阻滤波器的系统函数。

与本实验有关的 MATLAB 函数：

(1) IIR 数字滤波器的设计。

Butter：巴特沃斯滤波器设计

cheby1：切比雪夫 1 型滤波器设计

cheby2：切比雪夫 2 型滤波器设计

ellip：椭圆滤波器的设计

(2) IIR 数字滤波器的阶数估计。

Buttord：巴特沃斯滤波器阶数估计

cheb1ord：切比雪夫 1 型滤波器阶数估计

cheb2ord：切比雪夫 1 型滤波器阶数估计

ellipord：椭圆滤波器阶数估计

(3) 模拟低通原型滤波器。

Buttap：巴特沃斯滤波器原型

cheb1ap：切比雪夫 1 型滤波器原型

cheb2ap：切比雪夫 2 型滤波器原型

ellipap：椭圆滤波器原型

besselap：贝塞尔滤波器原型

(4) 模拟低通滤波器设计。

Butter：巴特沃斯滤波器设计

cheby1：切比雪夫 1 型滤波器设计

cheby2：切比雪夫 2 型滤波器设计

ellip：椭圆滤波器设计

besself：贝塞尔滤波器设计

（5）模拟滤波器的频带转换。

lp2lp：低通到低通变换

lp2hp：低通到高通变换

lp2bp：低通到带通变换

lp2bs：低通到带阻变换

（6）模拟滤波器的离散化。

Impinvar：脉冲响应不变法实现模拟向数字转换

Bilinear：双线性变换法实现模拟向数字转换

（7）常用的线性系统变换。

zp2tf：零极增益向传递函数转换

tf2zp：传递函数向零极增益转换

注：了解函数使用方法；help 函数名。例如 help buttord。

◇ 实验例题

例 1　绘制 Butterworth 低通模拟原型滤波器的平方幅频响应曲线，阶数分别为 2,5,10 及 9。

实验程序：

```
n=0:0.01:2;
for i=0:3
    switch i
    case 0,N=2;
    case 1,N=5;
    case 2,N=10;
```

```
    case 3,N=9;
    end
    [z,p,k]=buttap(N);
    [b,a]=zp2tf(z,p,k);
    [H,w]=freqs(b,a,n);
    mH2=(abs(H)).^2;
    hold on;
    plot(w,mH2);
end
xlabel('w/wc');
ylabel('|H(jw)|^2');
title('Butterworth 低通模拟原型滤波器');
text(1.5,0.18,'n=2')
text(1.3,0.08,'n=5')
text(1.05,0.08,'n=10')
text(0.78,0.92,'n=9')
grid on;
```

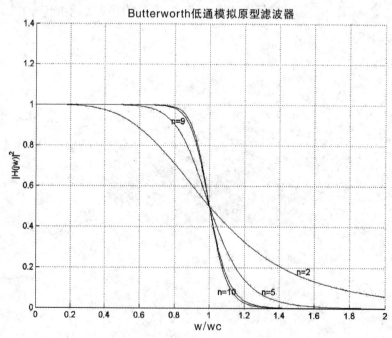

例 2　切比雪夫二型低通数字滤波器的设计,设计一个切比雪夫二型低通数

字滤波器,指标如下:

通带边界频率:$w_p=0.2\pi$,通带最大衰减:$R_p=1$ dB

阻带截止频率:$w_s=0.4\pi$,阻带最小衰减:$R_s=80$ dB

解: 切比雪夫二型滤波器通带内为单调下降,阻带内等波纹。调用 cheb2ord 函数和 cheby2 函数使切比雪夫二型设计变的非常简单。

实验程序:

```
clear;close all
wp=0.2;ws=0.4;Rp=1;Rs=80;  %输入指标
[N,wc]=cheb2ord(wp,ws,Rp,Rs) %求滤波器阶次
[B,A]=cheby2(N,Rs,wc)    %设计滤波器,得出系数
freqz(B,A)    %无左端变量时自动画频率特性图
```

运行结果:

```
N = 8
wc = 0.4000
B = 0.0014  0.0020  0.0044  0.0053  0.0062  0.0053  0.0044  0.0020
0.0014
A = 1.0000  −4.0103  7.6491  −8.7848  6.5744  −3.2561  1.0372
−0.1935 0.0161
```

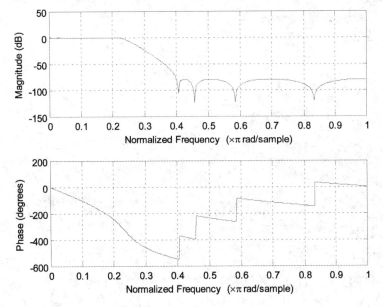

例3 试用双线性 Z 变换法设计一低通数字滤波器,给定的技术指标是 $f_p=100$ Hz,$f_s=300$ Hz,$\alpha_p=3$ dB,$\alpha_s=20$ dB,抽样频率 $F_s=1000$ Hz. 实验程序:

```
%--------------------------------------------------
% to test buttord,lp2lp,bilinear ;to design Low—pass DF with s=(z-1)/(z+1)
%--------------------------------------------------
clear all;
fp=100;fs=300;Fs=1000;
rp=3;rs=20;
wp=2*pi*fp/Fs;
ws=2*pi*fs/Fs;
Fs=Fs/Fs;   % let Fs=1
% Firstly to finish frequency prewarping ;
wap=tan(wp/2);was=tan(ws/2); %
[n,wn]=buttord(wap,was,rp,rs,'s') % Note：'s'!
[z,p,k]=buttap(n);    %
[bp,ap]=zp2tf(z,p,k) %
[bs,as]=lp2lp(bp,ap,wap) % Note：s=(2/Ts)(z-1)/(z+1);Ts=1,that is
2fs=1,fs=0.5;
[bz,az]=bilinear(bs,as,Fs/2) %
[h,w]=freqz(bz,az,256,Fs*1000);
plot(w,abs(h));grid on;
```

运行结果：

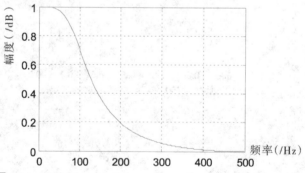

[实验内容]

1. 已知 $f_p=0.2\,\mathrm{kHz}$，$\alpha_p=1\,\mathrm{dB}$，$f_s=0.3\,\mathrm{kHz}$，$\alpha_s=25\,\mathrm{dB}$，$T=1\,\mathrm{ms}$；分别用脉冲响应不变法及双线性变换法设计一巴特沃思数字低通滤波器，观察所设计数字滤波器的幅频特性曲线，记录带宽和衰减量，检查是否满足要求。比较这两种方法的优缺点。

2. 用双线性变换法设计一个巴特沃斯低通 IIR 数字滤波器，设计的指标参数为：在通带内频率低于 0.2π 时，最大衰减小于 1dB；在阻带内 $[0.3\pi-\pi]$ 频率区间上,最小衰减不小于20dB。现要求:以 0.02π 为采样间隔,打印出数字滤波器在频率区间 $[0,π]$ 上的幅频响应特性曲线。

3. 分别用脉冲响应不变法及双线性变换法设计一个巴特沃思数字带通滤波器,已知采样频率 $f_{s1}=30\ kHz$,$f_{s2}=12\ kHz$,其等效的模拟滤波器指标为:通带 $2≤f≤3\ kHz$ 通带衰减 $α_p<3\ dB$,$f≥6\ kHz$ 时衰减 $α_s>5\ dB$,$f≤1.5\ kHz$ 时衰减 $α_s>20\ dB$。

4. 利用双线性变换法分别设计满足下列指标的巴特沃思型、切比雪夫Ⅰ型、切比雪夫Ⅱ型、椭圆型数字低通滤波器,并作图验证设计结果:$f_p=1.2\ kHz$,$α_p=0.5\ dB$,$f_s=2\ kHz$,$α_s=40\ dB$,$F_s=8\ kHz$,比较这四种滤波器的阶数。改变阻带衰减 $α_s=60\ dB$,观察各种滤波器阶数变化。

> 提示:
>
> 1. 如果题目给出的是数字指标,直接用双线性Z变换的频率变换关系转化为模拟指标。如果题目给出的是模拟指标,用双线性Z变换的频率变换关系前先用 $ω=2πfT$;将模拟指标转换为数字指标,然后再用双线性Z变换的频率变换关系将此数字指标转化为模拟指标(预畸变校正)。
>
> 2. 实验中的采样间隔指的是数字滤波器幅频特性的打印间隔,即频域采样间隔,在 freqz(b,a,fs) 函数中,由 f_s 决定。

[思考题]

1. 哪些滤波器可以用冲激响应不变法设计? 哪些不可以? 说明原因。

2. 实验1中脉冲响应不变法及双线性变换法所获得的频率响应有什么区别,请说明原因。

3. 实验2和实验3中采样周期或频率选择对滤波器的设计取值对设计结果有无影响? 为什么?

4. 简述巴特沃思型、切比雪夫1型、切比雪夫2型和椭圆型四种数字滤波器各种的特点。通过实验4参数的改变说明滤波器设计的复杂性与哪些因此可能有关?

实验 6　窗函数法设计 FIR 数字滤波器(2 学时)

[实验目的]

(1) 熟悉线性相位 FIR 数字滤波器特性;

(2) 掌握用窗函数法设计 FIR 数字滤波器的原理和方法;

(3) 了解各种窗函数对滤波特性的影响。

[实验仪器]

计算机、Matlab6.5(或更高版本)软件

[实验参考书]

自编实验指导书

[实验原理]

假设希望得到的滤波器的理想频率响应为 $H_d(e^{j\omega})$。那么 FIR 滤波器的设计就在于寻找一个传递函数 $H(e^{j\omega}) = \sum_{n=0} h(n)e^{-j\omega n}$ 去逼近 $H_d(e^{j\omega})$。

窗函数法从单位冲激响应序列上 $h(n)$ 着手,使 $h(n)$ 逼近理想的单位冲激响应 $h_d(n)$。我们知道 $h(n)$ 可以从理想频率响应 $H_d(e^{j\omega})$ 通过傅里叶反变换来得到,即

$$H_d(e^{j\omega}) = \sum_{n=\infty}^{\infty} h_d(n)e^{-j\omega n}$$

$$h_d(n) = \frac{1}{2\pi}\int_0^{2\pi} H_d(e^{j\omega})e^{j\omega n} d\omega$$

但是一般来说,这样得到的单位冲激响应 $h_d(n)$ 往往都是无限长序列;而且是非因果的。现以一个截止频率为 ω_c 的线性相位理想低通为例来说明。设低通滤波器的时延为 α,即:

$$H_d(e^{j\omega}) = \begin{cases} 1 \cdot e^{-j\omega\alpha}, & |\omega| \leqslant \omega_c \\ 0, & \omega_c < |\omega| \leqslant \pi \end{cases}$$

则

$$h_d(n) = \frac{1}{2\pi}\int_{-\omega_c}^{\omega_c} H_d(e^{j\omega})e^{j\omega n} d\omega = \frac{1}{2\pi}\int_{-\omega_c}^{\omega_c} e^{-j\omega\alpha} e^{j\omega n} d\omega$$

$$= \frac{\sin(\omega_c(n-\alpha))}{\pi(n-\alpha)}$$

这是一个以 α 为中心的偶对称的无限长非因果序列。这样一个无限长的序列怎样用一个有限长序列去近似呢?最简单的办法就是直接截取它的一段来代替它。取 $n = 0 - N-1$ 作为 $h(n)$,但是为要保证所得到的是线性相位滤波器。必须满足 $h(n)$ 的对称性,所以时延 α 应该取 $h(n)$ 长度的一半,即 $\alpha = \frac{N-1}{2}$

$$h(n) = \begin{cases} h_d(n), & 0 \leqslant n \leqslant N-1, \\ 0, & \text{其他} \end{cases}$$

这种直接截取的办法可以形象地想象为,$h(n)$ 好比是通过一个"窗口"所看到的一段 $h_d(n)$。$h(n)$ 中表达为 $h_d(n)$ 和一个"窗口函数"的乘积。在这里,窗口函数就是矩形脉冲函数 $R_N(n)$,即

$$h(n) = h_d(n)R_N(n)$$

但是一般来说,窗口函数并不一定是矩形函数,可以在矩形以内还对 $h_d(n)$ 作一定的加权处理,因此,一般可以表示为

$$h(n) = h_d(n)w(n)$$

这里 $w(n)$ 就是窗口函数。这种对理想单位冲激响应加窗的处理对频率响应会产生以下三点影响：

◇ 使理想特性不连续的边沿加宽,形成一过渡带,过渡带的宽度取决于窗口频谱的主瓣宽度。

◇ 在过渡带两旁产生肩峰和余振,它们取决于窗口频谱的旁瓣;旁瓣越多,余振也越多;旁瓣相对值越大,肩峰则越强。

◇ 增加截取长度 N,只能缩小窗口频谱的主瓣宽度而不能改变旁瓣的相对值;旁瓣与主瓣的相对关系只决定于窗口函灵敏的形状。因此增加 N,只能相对应减小过渡带宽。而不能改变肩峰值。肩峰值的大小直接决定通带内的平稳和阻带的衰减,对滤波器性能有很大关系。例如矩形窗的情况下,肩峰达 8.95%,致使阻带最小衰减只有 21 分贝,这在工程上往往是不够的。怎样才能改善阻带的衰减特性呢? 只能从改善窗口函数的形状上找出路,所以希望的窗口频谱中应该减少旁瓣,使能量集中在主瓣,这样可以减少肩峰和余振,提高阻带的衰减。而且要求主瓣宽度尽量窄,以获得较陡的过渡带,然而这两个要求总不能兼得,往往需要用增加主瓣宽度带换取决瓣的抑制,于是提出了海明窗、凯泽窗、切比雪夫窗等窗口函数。

基于窗函数法设计 FIR 数字滤波器的步骤如下:

◇ 给出希望的滤波器频率响应函数 $H_d(e^{j\omega})$;

◇ 根据允许的过渡带宽度及阻带衰减确定所采用的窗函数和 N 值;

◇ 做 $H_d(e^{j\omega})$ 的逆傅里叶变换得 $h_d(N)$;

◇ 对 $h_d(N)$ 加窗处理得到有限长序列 $h(n) = h_d(n)w(n)$;

◇ 对 $h(n)$ 做傅里叶变换得到频率响应 $H(e^{j\omega})$,用 $H(e^{j\omega})$ 作为 $H_d(e^{j})$ 的逼近,并用给定的技术指标来检验。

➤ **常用的窗函数**

在实际信号处理过程中,不可避免地要遇到数据截短问题,即将无限长序列变成工程中能够处理的有限长序列,把无限长序列变成有限长序列就需要用到窗函数,在滤波器设计中,改变窗函数的形状,可以改善滤波器的特性,窗函数有许多种,要求满足以下两点要求:

① 窗函数谱主瓣宽度要尽量窄,以获得较陡的过渡带;

② 相对于主瓣幅度,旁瓣要尽可能小,使能量尽量集中在主瓣中,可以减小肩峰和余振,以提高阻带衰减和通带平稳性。

(1) 三角窗(Bartlett)

$$w(n) = \begin{cases} \dfrac{2n}{N}, & n = 0, 1, 2, \cdots, N/2 \\ w(N-n), & n = N/2, \cdots, N-1 \end{cases}$$

（2）汉宁窗（Hanning 窗）

$$w(n)=0.5\left[1-\cos\left(\frac{2\pi n}{N}\right)\right],\quad 0\leqslant n\leqslant N-1$$

或

$$w(n)=0.5\left[1+\cos\left(\frac{2\pi n}{N}\right)\right],\quad n=-\frac{N}{2},\cdots,\frac{N}{2}$$

（3）汉明窗（Hamming 窗）

$$w(n)=\left[0.54-0.46\cos\left(\frac{2\pi n}{N}\right)\right],\quad n=0,1,2,\cdots,N-1$$

或

$$w(n)=\left[0.54+0.46\cos\left(\frac{2\pi n}{N}\right)\right],\quad n=-\frac{N}{2},\cdots,\frac{N}{2}$$

（4）布莱克曼窗（Blackman 窗）

$$w(n)=\left[0.42-0.5\cos\frac{2\pi n}{N}+0.08\cos\frac{4\pi n}{N}\right],\quad n=0,1,2,\cdots,N-1$$

或

$$w(n)=\left[0.42+0.5\cos\frac{2\pi n}{N}+0.08\cos\frac{4\pi n}{N}\right],\quad n=-\frac{N}{2},\cdots,\frac{N}{2}$$

各种常用窗函数的参数表

窗函数	旁瓣峰值幅度（dB）	过渡带宽	渐近衰减速度（dB/oct）
矩形窗	−13	$4\pi/N$	−6
三角窗	−27	$8\pi/N$	−12
汉宁窗	−32	$8\pi/N$	−18
汉明窗	−43	$8\pi/N$	−6
布莱克曼窗	−58	$12\pi/N$	−18

与本实验有关的 MATLAB 函数。

（1）窗函数

boxcar（）矩形窗

triang（）三角窗

hamming（）汉明窗

hann（）汉宁窗

blackman（）布莱克曼窗

kaiser（）凯塞窗

chebwin（）切比雪夫窗

bartlett（）巴特里特窗

（2）FIR 滤波器设计函数

fir1()：基于窗函数的 FIR 滤波器设计

> 注：了解窗函数使用方法；help 函数名。例如 help boxcar。

[实验内容]

（1）取窗口长度为 $M=41$，画出矩形窗、汉明窗、三角窗、汉宁窗和布莱克曼窗的时域波形和归一化的幅度谱，比较说明五种窗的优缺点。

（2）选择合适的窗函数，设计一个 FIR 数字低通滤波器，要求：通带截止频率 $w_p=0.25\pi$，阻带截止频率 $w_s=0.4\pi$，阻带衰减不小于 40 dB。

（3）选择合适的窗函数，设计一个 FIR 数字带通滤波器，要求：通带下限和上限截止频率分别为 $w_{pl}=0.4\pi$、$w_{pu}=0.6\pi$，阻带下限和上限截止频率分别为 $w_{sl}=0.35\pi$、$w_{su}=0.65\pi$，阻带衰减不小于 50 dB。

[思考题]

1. 由实验 1 的结果分析各种窗函数的优缺点。

2. 根据实验 2 说明在给定通带截止频率和阻带截止频率以及阻带最小衰减，如何用窗函数法设计线性相位低通滤波器？

3. 如果用窗函数法设计带通滤波器，且给定上、下边带截止频率为 W1 和 W2，试求理想带通的单位脉冲响应。

实验 7　频率采样法和最优化法设计 FIR 数字滤波器（2 学时）

[实验目的]

（1）掌握使用频率采样设计法设计 FIR 数字滤波器的原理和方法；

（2）加深过渡点对滤波器性能的影响。

（3）了解雷米兹算法的原理和实现方法。

[实验仪器]

计算机、Matlab6.5（或更高版本）软件

[实验参考书]

自编实验指导书

[实验原理]

设所希望得到的滤波器的理想频率响应为 $H_d(e^{j\omega})$，那么由系统函数 $H(z)$ 的内插公式为：

$$H(z)=\frac{1-z^{-N}}{N}\sum_{k=0}^{N-1}\frac{H(k)}{1-w_N^{-k}z^{-1}}$$

其中 $H(z)$ 是频率采样值

$$H(k)=H(z)\big|_{z=w_N^{-k}}=H(e^{j\frac{2\pi}{N}k})$$

提供了一条从频域设计逼近 $H_d(e^{j\omega})$ 的途径。

即令

$$H(k)=H(e^{j\frac{2\pi}{N}k})$$

则对 $H_d(e^{j\omega})$ 的逼近为

$$H(e^{j\omega})=\frac{1-e^{-jN\omega}}{N}\sum_{k=0}^{N-1}\frac{H(k)}{1-w_N^{-k}e^{-j\omega}}$$

至少在采样点的频率上,两者可以具有相同的频响,即

$$H(e^{j\frac{2\pi}{N}k})=H_d(e^{j\frac{2\pi}{N}k})$$

当需要设计线性相位 FIR 滤波器时,还必须注意,采样值 $H(k)$ 的幅度和相位一定要遵循线性相位滤波器幅度与相位的四种不同的约束关系。

设计所得的频率响应 $H(e^{j\omega})$ 逼近于理想频率响应 $H_d(e^{j\omega})$ 的程度与理想特性有关,如果 $H_d(e^{j\omega})$ 越平缓,则 $H(e^{j\omega})$ 越逼近 $H_d(e^{j\omega})$;反之,如果 $H_d(e^{j\omega})$ 变化越剧烈,采样点之间的理想特性变化大,则内插值 $H(e^{j\omega})$ 与理想值 $H_d(e^{j\omega})$ 的误差就越大,因而在理想特性的每一个不连续点附近都会出现肩峰与起伏,不连续性越大,出现的肩峰和起伏也越大。为了解决这一问题,在理想特性不连续点的边缘加过渡的采样点,这样虽然加宽了过滤带,但缓和了边缘上两采样点之间的突变。因而将有效地减少起伏振荡,提高阻带的最小衰减。

因此频率采样法的设计过程为:

$$H_d(e^{j\omega})\xrightarrow{采样}H_d(k)\xrightarrow{加过渡点}H(k)=H_d(k)+w(k)$$

为了检验所设计的 $H(e^{j\omega})$ 对 $H_d(e^{j\omega})$ 的逼近性能,可以如下做检验:

$$H(k)\xrightarrow{N点\ IDFE}h(n)\xrightarrow{FT}H(e^{j\omega})$$

在做 FT 中,可以取点数大于 N 的 DFT 代替之。

与本实验有关的 MATLAB 函数:

(1) fir2():基于频率采样法 FIR 滤波器设计;

(2) remezord():估计 FIR 滤波器等波纹法的阶数函数;

(3) remez():等波纹 FIR 滤波器设计函数。

注:了解窗函数使用方法;help 函数名。例如 help remezord。

[实验内容]

(1) 用频率采样法设计一个线性相位滤波器,$N=40$,$H_d(e^{j\omega})$ 如下图所示,分别设置零个过渡点、一个过渡点和两个过渡点,比较 $H(e^{j\omega})$ 的幅频和相频特性,观察过渡点对特性的影响。

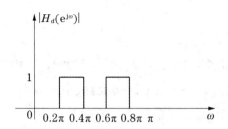

（2）$N=51$，设计一个多通带数字滤波器，要求在数字频率 ω 在 $0.1\pi\sim0.2\pi$，$0.4\pi\sim0.5\pi$ 三个区间内为 1，其它频率处为 0。

（3）使用雷米兹（Remez）交替算法设计 1 中的滤波器。

（4）使用雷米兹（Remez）交替算法设计一个线性相位 FIR 数字高通滤波器。性能指标为：通带边界频率 $f_c=800\,\text{Hz}$，阻带边界频率 $f_s=500\,\text{Hz}$，通带最大衰减 $\check{\alpha}_p=1\,\text{dB}$，阻带最小衰减 $\alpha_s=40\,\text{dB}$，采样频率 $F_s=5000\,\text{Hz}$，要求输出滤波器的幅频及相频响应。

[思考题]

1. 简述频率采样法设计 FIR 数字滤波器的步骤，说明频率采样法设计数字滤波器的优缺点。

2. 为什么要设置过渡点？说明它对幅频特性的影响。

3. 最优化设计中，最优的含义是什么？试给出两种常用的最优化准则。

实验 8　IIR 和 FIR 数字滤波器过滤信号的比较（2 学时）

[实验目的]

（1）掌握 IIR 与 FIR 数字滤波器的性能区别和计算机仿真实现的方法。

（2）通过观察对实际心电图信号的滤波结果，获得对数字滤波的感性知识。

[实验仪器]

计算机、Matlab6.5（或更高版本）软件

[实验原理]

人体心电图信号在测量过程中往往受到工业高频干扰，所以必须经过低通滤波处理后，才能作为判断心脏功能的有用信息。本实验以 $x(n)$ 作为输入序列（$x(n)$ 见附件），通过 FIR 和 IIR 数字滤波器滤除其中的干扰成分。

（1）FIR 滤波

若 $h(n)$ 是因果 FIR 滤波器的单位脉冲响应，其长度为 N，当输入为 $x(n)$ 时，输出序列 $y(n)$ 为：

$$y(n)=\sum_{k=0}^{N-1}x(n-k)h(k)=\sum_{k=n-N-1}^{n}h(n-1)x(k)$$

实验中，$h(n)$ 为低通滤波器的单位脉冲响应，取 $N=21$，截止频率 $\omega_c=0.2\pi$，

使用汉明窗设计出 $h(n)$。

(2) IIR 滤波

若 $H(z)$ 是 IIR 滤波器的系统函数,要求其通常内频率低于 0.2π 时,最大衰减小于 $1\,dB$;在阻带内 $0.3\pi\sim\pi$ 频率区间上,最小衰减不小于 $30\,dB$。使用双线性变换法设计 Butterworth 滤波器系统函数 $H(z)$。

[实验内容和过程]

分别编写 IIR 和 FIR 滤波器程序,获得其对心电图信号采样序列 $x(n)$ 的响应序列 $y_1(n)$ 和 $y_2(n)$,使用 plot 函数在屏幕上显示出 $x(n)$、$y_1(n)$ 和 $y_2(n)$ 的曲线。

[思考题]

1. 对比滤波前后的心电图信号波形,说明数字滤波器的滤波作用。

2. 比较 FIR 和 IIR 的滤波性能差异。

附件:心电图信号采样序列

一个实际心电图信号采样序列样本 x(n),其中存在高频干扰。

$$\{x(n)\} = \{-4,\ -2,\ 0,\ -4,\ -6,\ -4,\ -2,\ -4,\ -6,\ -6,\ -4,\ -4,\ -6,$$
$$-6,\ -2,\ 6,\ 12,\ 8,\ 0,\ -16,\ -38,\ -60,\ -84,\ -90,\ -66,\ -32,$$
$$-4,\ -2,\ -4,\ 8,\ 12,\ 12,\ 10,\ 6,\ 6,\ 6,\ 4,\ 0,\ 0,\ 0,\ 0,\ 0,\ -2,$$
$$-4,\ 0,\ 0,\ 0,\ -2,\ -2,\ 0,\ 0,\ -2,\ -2,\ -2,\ -2,\ 0\}$$

实验 9　双音多频(DTMF)信号的合成和识别(2 学时)

[实验目的]

(1) 了解电话按键音形成的原理,理解 DTMF 音频产生软件和 DTMF 解码算法;

(2) 利用 FFT 算法识别按键音的方法。

[实验仪器]

计算机、Matlab6.5(或更高版本)软件

[实验原理]

双音多频(Dual Tone Multi Frequency:DTMF)信号是音频电话中的拨号信号,由美国 AT&T 贝尔公司实验室研制,并用于电话网络中。这种信号制式具有很高的拨号速度,且容易自动监测识别,很快就代替了原有的用脉冲计数方式的拨号制式。双音多频信号制式不仅用在电话网络中,还可以用于传输十进制数据的其它通信系统中,用于电子邮件和银行系统中。这些系统中用户可以用电话发送 DTMF 信号选择语音菜单进行操作。

DTMF 信号系统是一个典型的小型信号处理系统,它要用数字方法产生模拟信号并进行传输,其中还用到了 D/A 变换器;在接收端用 A/D 变换器将其转换成数字信号,并进行数字信号处理与识别。为了系统的检测速度并降低成本,还开发一种特殊的 DFT 算法,称为戈泽尔(Goertzel)算法,这种算法既可以用硬件(专用芯片)实现,也可以用软件实现。下面首先介绍双音多频信号的产生方法和检测方法,包括戈泽尔算法,最后进行模拟实验。下面先介绍电话中的 DTMF 信号的组成。

在电话中,数字 0~9 的中每一个都用两个不同的单音频传输,所用的 8 个频率分成高频带和低频带两组,低频带有四个频率:679 Hz,770 Hz,852 Hz 和 941 Hz;高频带也有四个频率:1209 Hz,1336 Hz,1477 Hz 和 1633 Hz。每一个数字均由高、低频带中各一个频率构成,例如 1 用 697 Hz 和 1209 Hz 两个频率,信号用 $\sin(2\pi f_1 t) + \sin(2\pi f_2 t)$ 表示,其中 $f_1 = 679$ Hz,$f_2 = 1209$ Hz。这样 8 个频率形成 16 种不同的双频信号。具体号码以及符号对应的频率如表 8-5 所示。表中最后一列在电话中暂时未用。

表 8-5　双频拨号的频率分配

列 行	1209 Hz	1336 Hz	1477 Hz	633 Hz
697Hz	1	2	3	A
770Hz	4	5	6	B
852Hz	7	8	9	C
942Hz	*	0	#	D

DTMF 信号在电话中有两种作用,一个是用拨号信号去控制交换机接通被叫的用户电话机。当拿起电话,一个一个拨号时,每按下一个按键听到的拨号音其实也就是两个正弦信号叠加后的声音,叠加的正弦信号随之传送到交换机中,这些被传过去的信号会被解码成两种频率的正弦信号,最后系统会根据这两个正弦信号来判断主叫方按下的是哪个按键。另一个作用是控制电话机的各种动作,如播放留言、语音信箱等。

1. 双音多频(DTMF)信号的产生与检测

(1)双音多频信号的产生。

假设时间连续的 DTMF 信号用 $x(t) = \sin(2\pi f_1 t) + \sin(2\pi f_2 t)$ 表示,式中 f_1 和 f_2 是按照表 8-5 选择的两个频率,f_1 代表低频带中的一个频率,f_2 代表高频带中的一个频率。显然采用数字方法产生 DTMF 信号,方便而且体积小。下面介绍采用数字方法产生 DTMF 信号。规定用 8kHz 对 DTMF 信号进行采样,采样后得到时域离散信号为

$$x(n) = \sin(2\pi f_1 n/8000) + \sin(2\pi f_2 n/8000)$$

形成上面序列的方法有两种，即计算法和查表法。用计算法求正弦波的序列值容易，但实际中要占用一些计算时间，影响运行速度。查表法是预先将正弦波的各序列值计算出来，寄存在存储器中，运行时只要按顺序和一定的速度取出便可。这种方法要占用一定的存储空间，但是速度快。

因为采样频率是 8000 Hz，因此要求每 125 ms 输出一个样本，得到的序列再送到 D/A 转换器和平滑滤波器，输出便是连续时间的 DTMF 信号。DTMF 信号通过电话线路送到交换机。

（2）双音多频信号的检测。

在接收端，要对收到的双音多频信号进行检测，检测两个正弦波的频率是多少，以判断所对应的十进制数字或者符号。流程图大致为：DTMF 信号──→频域转换──→检测解码──→输出处理。

用硬件系统实现解码时，对系统的实时性要求高，算法的实时性是硬件解码系统实现的关键，一般多采用专用的 DTMF 解码电路。用数字处理技术进行软件解码有更强的抗干扰能力，可以在花费较少的情况下增加系统的灵活性。

对 DTMF 信号进行解码的常见算法有滤波器组、DFT(FFT)算法和 Goertzel 算法等，不同算法实现对 DTMF 信号解码的途径不同，解码的效果也不同，依据解码原理可以选择合适的实现算法。

滤波器组用一组滤波器提取所关心的频率，根据有输出信号的 2 个滤波器判断相应的数字或符号。DFT(FFT)算法对双音多频信号进行频谱分析，由信号的幅度谱，判断信号的两个频率，最后确定相应的数字或符号。当检测的音频数目较少时，用滤波器组实现更合适。FFT 是 DFT 的快速算法，但当 DFT 的变换区间较小时，FFT 快速算法的效果并不明显，而且还要占用很多内存，因此不如直接用 DFT 合适。Goertzel 算法的实质是直接计算 DFT 的一种线性滤波方法，可以直接调用 MATLAB 信号处理工具箱中戈泽尔算法的函数 Goertzel，计算 N 点 DFT 的几个感兴趣的频点的值。

3. 检测 DTMF 信号的 DFT 参数选择

用 DFT 检测模拟 DTMF 信号所含有的两个音频频率，是一个用 DFT 对模拟信号进行频谱分析的问题。根据用 DFT 对模拟信号进行谱分析的理论，需要确定三个参数：(1)采样频率 F_s，(2)DFT 的变换点数 N，(3)需要对信号的观察时间的长度 T_p。这三个参数不能随意选取，要根据对信号频谱分析的要求进行确定。这里对信号频谱分析也有三个要求：(1)频率分辨率，(2)谱分析的频谱范围，(3)检测频率的准确性。

（1）频谱分析的分辨率。

观察要检测的 8 个频率，相邻间隔最小的是第一和第二个频率，间隔是 73 Hz，要求 DFT 最少能够分辨相隔 73Hz 的两个频率，即要求 $F_{min} = 73$ Hz。DFT

的分辨率和对信号的观察时间 T_p 有关，$T_{p\min}=1/F=1/73=13.7$ ms。考虑到可靠性，留有富裕量，要求按键的时间大于 40 ms。

(2) 频谱分析的频率范围。

要检测的信号频率范围是 697～1633 Hz，但考虑到存在语音干扰，除了检测这 8 个频率外，还要检测它们的二次倍频的幅度大小，波形正常且干扰小的正弦波的二次倍频是很小的，如果发现二次谐波很大，则不能确定这是 DTMF 信号。这样频谱分析的频率范围为 697～3266 Hz。按照采样定理，最高频率不能超过折叠频率，即 $0.5F_s \geqslant 3622$ Hz，由此要求最小的采样频率应为 7.24 kHz。因为数字电话总系统已经规定 $F_s=8$ kHz，因此对频谱分析范围的要求是一定满足的。按照 $T_{p\min}=13.7$ ms，$F_s=8$ kHz，算出对信号最少的采样点数为 $N_{\min}=T_{p\min}\cdot F_s\approx110$。

(3) 检测频率的准确性。

这是一个用 DFT 检测正弦波频率是否准确的问题。序列的 N 点 DFT 是对序列频谱函数在 0～2π 区间的 N 点等间隔采样，如果是一个周期序列，截取周期序列的整数倍周期，进行 DFT，其采样点刚好在周期信号的频率上，DFT 的幅度最大处就是信号的准确频率。分析这些 DTMF 信号，不可能经过采样得到周期序列，因此存在检测频率的准确性问题。

DFT 的频率采样点频率为 $\omega_k=2\pi k/N(k=0,1,2,\cdots,N-1)$，相应的模拟域采样点频率为 $f_k=F_s k/N\ (k=0,1,2,\cdots,N-1)$，希望选择一个合适的 N，使用该公式算出的 f_k 能接近要检测的频率，或者用 8 个频率中的任一个频率 f_k' 代入公式 $f_k'=F_s k/N$ 中时，得到的 k 值最接近整数值，这样虽然用幅度最大点检测的频率有误差，但可以准确判断所对应的 DTMF 频率，即可以准确判断所对应的数字或符号。经过分析研究认为 $N=205$ 是最好的。按照 $F_s=8$ kHz，$N=205$，算出 8 个频率及其二次谐波对应 k 值，和 k 取整数时的频率误差见表 8-6。

表 8-6

8 个基频 Hz	最近的整数 k 值	DFT 的 k 值	绝对误差	二次谐波 Hz	对应的 k 值	最近的整数 k 值	绝对误差
697	17.861	18	0.139	1394	35.024	35	0.024
770	19.531	20	0.269	1540	38.692	39	0.308
852	21.833	22	0.167	1704	42.813	43	0.187
941	24.113	24	0.113	1882	47.285	47	0.285
1209	30.981	31	0.019	2418	60.752	61	0.248
1336	34.235	34	0.235	2672	67.134	67	0.134
1477	37.848	38	0.152	2954	74.219	74	0.219
1633	41.846	42	0.154	3266	82.058	82	0.058

通过以上分析，确定 $F_s=8$ kHz，$N=205$，$T_p\geqslant40$ ms。

[实验内容及步骤]

（1）编写仿真程序，运行程序，送入 6 位电话号码，程序自动产生每一位号码数字相应的 DTMF 信号，并送出双频声音，每个数据信号持续半秒（提示：DTFT 音频可以用两个正弦波按比例叠加产生）；

（2）实现解码函数：接受实验 1 产生的 DTMF 信号，用 DFT 进行谱分析，显示每一位号码数字的 DTMF 信号的 DFT 幅度谱，按照幅度谱的最大值确定对应的频率，确定每一位对应的号码数字，输出 6 位电话号码（检测算法可以用 FFT 算法，或是用一组滤波器实现；Goertzel 算法可以实现调谐滤波器）。

[思考题]

1. 简述 DTMF 基本原理，信号产生和检测的方法。

2. 简述 DTMF 信号的参数：采样频率、DFT 的变换点数以及观测时间的确定原则。

参考文献

[1] 高西全,丁玉美. 数字信号处理(第三版)[M]. 西安:西安电子科技大学出版社,2008.

[2] 胡广书. 数字信号处理导论[M]. 北京:清华大学出版社,2005.

[3] 周利清,苏菲. 数字信号处理基础(第二版)[M]. 北京:北京邮电大学出版社,2007.

[4] 程佩青. 数字信号处理教程(第四版)[M]. 北京:清华大学出版社,2013.

[5] 吴镇扬. 数字信号处理[M]. 北京:高等教育出版社,2010.

[6] 唐向宏. 数字信号处理——原理、实现与仿真[M]. 北京:高等教育出版社,2006.

[7] 海欣. 数字信号处理学习及考研辅导[M]. 北京:国防工业出版社,2008.

[8] 胡学龙,吴镇扬. 数字信号处理教学指导[M]. 北京:高等教育出版社,2007.